에듀윌과 함께 시작하면,
당신도 합격할 수 있습니다!

대학 졸업 후 취업을 위해 바쁜 시간을 쪼개며
소방설비기사 자격시험을 준비하는 취준생

비전공자이지만 소방 분야로 진로를 정하고
소방설비기사에 도전하는 수험생

낮에는 현장에서 일하면서도 더 나은 미래를 위해
소방설비기사 교재를 펼치는 주경야독 직장인

누구나 합격할 수 있습니다.
시작하겠다는 '다짐' 하나면 충분합니다.

마지막 페이지를 덮으면,

에듀윌과 함께
소방설비기사 합격이 시작됩니다.

꿈을 실현하는 에듀윌
Real 합격 스토리

4개월 만에 소방 쌍기사 취득, 에듀윌의 전문 교수진 덕분

우연한 계기로 소방 분야에 관심을 갖게 돼서 소방 쌍기사를 취득했습니다. 커뮤니티와 SNS에서 추천 받은 에듀윌에서 공부를 시작했습니다. 에듀윌의 가장 큰 장점은 교수진이라고 생각합니다. 강의에서 다뤄지는 내용, 상세한 이야기들이 다른 인터넷 강의와는 분명한 차이가 있다고 생각했습니다.

에듀윌이라 가능했던 5개월 단기 합격

약 5개월 만에 소방설비기사 전기분야 자격증을 취득했습니다. 소방설비기사를 준비해야겠다는 생각과 동시에 에듀윌이 생각났고, 그래서 별다른 고민 없이 선택했습니다. 에듀윌에서 진행한 모의고사를 진짜 시험이라고 생각하고 준비했습니다. 모의고사를 통해 저의 실력을 확인하고 부족한 과목은 좀 더 신경 써서 공부했습니다.

나를 합격으로 이끌어 준 에듀윌 소방설비기사

제2의 인생을 준비하는 시점에서 소방설비기사 자격을 취득하고 재취업에 성공했습니다. 유튜브에서 에듀윌 샘플 강의를 몇 개 찾아보고 모두 들어보니 만족도가 컸습니다. 실제로 등록하고 강의를 들었는데, 에듀윌의 시간관리 시스템 덕분에 지치지 않고 꾸준히 공부할 수 있었습니다.

다음 합격의 주인공은 당신입니다!

더 많은 합격 비법

1위 에듀윌만의 체계적인 합격 커리큘럼

원하는 시간과 장소에서, 1:1 관리까지 한번에

온라인 강의

① 전 과목 최신 교재 제공
② 업계 최강 교수진의 전 강의 수강 가능
③ 맞춤형 학습플랜 및 커리큘럼으로 효율적인 학습

쉽고 빠른 합격의 첫걸음
기술자격증 입문서 무료 신청

※ 해당 이벤트는 예고 없이 변경되거나 종료될 수 있습니다.

기술자격증 입문서
무료 신청

친구 추천 이벤트

"친구 추천하고 한 달 만에 920만원 받았어요"

친구 1명 추천할 때마다 현금 10만원 제공
추천 참여 횟수 무제한 반복 가능

※ *a*o*h**** 회원의 2021년 2월 실제 리워드 금액 기준
※ 해당 이벤트는 예고 없이 변경되거나 종료될 수 있습니다.

친구 추천 이벤트
바로가기

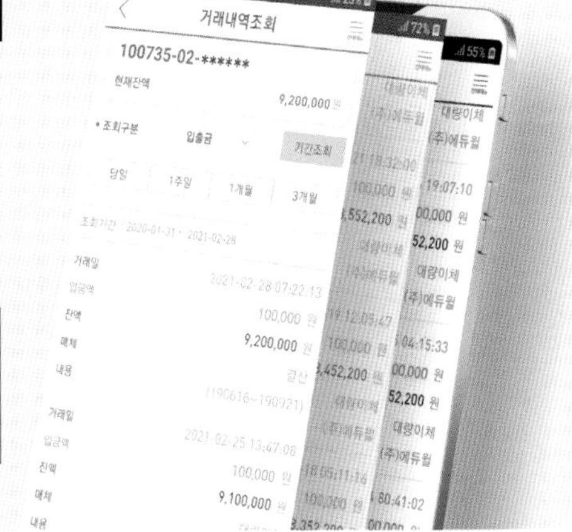

* 2023 대한민국 브랜드만족도 소방설비기사 교육 1위(한경비즈니스)

이제 국비무료 교육도 에듀윌

수강생을 반겨주는 에듀윌의 환한 복도 (구로)

언제나 전문 학습 매니저와 상담이 가능한 안내데스크 (부평)

고품질 영상 및 음향 장비를 갖춘 최고의 강의실 (구로)

재충전을 위한 카페 분위기의 아늑한 휴게실 (부평)

다용도로 활용이 가능한 휴게실 (성남)

전기/소방/건축/쇼핑몰/회계/컴활 자격증 취득
국민내일배움카드제

에듀윌 국비교육원 대표전화

서울 구로	02)6482-0600	구로디지털단지역 2번 출구	인천 부평	032)262-0600	부평역 5번 출구
경기 성남	031)604-0600	모란역 5번 출구	인천 부평2관	032)263-2900	부평역 5번 출구

국비교육원
바로가기

모든 시작에는
두려움과 서투름이
따르기 마련이에요.

당신이 나약해서가 아니에요.

소방설비기사 필기 전기분야

4주 합격 플래너

DAY 1	DAY 2	DAY 3	DAY 4	DAY 5	DAY 6	DAY 7
최빈출 200제 소방전기일반	최빈출 200제 소방전기일반	최빈출 200제 소방전기시설의 구조 및 원리	최빈출 200제 소방전기시설의 구조 및 원리	핵심이론 소방전기일반	핵심이론 소방전기일반	핵심이론 소방전기시설의 구조 및 원리
완료 ☐	완료 ☐	완료 ☐	완료 ☐	완료 ☐	완료 ☐	완료 ☐
DAY 8	**DAY 9**	**DAY 10**	**DAY 11**	**DAY 12**	**DAY 13**	**DAY 14**
핵심이론 소방전기시설의 구조 및 원리	2024년 CBT 복원문제	2023년 CBT 복원문제	2022년 기출문제	2021년 기출문제	2020년 기출문제	2019년 기출문제
완료 ☐	완료 ☐	완료 ☐	완료 ☐	완료 ☐	완료 ☐	완료 ☐
DAY 15	**DAY 16**	**DAY 17**	**DAY 18**	**DAY 19**	**DAY 20**	**DAY 21**
2018년 기출문제	2024년 CBT 복원문제	2023년 CBT 복원문제	2022년 기출문제	2021년 기출문제	2020년 기출문제	2019년 기출문제
완료 ☐	완료 ☐	완료 ☐	완료 ☐	완료 ☐	완료 ☐	완료 ☐
DAY 22	**DAY 23**	**DAY 24**	**DAY 25**	**DAY 26**	**DAY 27**	**DAY 28**
2018년 기출문제	2024~2023년 CBT 복원문제	2022~2021년 기출문제	2020~2018년 기출문제	2024~2023년 CBT 복원문제	2022~2021년 기출문제	2020~2018년 기출문제
완료 ☐	완료 ☐	완료 ☐	완료 ☐	완료 ☐	완료 ☐	완료 ☐

에듀윌 소방설비기사

필기 최빈출 200제 + 핵심이론

소방설비기사 자격증이란?

✓ 시험 일정

구분	원서접수	시험일	합격자 발표일
1회	2025년 1월	2025년 2월	2025년 3월
2회	2025년 4월	2025년 5월	2025년 6월
3회	2025년 6월	2025년 7월	2025년 8월

※ 정확한 응시자격은 한국산업인력공단(Q-Net) 참고

✓ 진행방법

시험과목	· 소방원론, 소방전기일반, 소방관계법규, 소방전기시설의 구조 및 원리 · 과목 당 20문항
검정방법	· 객관식, 4지택일, CBT 방식 · 문항당 1분씩 총 80분
합격기준	· 100점을 만점으로 전과목 평균 60점 이상인 경우 · 1과목이라도 40점 미만이면 과락으로 불합격

✓ 응시자격

① 소방학, 건축설비공학, 기계설비학, 가스냉동학, 공조냉동학 관련학과의 대학졸업자 또는 졸업예정자

② 산업기사 등급 이상의 자격을 취득한 후 응시하려는 종목이 속하는 동일 및 유사 직무분야에서 1년 이상 실무에 종사한 사람

※ 정확한 응시자격은 한국산업인력공단(Q-Net) 참고

✓ 수행직무

소방시설공사 또는 정비업체 등에서 소방시설공사를 **시공, 관리**

소방시설공사 또는 정비업체 등에서 소방시설공사의 설계도면을 **작성**

소방시설의 점검 · 정비와 화기의 사용 및 취급 등 소방안전관리에 대한 **감독**

소방 계획에 의한 소화, 통보 및 피난 등의 훈련을 실시하는 소방안전관리자의 **직무 수행**

산업구조의 대형화 및 다양화로 소방대상물(건축물 · 시설물)이 고층 · 심층화되고, 고압가스나 위험물을 이용한 에너지 소비량의 증가 등으로 재해발생 위험요소가 많아지면서 소방과 관련한 인력수요가 늘고 있다. 소방설비 관련 주요 업무 중 하나인 화재관련 건수와 그로 인한 재산피해액도 당연히 증가할 수 밖에 없어 소방관련 인력에 대한 수요는 앞으로도 증가할 것으로 전망된다. 또한, 소방설비기사 자격증 취득 이후 일정 경력을 쌓으면 소방시설관리사, 소방기술사와 같은 고소득 전문직 자격증 시험의 응시요건을 갖출 수 있다.

✓ 응시현황

구분	소방설비기사 전기분야			소방설비기사 기계분야		
	응시	합격	합격률(%)	응시	합격	합격률(%)
2024	30,163	14,061	46.6	20,888	9,678	46.3
2023	32,202	15,919	49.4	23,350	10,669	45.7
2022	26,517	11,902	44.9	17,523	8,206	46.8
2021	27,083	12,483	46.1	17,736	9,048	51.0
2020	21,749	11,711	53.8	14,623	7,546	51.6

왜 에듀윌 교재일까요?

1 2권 분권으로 편리한 학습

학습 순서에 따라 1권(최빈출 200제+핵심이론)과 2권(최신 7개년 기출)으로 분권했습니다. 이제는 필요한 책만 간편하게 휴대하세요.

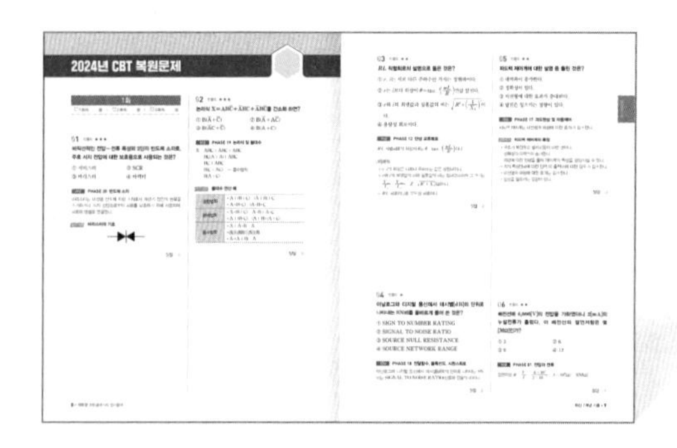

2 가독성을 높인 시원한 내용 구성

시원한 느낌을 위해 큰 글씨와 여유 있는 여백으로 가독성을 높였습니다. 더 이상 눈살 찌푸리며 학습하지 마세요.

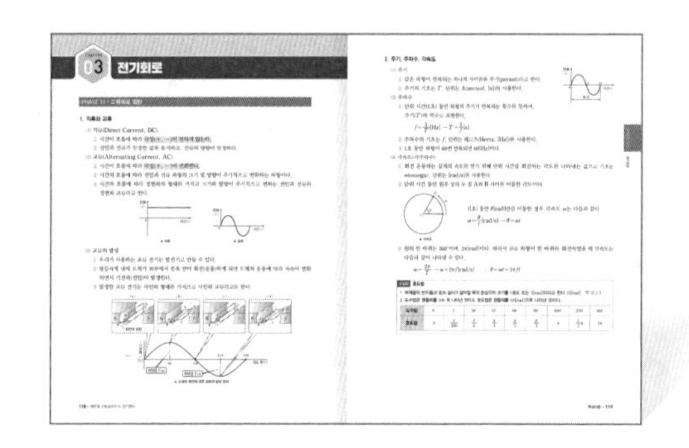

3 풍부한 시각자료로 이해력 UP

교재 곳곳에 내용과 연계되는 다양한 시각자료를 활용하여 이해를 도왔습니다. 시각자료를 통해 합격에 한발 더 가까워지세요.

정말 4주만에 합격이 가능할까요?

STEP 1 단기합격을 위한 최적의 구성

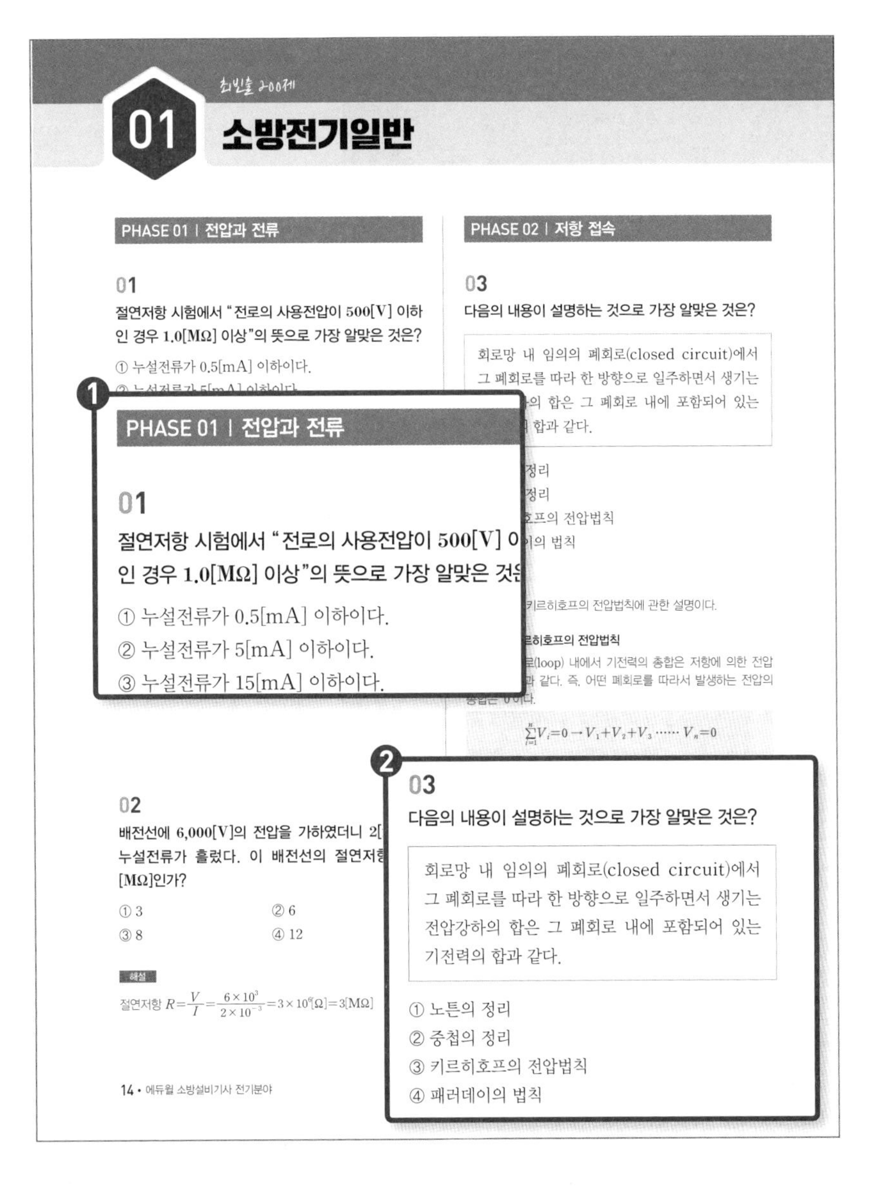
최빈출 200제

01 소방전기일반

PHASE 01 | 전압과 전류

01
절연저항 시험에서 "전로의 사용전압이 500[V] 이하인 경우 1.0[MΩ] 이상"의 뜻으로 가장 알맞은 것은?
① 누설전류가 0.5[mA] 이하이다.
② 누설전류가 5[mA] 이하이다.
③ 누설전류가 15[mA] 이하이다.

02
배전선에 6,000[V]의 전압을 가하였더니 2[누설전류가 흘렀다. 이 배전선의 절연저항 [MΩ]인가?
① 3 ② 6
③ 8 ④ 12

해설
절연저항 $R=\frac{V}{I}=\frac{6\times10^3}{2\times10^{-3}}=3\times10^6[\Omega]=3[M\Omega]$

PHASE 02 | 저항 접속

03
다음의 내용이 설명하는 것으로 가장 알맞은 것은?

회로망 내 임의의 폐회로(closed circuit)에서 그 폐회로를 따라 한 방향으로 일주하면서 생기는 전압강하의 합은 그 폐회로 내에 포함되어 있는 기전력의 합과 같다.

① 노튼의 정리
② 중첩의 정리
③ 키르히호프의 전압법칙
④ 패러데이의 법칙

키르히호프의 전압법칙에 관한 설명이다.

키르히호프의 전압법칙
폐회로(loop) 내에서 기전력의 총합은 저항에 의한 전압 ... 과 같다. 즉, 어떤 폐회로를 따라서 발생하는 전압의 총합은 0이다.

$\sum_{i=1}^{n} V_i=0 \rightarrow V_1+V_2+V_3 \cdots\cdots V_n=0$

14 • 에듀윌 소방설비기사 전기분야

❶ 최신 7개년 기출문제에서 출제된 내용을 핵심적인 부분만 추출하여 PHASE별로 구성하였습니다.

❷ 각 PHASE에 해당하는 문제를 빈출 순으로 정리했습니다. 최빈출 200제만 완벽히 공부한다면 충분히 합격 기준 점수를 획득할 수 있습니다.

"꼭 나올수 밖에 없는 최빈출 200제로
초단기 합격 완성"

정말 4주만에 합격이 가능할까요?

STEP 2 핵심 PHASE로 정리한 이론편으로 복습

CHAPTER 01 경보설비

PHASE 01 | 비상경보설비

1. 비상경보설비

(1) 의미

① 화재 시 발신기 버튼을 누르면 수신기에 신호가 전달되고, 수신기에서 벨 또는 사이렌을 울려서 화재 사실을 알리는 설비이다.

② 원활한 경보를 위해 비상벨설비 또는 자동식사이렌설비는 부식성 가스 또는 습기 등으로 인하여 부식의 우려가 없는 장소에 설치해야 한다.

▲ 비상경보설비

구분	구성
비상벨설비	발신기, 수신기, 음향장치(경종), 표시등, 전원, 배선
자동식사이렌설비	발신기, 수신기, 음향장치(사이렌), 표시등, 전원, 배선

▲ 단독 발신기세트

+기초 비상벨설비와 자동식사이렌설비

① 비상벨설비: 화재발생상황을 경종으로 경보하는 설비

② 자동식사이렌설비: 화재발생상황을 사이렌으로 경보하는 설비

(3) 설치대상 실기

특정소방대상물	구분
건축물	연면적 400[m²] 이상인 것
지하층·무창층	바닥면적이 150[m²](공연장은 100[m²]) 이상인 것
지하가 중 터널	길이 500[m] 이상
옥내작업장	50명 이상의 근로자가 작업하는 곳

186 • 에듀윌 소방설비기사 전기분야

❶ 소방설비기사를 처음 접하는 학습자도 이해할 수 있도록 자세한 설명과 시각자료로 구성하였습니다.

❷ 추가적으로 알면 학습에 도움이 되는 내용을 '+기초', '+심화'로 강조하였습니다.

❸ 실기시험에도 출제되는 내용은 실기로 나타내어 실기까지 함께 준비할 수 있도록 표시하였습니다.

"출제된 적 있는 내용만으로 구성하여
학습량을 줄여주는 효율적 압축이론"

STEP 3 7개년 기출문제 3회독으로 확실한 마무리

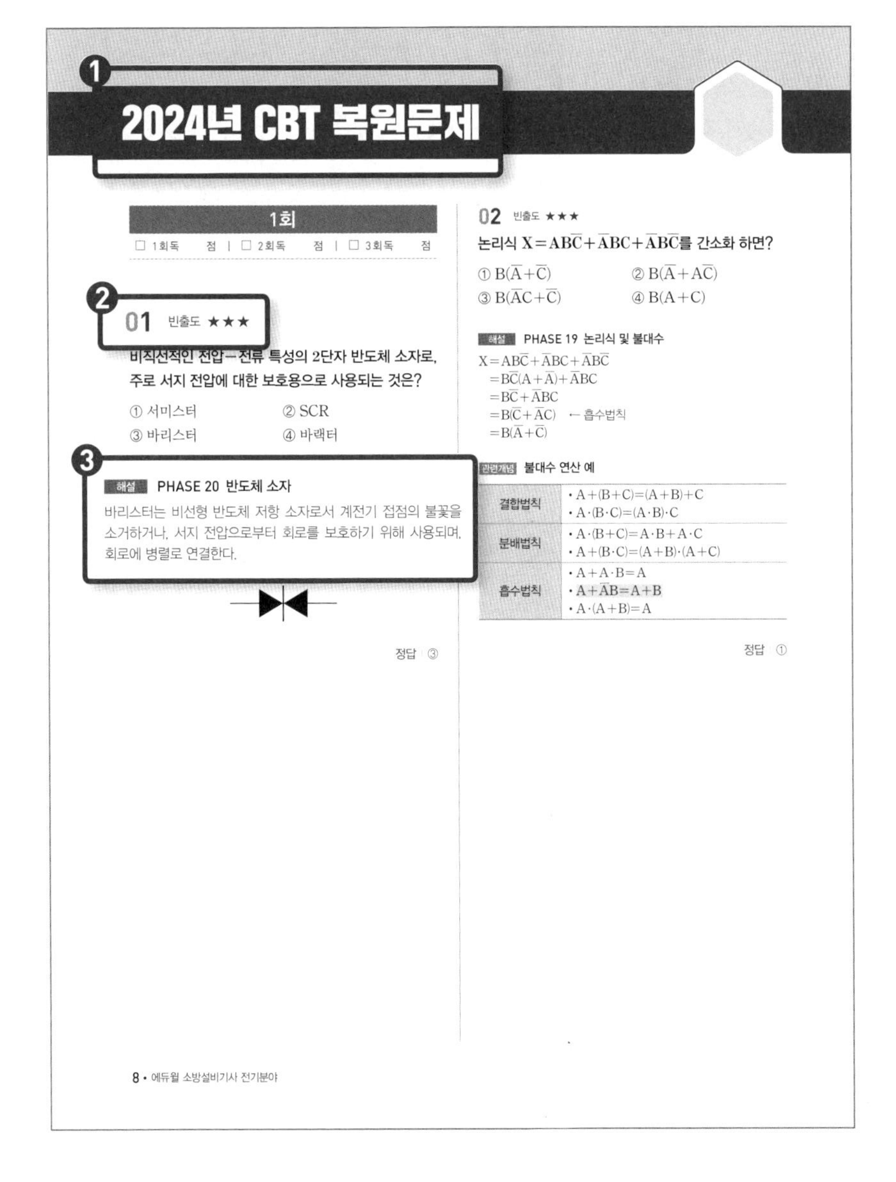

❶ 최신 7개년 기출문제 및 CBT 복원문제를 직접 복원하여 빠짐없이 수록하였습니다.

❷ 문제 유형별로 빈출도(★~★★★)를 표기하여 학습자의 필요에 따라 효율적인 학습이 가능하도록 하였습니다.

❸ 초보자의 눈높이에서도 쉽게 이해할 수 있는 상세한 해설을 PHASE별 이론과 연계하여 제공하였습니다.

"최신 7개년 기출문제분석과
신출문제 수록으로 완벽 학습"

정말 4주만에 합격이 가능할까요?

STEP 4 소방기초용어 특강&최빈출 200제 해설특강으로 완벽 정복

❶ 소방기초용어 특강

소방설비기사 시험을 처음 접하는 수험생을 위해 현직 소방설비기사 강사의 상세한 기초용어 강의를 제공합니다.

강의 수강경로

에듀윌 도서몰(book.eduwill.net) → 동영상강의실 → '소방설비기사' 검색

소방기초용어집(PDF) 학습자료 제공

에듀윌 도서몰(book.eduwill.net) → 도서자료실 → 부가학습자료 → '소방설비기사' 검색

❷ 최빈출 200제 해설강의

최빈출 200제를 더욱 효과적으로 학습하기 위해 현직 소방설비기사 강사가 직접 풀이하고 설명하는 해설강의를 제공합니다.

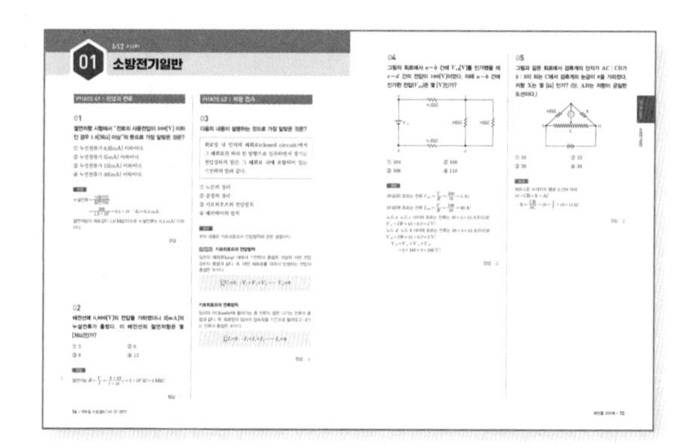

강의 수강경로

에듀윌 도서몰(book.eduwill.net) → 동영상강의실 → '소방설비기사' 검색

STEP 5 저자와의 1:1 질문답변으로 빈틈없는 마무리

소방설비기사를 학습하면서 모르는 문제나 궁금한 사항은 저자에게 직접 1:1 문의하여 보충 학습할 수 있습니다. 에듀윌 도서몰을 통해 문의하시면 보다 친절하고 명쾌한 해설로 이해도를 높일 수 있습니다.

강의 수강경로

에듀윌 도서몰(book.eduwill.net) → 문의하기 → 교재(내용,출간)

차례

최빈출 200제

핵심이론

01 소방전기일반

02 소방전기시설의 구조 및 원리

최근 7년 동안 가장 많이 출제된

최빈출 200제

E N G I N E E R F I R E

01

소방전기일반

02

소방전기시설의 구조 및 원리

P R O T E C T I O N   S Y S T E M

01 소방전기일반

PHASE 01 | 전압과 전류

01

절연저항 시험에서 "전로의 사용전압이 500[V] 이하인 경우 1.0[MΩ] 이상"의 뜻으로 가장 알맞은 것은?

① 누설전류가 0.5[mA] 이하이다.
② 누설전류가 5[mA] 이하이다.
③ 누설전류가 15[mA] 이하이다.
④ 누설전류가 30[mA] 이하이다.

해설

$$\text{누설전류} = \frac{\text{사용전압}}{\text{절연저항}} = \frac{500}{1.0\times10^{6}} = 0.5\times10^{-3}[\text{A}] = 0.5[\text{mA}]$$

절연저항의 최솟값이 1.0[MΩ]이므로 누설전류는 0.5[mA] 이하이다.

정답 | ①

02

배전선에 6,000[V]의 전압을 가하였더니 2[mA]의 누설전류가 흘렀다. 이 배전선의 절연저항은 몇 [MΩ]인가?

① 3　② 6
③ 8　④ 12

해설

$$\text{절연저항 } R = \frac{V}{I} = \frac{6\times10^{3}}{2\times10^{-3}} = 3\times10^{6}[\Omega] = 3[\text{M}\Omega]$$

정답 | ①

PHASE 02 | 저항 접속

03

다음의 내용이 설명하는 것으로 가장 알맞은 것은?

> 회로망 내 임의의 폐회로(closed circuit)에서 그 폐회로를 따라 한 방향으로 일주하면서 생기는 전압강하의 합은 그 폐회로 내에 포함되어 있는 기전력의 합과 같다.

① 노튼의 정리
② 중첩의 정리
③ 키르히호프의 전압법칙
④ 패러데이의 법칙

해설

위의 내용은 키르히호프의 전압법칙에 관한 설명이다.

관련개념 **키르히호프의 전압법칙**

임의의 폐회로(loop) 내에서 기전력의 총합은 저항에 의한 전압강하의 총합과 같다. 즉, 어떤 폐회로를 따라서 발생하는 전압의 총합은 '0'이다.

$$\sum_{i=1}^{n} V_i = 0 \rightarrow V_1 + V_2 + V_3 \cdots\cdots V_n = 0$$

키르히호프의 전류법칙

임의의 마디(node)에 들어가는 총 전류의 합은 나가는 전류의 총합과 같다. 즉, 회로망의 임의의 접속점을 기준으로 들어오고 나가는 전류의 총합은 '0'이다.

$$\sum_{i=1}^{n} I_i = 0 \rightarrow I_1 + I_2 + I_3 \cdots\cdots I_n = 0$$

정답 | ③

04

그림의 회로에서 $a-b$ 간에 V_{ab}[V]를 인가했을 때 $c-d$ 간의 전압이 100[V]이었다. 이때 $a-b$ 간에 인가한 전압(V_{ab})은 몇 [V]인가?

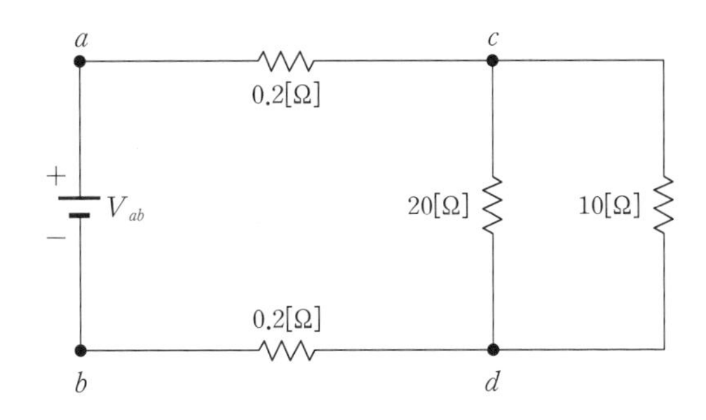

① 104 ② 106

③ 108 ④ 110

해설

20[Ω]에 흐르는 전류 $I_{20\Omega}=\frac{V}{R}=\frac{100}{20}=5[A]$

10[Ω]에 흐르는 전류 $I_{10\Omega}=\frac{V}{R}=\frac{100}{10}=10[A]$

노드 a, 노드 c 사이에 흐르는 전류는 10+5=15[A]이므로

$V_{ac}=IR=15\times0.2=3[V]$

노드 d, 노드 b 사이에 흐르는 전류는 10+5=15[A]이므로

$V_{db}=IR=15\times0.2=3[V]$

$\therefore V_{ab}=V_{ac}+V_{cd}+V_{db}$

$=3+100+3=106[V]$

정답 | ②

05

그림과 같은 회로에서 검류계의 단자가 AC : CB가 2 : 3이 되는 C에서 검류계의 눈금이 0을 가리켰다. 저항 X는 몇 [Ω] 인가? (단, AB는 저항이 균일한 도선이다.)

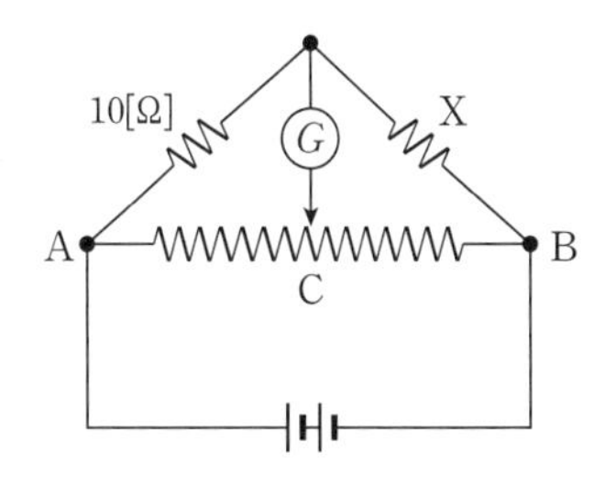

① 10 ② 15

③ 20 ④ 30

해설

휘트스톤 브리지의 평형 조건에 따라

$10\times CB=X\times AC$

$\rightarrow X=\frac{CB}{AC}\times10=\frac{3}{2}\times10=15[\Omega]$

정답 | ②

06

회로에서 a와 b 사이의 합성저항[Ω]은?

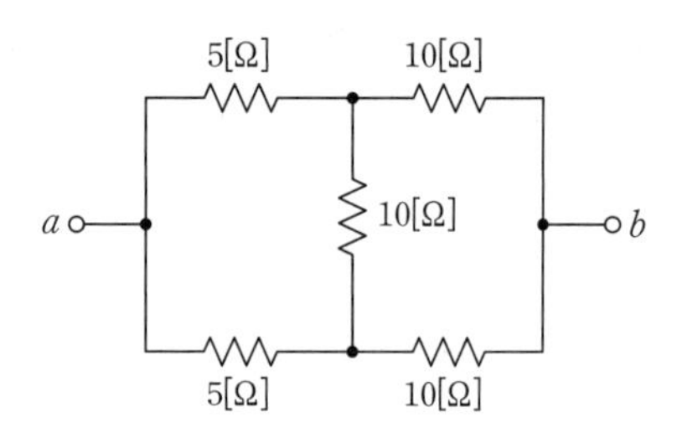

① 5　　② 7.5
③ 15　　④ 30

해설

그림의 회로는 휘트스톤 브리지 평형조건을 만족하므로 가운데 저항 10[Ω]을 생략할 수 있다.

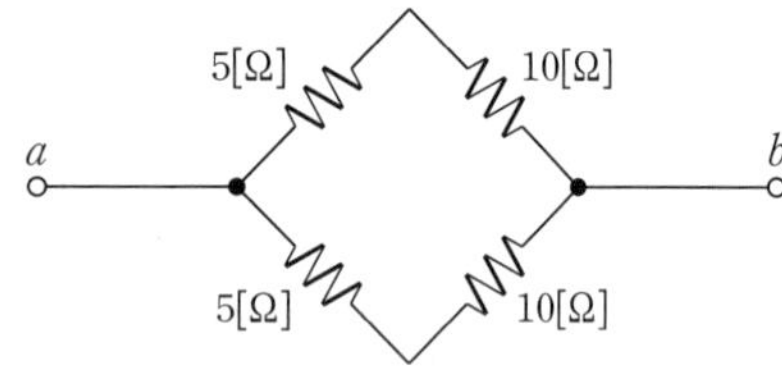

a, b사이의 합성저항은

$$R=\frac{(5+10)(5+10)}{(5+10)+(5+10)}=\frac{225}{30}=7.5[\Omega]$$

정답 | ②

07

분류기를 사용하여 내부저항이 R_A인 전류계의 배율을 9로 하기 위한 분류기의 저항 R_S[Ω]은?

① $R_S=\frac{1}{8}R_A$　　② $R_S=\frac{1}{9}R_A$
③ $R_S=8R_A$　　④ $R_S=9R_A$

해설

분류기의 배율 $m=\frac{I_0}{I_A}=\frac{I_A+I_S}{I_A}=1+\frac{I_S}{I_A}=1+\frac{R_A}{R_S}=9$

$\therefore \frac{R_A}{R_S}=8 \rightarrow R_S=\frac{1}{8}R_A$

정답 | ①

08

최고 눈금이 50[mV], 내부 저항이 100[Ω]인 직류 전압계에 1.2[MΩ]의 배율기를 접속하면 측정할 수 있는 최대 전압은 약 몇 [V]인가?

① 3　　② 60
③ 600　　④ 1,200

해설

배율기 배율 $m=\frac{V_0}{V}=1+\frac{R_m}{R_v}$이므로

$$V_0=V\left(1+\frac{R_m}{R_v}\right)=50\times10^{-3}\times\left(1+\frac{1.2\times10^6}{100}\right)$$
$$=600.05[V]$$

정답 | ③

09

측정기의 측정범위를 확대하기 위한 방법으로 틀린 것은?

① 전류의 측정범위 확대를 위해 분류기를 사용하고, 전압의 측정범위 확대를 위해 배율기를 사용한다.
② 분류기는 계기에 직렬, 배율기는 병렬로 접속한다.
③ 측정기 내부저항을 R_a, 분류기 저항을 R_s라 할 때, 분류기의 배율은 $1+\frac{R_a}{R_s}$로 표시된다.
④ 측정기 내부저항을 R_v, 배율기 저항을 R_m라 할 때, 배율기의 배율은 $1+\frac{R_m}{R_v}$로 표시된다.

해설

분류기는 전류계의 측정 범위를 넓히기 위하여 전류계와 병렬로 연결하고, 배율기는 전압계의 측정 범위를 넓히기 위하여 전압계와 직렬로 연결한다.

오답분석

① 분류기를 사용하여 전류의 측정 범위를 확대하고, 배율기를 사용하여 전압의 측정범위를 확대한다.
③ 분류기의 배율 $m=\frac{I_0}{I_a}=\frac{I_a+I_s}{I_a}=1+\frac{I_s}{I_a}=1+\frac{R_a}{R_s}$
④ 배율기의 배율 $m=\frac{V_0}{V}=\frac{I_v(R_m+R_v)}{I_vR_v}=1+\frac{R_m}{R_v}$

정답 | ②

10

220[V], 32[W] 전등 2개를 매일 5시간씩 점등하고, 600[W] 전열기 1개를 매일 1시간씩 사용하는 경우 1개월(30일)간 소비되는 전력량[kWh]은?

① 27.6[kWh]　② 55.2[kWh]
③ 110.4[kWh]　④ 220.8[kWh]

해설

전등의 하루 소비 전력량
$W_{전등}=Pt=32\times2\times5=320$[Wh]
전열기의 하루 소비 전력량
$W_{전열기}=Pt=600\times1\times1=600$[Wh]
1개월간 소비 전력량
$(320+600)\times30=27{,}600$[Wh]$=27.6$[kWh]

정답 | ①

11

1[W·s]와 같은 것은?

① 1[J]　② 1[kg·m]
③ 1[kWh]　④ 860[kcal]

해설

[W·s]는 전력량의 단위로 [J] 또는 [Wh]를 사용하기도 한다.

관련개념 **전력량**

일정 시간 동안 소비하거나 생산된 전기 에너지의 양

정답 | ①

12

100[V]에서 500[W]를 소비하는 전열기가 있다. 이 전열기에 90[V]의 전압을 인가하였을 때 소비되는 전력[W]은?

① 81　② 90
③ 405　④ 450

해설

소비전력 $P=\frac{V^2}{R}\rightarrow P\propto V^2$
전압이 100[V]에서 90[V]로 되었다면 소비전력은
$P=500\times\left(\frac{90^2}{100^2}\right)=500\times0.81=405$[W]

정답 | ③

13

1개의 용량의 25[W]인 객석유도등 10개가 설치되어 있다. 회로에 흐르는 전류는 약 몇 [A]인가? (단, 전원 전압은 220[V]이고, 기타 선로손실 등은 무시한다.)

① 0.88　② 1.14
③ 1.25　④ 1.36

해설

소비전력 $P=25$[W]$\times10=250$[W]
$I=\frac{P}{V}=\frac{250}{220}=1.14$[A]

정답 | ②

14

100[V], 500[W]의 전열선 2개를 동일한 전압에서 직렬로 접속하는 경우와 병렬로 접속하는 경우에 각 전열선에서 소비되는 전력은 각각 몇 [W]인가?

① 직렬: 250, 병렬: 500
② 직렬: 250, 병렬: 1,000
③ 직렬: 500, 병렬: 500
④ 직렬: 500, 병렬: 1,000

해설

소비 전력 $P=\frac{V^2}{R}$에서 전열선 1개의 저항

$R=\frac{V^2}{P}=\frac{100^2}{500}=20[\Omega]$

전열선을 직렬로 연결할 때 소비 전력

$P=\frac{V^2}{R_{직렬}}=\frac{100^2}{20+20}=250[\text{W}]$

전열선을 병렬로 연결할 경우 각 전열선 전력의 합과 같으므로

$P=500+500=1{,}000[\text{W}]$

정답 | ②

15

지하 1층, 지상 2층, 연면적 1,500[m²]인 기숙사에서 지상 2층에 설치된 차동식 스포트형 감지기가 작동하였을 때 모든 층의 지구경종이 동작되었다. 각 층 지구경종의 정격전류가 60[mA] 이고, 24[V]가 인가되고 있을 때 모든 지구경종에서 소비되는 총 전력[W]은?

① 4.23 ② 4.32
③ 5.67 ④ 5.76

해설

지구경종 설치층: 지하 1층, 지상 1층, 지상 2층
지구경종 개수: 각 층당 1개씩 총 3개
한 개의 지구 경종에서 소비되는 전력
$P=VI=24\times60\times10^{-3}=1.44[\text{W}]$
지구경종은 총 3개이므로 소비되는 총 전력
$1.44\times3=4.32[\text{W}]$

정답 | ②

PHASE 04 | 전기저항

16

자동화재탐지설비의 감지기 회로의 길이가 500[m]이고, 종단에 8[kΩ]의 저항이 연결되어 있는 회로에 24[V]의 전압이 가해졌을 경우 도통 시험 시 전류는 약 몇[mA]인가? (단, 동선의 단면적은 2.5[mm²]이고, 동선의 저항률은 $1.69\times10^{-8}[\Omega\cdot\text{m}]$이며, 접촉저항 등은 없다고 본다.)

① 2.4 ② 3.0
③ 4.8 ④ 6.0

해설

동선의 저항 $R=\rho\frac{l}{S}=1.69\times10^{-8}\times\frac{500}{2.5\times10^{-6}}=3.38[\Omega]$

도통 시험 시 전류 $I=\frac{시험전압}{종단\ 저항+동선의\ 저항}$

$=\frac{24}{8\times10^3+3.38}=0.003[\text{A}]=3[\text{mA}]$

정답 | ②

17

온도 $t[°\text{C}]$에서 저항이 R_1, R_2이고 저항의 온도계수가 각각 α_1, α_2 인 두 개의 저항을 직렬로 접속했을 때 합성 저항 온도계수는?

① $\frac{R_1\alpha_2+R_2\alpha_1}{R_1+R_2}$ ② $\frac{R_1\alpha_1+R_2\alpha_2}{R_1R_2}$
③ $\frac{R_1\alpha_1+R_2\alpha_2}{R_1+R_2}$ ④ $\frac{R_1\alpha_2+R_2\alpha_1}{R_1R_2}$

해설

저항의 온도계수는 온도에 따른 저항의 변화 비율이다.
합성 저항 $R=R_1+R_2$
$R\alpha t=(R_1\alpha_1+R_2\alpha_2)t$
$\rightarrow\alpha=\frac{R_1\alpha_1+R_2\alpha_2}{R}=\frac{R_1\alpha_1+R_2\alpha_2}{R_1+R_2}$

정답 | ③

18

동일한 규격의 축전지 2개를 병렬로 연결하면?

① 전압은 2배가 되고 용량은 1개일 때와 같다.
② 전압은 1개일 때와 같고, 용량은 2배가 된다.
③ 전압과 용량 모두 2배로 된다.
④ 전압과 용량 모두 $\frac{1}{2}$배가 된다.

해설

동일한 규격의 축전지 2개를 병렬로 연결하면 전압은 일정하고, 용량은 2배가 된다.

관련개념 전지의 접속

① 동일한 규격의 축전지 n개를 직렬로 연결할 경우
　㉠ 전압은 n배 증가한다.
　㉡ 용량은 일정하다.
② 동일한 규격의 축전지 n개를 병렬로 연결할 경우
　㉠ 전압은 일정하다.
　㉡ 용량은 n배 증가한다.

정답 | ②

19

축전지의 자기 방전을 보충함과 동시에 일반 부하로 공급하는 전력은 충전기가 부담하고, 충전기가 부담하기 어려운 일시적인 대전류는 축전지가 부담하는 충전방식은?

① 급속충전　② 부동충전
③ 균등충전　④ 세류충전

해설

부동충전방식은 축전지의 자기방전을 보충함과 동시에 상용부하에 대한 전력 공급은 충전기가 부담하고 충전기가 부담하기 어려운 일시적인 대전류는 축전지가 부담하는 방식이다.

관련개념 축전지 충전방식

㉠ 급속충전: 단시간에 필요한 기준 충전 전류보다 2~3배 높은 전류로 충전하는 방식이다.
㉡ 균등충전: 각 전해조에서 일어나는 전위차를 보정하기 위하여 1~3개월마다 1회씩 정전압으로 10~12시간 충전하여 각 전해조의 용량을 균일화시키기 위한 방식
㉢ 세류충전: 부동충전방식의 일종으로 자기 방전량만 충전하는 방식

정답 | ②

20

수신기에 내장하는 전지를 쓰지 않고 오래 두면 쓰지 못하게 되는 이유는 어떠한 작용 때문인가?

① 충전 작용　② 분극 작용
③ 국부 작용　④ 전해 작용

해설

전지의 국부 작용이란 전지를 쓰지 않고 오래 두면 점점 방전되어 쓰지 못하게 되는 현상이다.

관련개념 분극 현상

양극에 생긴 수소 이온이 전자를 얻어 수소 기체로 환원되고, 일부 수소 기체가 양극과 용액의 접촉을 막아 전하의 흐름을 방해하여 전압(기전력)이 급격히 떨어지는 현상이다.

국부 작용(=국부 방전)

㉠ 전지의 전극에 사용되는 아연이 불순물에 의해 자기 방전하는 현상이다. 즉, 전극의 불순물로 인하여 기전력이 감소한다.
㉡ 전지를 쓰지 않고 오래 두면 못쓰게 되는 현상이다.

정답 | ③

PHASE 06 | 정전용량

21

용량 0.02[μF]인 콘덴서 2개와 0.01[μF]인 콘덴서 1개를 병렬로 접속하여 24[V]의 전압을 가하였다. 합성용량은 몇 [μF]이며, 0.01[μF] 콘덴서에 축적되는 전하량은 몇 [C]인가?

① 합성용량: 0.05, 전하량: 0.12×10^{-6}
② 합성용량: 0.05, 전하량: 0.24×10^{-6}
③ 합성용량: 0.03, 전하량: 0.12×10^{-6}
④ 합성용량: 0.03, 전하량: 0.24×10^{-6}

해설

회로를 그림으로 표현하면 다음과 같다.

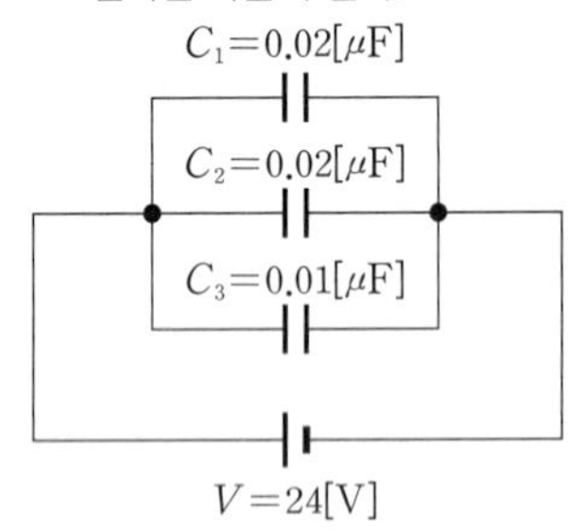

$C_1=0.02[\mu F]$, $C_2=0.02[\mu F]$, $C_3=0.01[\mu F]$라 하면
합성 정전용량 $C_{eq}=C_1+C_2+C_3=0.05[\mu F]$
병렬회로에 걸리는 전압은 24[V]이므로 0.01[μF]에 축적되는 전하량은
$Q=C_3V=0.01\times10^{-6}\times24=0.24\times10^{-6}[C]$

정답 | ②

22

50[F] 콘덴서 2개를 직렬 연결하면 합성 정전용량은 몇 [F]인가?

① 25　　② 50
③ 100　　④ 1,000

해설

2개의 콘덴서 C_1, C_2를 직렬로 연결했을 때 전체 합성 용량 C는 다음과 같다.

$$C=\frac{1}{\frac{1}{C_1}+\frac{1}{C_2}}=\frac{C_1C_2}{C_1+C_2}=\frac{50\times50}{50+50}=25[F]$$

관련개념 **콘덴서의 병렬 연결**

2개의 콘덴서 C_1, C_2를 병렬로 연결했을 때 전체 합성 용량 C는 다음과 같다.
$C=C_1+C_2$

정답 | ①

PHASE 07 | 전계와 자계

23

자유공간에서 무한히 넓은 평면에 면전하밀도 $\sigma[C/m^2]$가 균일하게 분포되어 있는 경우 전계의 세기(E)는 몇 [V/m]인가? (단, ε_0는 진공의 유전율이다.)

① $E=\frac{\sigma}{\varepsilon_0}$　　② $E=\frac{\sigma}{2\varepsilon_0}$
③ $E=\frac{\sigma}{2\pi\varepsilon_0}$　　④ $E=\frac{\sigma}{4\pi\varepsilon_0}$

해설

대전된 무한 평판의 전계의 세기 $E=\frac{\sigma}{2\varepsilon_0}[V/m]$

관련개념 **전계의 세기**

구분	도체 표면	무한 평판
전계	$E=\frac{\sigma}{\varepsilon_0}[V/m]$	$E=\frac{\sigma}{2\varepsilon_0}[V/m]$

정답 | ②

24

진공 중에 놓여진 $5[\mu C]$의 점전하로부터 $2[m]$되는 점에서의 전계는 몇 $[V/m]$ 인가?

① 11.25×10^3　② 16.25×10^3
③ 22.25×10^3　④ 28.25×10^3

해설

$E=\dfrac{1}{4\pi\varepsilon_0}\cdot\dfrac{Q}{r^2}$

$=\dfrac{1}{4\pi\times(8.855\times10^{-12})}\cdot\dfrac{5\times10^{-6}}{2^2}$

$=11.25\times10^3[V/m]$

정답 | ①

PHASE 08 | 자기회로

25

원형 단면적이 $S[m^2]$, 평균자로의 길이가 $l[m]$, $1[m]$당 권선수가 N회인 공심 환상솔레노이드에 $I[A]$의 전류를 흘릴 때 철심 내의 자속은?

① $\dfrac{NI}{l}$　② $\dfrac{\mu_0 SNI}{l}$
③ $\mu_0 SNI$　④ $\dfrac{\mu_0 SN^2 I}{l}$

해설

환상 솔레노이드의 자속 $\phi=\dfrac{NI}{R_m}$

자기저항 $R_m=\dfrac{l}{\mu_0 S}$이므로

자속 $\phi=\dfrac{NI}{\dfrac{l}{\mu_0 S}}=\dfrac{\mu_0 SNI}{l}[Wb]$($N$: 전체 코일에 감은 횟수)

문제 조건에서 단위 길이당 권선수를 N이라 하였으므로

$N=\dfrac{\text{전체 감은 횟수}}{\text{자로길이}}$가 된다.

따라서 자속 $\phi=\mu_0 SNI[Wb]$

정답 | ③

26

다음 중 강자성체에 속하지 않는 것은?

① 니켈　② 알루미늄
③ 코발트　④ 철

해설

알루미늄은 상자성체에 속한다.

관련개념 **자성체의 종류**

㉠ 강자성체: 철, 니켈, 코발트, 망간 등
㉡ 상자성체: 백금, 종이, 알루미늄, 마그네슘, 산소, 주석 등
㉢ 반자성체: 은, 구리, 유리, 플라스틱, 물, 수소 등

정답 | ②

27

반지름이 $20[cm]$, 권수 50회인 원형코일에 $2[A]$의 전류를 흘려주었을 때 코일 중심에서 자계(자기장)의 세기$[AT/m]$는?

① 70　② 100
③ 125　④ 250

해설

원형 코일 중심 자계 $H=\dfrac{NI}{2r}=\dfrac{50\times2}{2\times20\times10^{-2}}=250[AT/m]$

정답 | ④

28

무한장 솔레노이드에서 자계의 세기에 대한 설명으로 틀린 것은?

① 전류의 세기에 비례한다.
② 코일의 권수에 비례한다.
③ 솔레노이드 내부에서의 자계의 세기는 위치에 관계 없이 일정한 평등자계이다.
④ 자계의 방향과 암페어 경로 간에 서로 수직인 경우 자계의 세기가 최고이다.

해설

무한장 솔레노이드에서 자계의 세기는 자계의 방향과 무관하다.

관련개념 **무한장 솔레노이드에서의 자계**

㉠ 내부자계 $H_i = n_o I$[AT/m]
(n_0: 단위미터당 감긴 코일의 횟수)
㉡ 외부자계 $H_o = 0$

정답 | ④

PHASE 09 | 전자력과 전자기유도

29

평행한 두 도선 사이의 거리가 r이고, 도선에 흐르는 전류에 의해 두 도선 사이의 작용력이 F_1일 때, 두 도선 사이의 거리를 $2r$로 하면 두 도선 사이의 작용력 F_2는?

① $F_2 = \frac{1}{4}F_1$　　② $F_2 = \frac{1}{2}F_1$
③ $F_2 = 2F_1$　　④ $F_2 = 4F_1$

해설

$F_1 = 2 \times 10^{-7} \times \frac{I_1 \cdot I_2}{r}$[N/m] $\rightarrow F \propto \frac{1}{r}$

힘은 거리에 반비례하므로 두 도선 사이의 거리를 $2r$로 하면 힘 F_2는 F_1의 $\frac{1}{2}$배가 된다.

$\therefore F_2 = \frac{1}{2}F_1$

정답 | ②

30

간격이 1[cm]인 평행 왕복전선에 25[A]의 전류가 흐른다면 전선 사이에 작용하는 전자력은 몇 [N/m]이며, 이것은 어떤 힘인가?

① 2.5×10^{-2}, 반발력
② 1.25×10^{-2}, 반발력
③ 2.5×10^{-2}, 흡인력
④ 1.25×10^{-2}, 흡인력

해설

$F = 2 \times 10^{-7} \times \frac{I_1 \cdot I_2}{r} = 2 \times 10^{-7} \times \frac{25 \times 25}{1 \times 10^{-2}}$
$= 1.25 \times 10^{-2}$[N/m]

두 도체에서 전류가 반대 방향으로 흐를 경우 두 도체 사이에는 반발력이 발생한다.

관련개념 **평행도체 사이에 작용하는 힘**

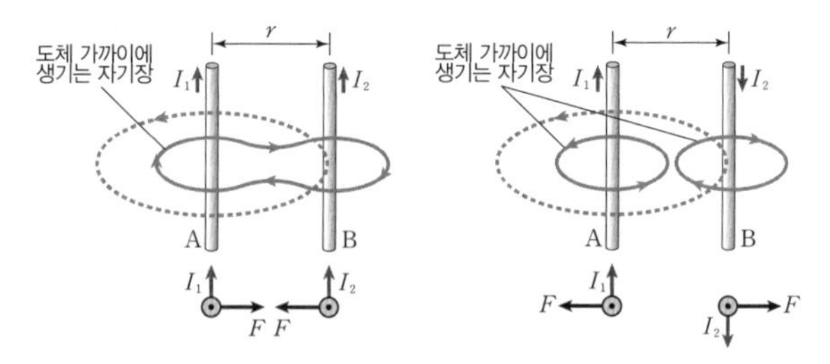

$$F = 2 \times 10^{-7} \times \frac{I_1 \cdot I_2}{r}[\text{N/m}]$$

정답 | ②

PHASE 10 | 자기인덕턴스

31

자기인덕턴스 L_1과 L_2가 각각 4[mH], 9[mH]인 두 코일이 이상적인 결합으로 되었다면 상호인덕턴스는 몇 [mH]인가? (단, 결합계수는 1이다.)

① 6　　② 12

③ 24　　④ 36

해설

상호인덕턴스 $M=k\sqrt{L_1L_2}=1\times\sqrt{4\times10^{-3}\times9\times10^{-3}}$
$=6\times10^{-3}[\mathrm{H}]=6[\mathrm{mH}]$

정답 | ①

32

두 코일 L_1과 L_2를 동일방향으로 직렬 접속하였을 때의 합성 인덕턴스는 140[mH]이고, 반대방향으로 접속 하였더니 합성 인덕턴스는 20[mH]가 되었다. 이때, $L_1=40[\mathrm{mH}]$이면 결합계수 k는?

① 0.38　　② 0.5

③ 0.75　　④ 1.3

해설

가동접속 시 합성 인덕턴스
$L_1+L_2+2M=140[\mathrm{mH}]$ …… ㉠
차동접속 시 합성 인덕턴스
$L_1+L_2-2M=20[\mathrm{mH}]$ …… ㉡
식 ㉠, ㉡으로부터 상호인덕턴스 값을 구할 수 있다.
$4M=120[\mathrm{mH}]$, $M=30[\mathrm{mH}]$
$L_1=40[\mathrm{mH}]$이므로 식 ㉠으로부터 L_2를 구하면
$L_2=140-2M-L_1=140-2\times30-40=40[\mathrm{mH}]$
∴ 결합계수 $k=\frac{M}{\sqrt{L_1L_2}}=\frac{30}{\sqrt{40\times40}}=0.75$

정답 | ③

PHASE 11 | 교류회로 일반

33

정현파 교류전압 $e_1(t)$과 $e_2(t)$의 합($e_1(t)+e_2(t)$)은 몇 [V]인가?

$$e_1(t)=10\sqrt{2}\sin\left(\omega t+\frac{\pi}{3}\right)[\mathrm{V}]$$
$$e_2(t)=20\sqrt{2}\cos\left(\omega t-\frac{\pi}{6}\right)[\mathrm{V}]$$

① $30\sqrt{2}\sin\left(\omega t+\frac{\pi}{3}\right)$　　② $30\sqrt{2}\sin\left(\omega t-\frac{\pi}{3}\right)$

③ $10\sqrt{2}\sin\left(\omega t+\frac{2\pi}{3}\right)$　　④ $10\sqrt{2}\sin\left(\omega t-\frac{2\pi}{3}\right)$

해설

cos함수와 sin함수의 관계식을 이용하면
$\cos\left(\omega t-\frac{\pi}{6}\right)=\sin\left(\omega t-\frac{\pi}{6}+\frac{\pi}{2}\right)=\sin\left(\omega t+\frac{\pi}{3}\right)$
$e_2(t)=20\sqrt{2}\cos\left(\omega t-\frac{\pi}{6}\right)$
$=20\sqrt{2}\sin\left(\omega t+\frac{\pi}{3}\right)$
$\therefore e_1(t)+e_2(t)$
$=10\sqrt{2}\sin\left(\omega t+\frac{\pi}{3}\right)+20\sqrt{2}\sin\left(\omega t+\frac{\pi}{3}\right)$
$=30\sqrt{2}\sin\left(\omega t+\frac{\pi}{3}\right)$

정답 | ①

34

$i(t)=50\sin\omega t$[A]인 교류전류의 평균값은 약 몇 [A] 인가?

① 25　② 31.8
③ 35.9　④ 50

해설

정현파의 전류의 평균값 $I_{av}=\frac{2I_m}{\pi}=\frac{100}{\pi}=31.83$[A]

정답 | ②

35

교류 전압계의 지침이 지시하는 전압은 다음 중 어느 것인가?

① 실횻값　② 평균값
③ 최댓값　④ 순싯값

해설

실횻값은 교류를 인가하였을 때 저항에 발생하는 열량과 직류를 인가하였을 때 저항에 발생하는 열량이 같다고 가정하여 직류에 흐르는 전류의 크기를 의미하며, 교류 전압계의 지침이 지시하는 값이다.

오답분석

② 평균값: 순싯값의 반주기에 대한 산술적인 평균값
③ 최댓값: 교류 파형의 순싯값에서 진폭이 최대인 값
④ 순싯값: 시간의 변화에 따라 순간순간 나타나는 정현파의 값

정답 | ①

PHASE 12 | 단상 교류회로

36

$R=10$[Ω], $C=33$[μF], $L=20$[mH]이 직렬로 연결된 회로의 공진주파수는 약 몇 [Hz]인가?

① 169　② 176
③ 196　④ 206

해설

공진주파수 $f=\frac{1}{2\pi\sqrt{LC}}=\frac{1}{2\pi\sqrt{(20\times10^{-3})\times(33\times10^{-6})}}$
$=196$[Hz]

정답 | ③

37

저항 6[Ω]과 유도리액턴스 8[Ω]이 직렬로 접속되는 회로에 100[V]의 교류전압을 가하면 흐르는 전류의 크기는 몇 [A]인가?

① 10　② 20
③ 50　④ 80

해설

RL 직렬회로에서 임피던스
$Z=\sqrt{R^2+X_L^2}=\sqrt{6^2+8^2}=10$[Ω]
전류 $I=\frac{V}{Z}=\frac{100}{10}=10$[A]

정답 | ①

38

역률이 80[%], 유효전력이 80[kW]일 때, 무효전력 [kVar]은?

① 10　　② 16
③ 60　　④ 64

해설

무효전력 $P_r = VI\sin\theta = P_a\sin\theta$
$\sin\theta = \sqrt{1-\cos\theta^2} = \sqrt{1-0.8^2} = 0.6$
$\cos\theta = \frac{P}{P_a} \rightarrow P_a = \frac{P}{\cos\theta} = \frac{80}{0.8} = 100[\text{kVA}]$
$\therefore P_r = P_a\sin\theta = 100 \times 0.6 = 60[\text{kVar}]$

정답 | ③

39

어떤 회로에 $v(t) = 150\sin\omega t$[V]의 전압을 가하니 $i(t) = 6\sin(\omega t - 30^\circ)$[A]의 전류가 흘렀다. 회로의 소비전력(유효전력)은 약 몇 [W] 인가?

① 390　　② 450
③ 780　　④ 900

해설

전압과 전류를 유효전력과 같은 cos으로 변경하면 다음과 같다.
$v(t) = 150\sin\omega t = 150\cos(\omega t + 90^\circ)$
$i(t) = 6\sin(\omega t - 30^\circ) = 6\cos(\omega t + 90^\circ - 30^\circ) = 6\cos(\omega t + 60^\circ)$
전압과 전류의 최댓값은 각 실횻값에 $\sqrt{2}$배한 것과 같으므로 실횻값은 다음과 같다.
$V = \frac{150}{\sqrt{2}},\ I = \frac{6}{\sqrt{2}}$
유효전력은 실제 소비되는 전력으로 전압의 실횻값 V와 유효전류 $I\cos\theta$의 곱으로 표현한다.
$P = VI\cos\theta = \frac{150}{\sqrt{2}} \times \frac{6}{\sqrt{2}}\cos(90^\circ - 60^\circ)$
$= 389.7[\text{W}]$

관련개념 **무효전력**

$P_r = VI\sin\theta[\text{Var}]$

피상전력

$P_a = VI$

정답 | ①

40

어떤 코일의 임피던스를 측정하고자 한다. 이 코일에 30[V]의 직류전압을 가했을 때 300[W]가 소비되고, 100[V]의 실효치 교류전압을 가했을 때 1,200[W]가 소비된다. 이 코일의 리액턴스[Ω]는?

① 2　　② 4
③ 6　　④ 8

해설

직류 전압 인가시 $P = \frac{V^2}{R} = 300[\text{W}]$
$\rightarrow R = \frac{V^2}{P} = \frac{30^2}{300} = 3[\Omega]$
교류 전압 인가시 $P = P_a\cos\theta = \frac{V^2}{Z} \times \frac{R}{Z} = 1{,}200[\text{W}]$
$\rightarrow Z^2 = \frac{V^2R}{P} = \frac{100^2 \times 3}{1{,}200} = 25$
$\therefore$ 임피던스 $Z = 5[\Omega]$
리액턴스 $X = \sqrt{Z^2 - R^2} = \sqrt{5^2 - 3^3} = 4[\Omega]$

정답 | ②

41

복소수로 표시된 전압 $V = 10 - j$[V]를 어떤 회로에 가하는 경우 $I = 5 + j$[A]의 전류가 흐르고 있다면 이 회로의 저항은 약 몇 [Ω]인가?

① 1.88　　② 3.6
③ 4.5　　④ 5.46

해설

옴의 법칙 $V = IZ$
$\rightarrow Z = \frac{V}{I} = \frac{10-j}{5+j} = \frac{(10-j)(5-j)}{(5+j)(5-j)}$
$= \frac{49 - j15}{26} = 1.88 - j0.58[\Omega]$
임피던스의 실수부는 저항이므로 회로의 저항은 1.88[Ω]이다.

정답 | ①

42

$R=10[\Omega]$, $\omega L=20[\Omega]$인 직렬회로에 $220\angle 0°[V]$ 교류 전압을 가하는 경우 이 회로에 흐르는 전류는 약 몇 [A]인가?

① $24.5\angle -26.5°$ ② $9.8\angle -63.4°$
③ $12.2\angle -13.2°$ ④ $73.6\angle -79.6°$

해설

페이저로 표현한 임피던스

$Z=\sqrt{R^2+\omega L^2}\angle \tan^{-1}\left(\frac{\omega L}{R}\right)$

$=\sqrt{10^2+20^2}\angle \tan^{-1}\left(\frac{20}{10}\right)$

$=22.36\angle 63.43°[\Omega]$

전류 $I=\frac{V}{Z}=\frac{220\angle 0°}{22.36\angle 63.43°}$

$=9.84\angle -63.43°[A]$

정답 | ②

PHASE 13 | 3상 교류회로

43

한 상의 임피던스가 $Z=16+j12[\Omega]$인 Y결선 부하에 대칭 3상 선간전압 380[V]를 가할 때 유효전력은 약 몇 [kW]인가?

① 5.8 ② 7.2
③ 17.3 ④ 21.6

해설

임피던스 $Z=\sqrt{16^2+12^2}=20[\Omega]$

상전압 $V_p=\frac{V_l}{\sqrt{3}}=\frac{380}{\sqrt{3}}=219.39[V]$

상전류 $I_p=\frac{V_p}{Z}=\frac{219.39}{20}=10.97[A]$

유효전력 $P=I_p^2R=10.97^2\times 16=1{,}925.45[W]$

3상 유효전력 $P=1{,}925.45\times 3=5{,}776.35[W]=5.78[kW]$

정답 | ①

44

대칭 3상 Y부하에서 각 상의 임피던스는 20[Ω]이고, 부하 전류가 8[A]일 때 부하의 선간전압은 약 몇 [V]인가?

① 160 ② 226
③ 277 ④ 480

해설

Y결선의 상전압 $V_p=I_pZ=8\times 20=160[V]$

선간전압(V_l)은 상전압(V_p)의 $\sqrt{3}$배이므로

$V_l=\sqrt{3}V_p=\sqrt{3}\times 160=277.13[V]$

정답 | ③

45

단상 변압기 3대를 △결선하여 부하에 전력을 공급하고 있는 중 변압기 1대가 고장나서 V결선으로 바꾼 경우 고장 전과 비교하여 몇 [%] 출력을 낼 수 있는가?

① 50 ② 57.7
③ 70.7 ④ 86.6

해설

$\frac{\text{V결선 출력}}{\triangle\text{결선 출력}}=\frac{P_V}{P_\triangle}=\frac{\sqrt{3}P}{3P}=0.577=57.7[\%]$

관련개념 **V결선의 특징**

㉠ 출력: 단상 변압기 용량의 $\sqrt{3}$배이다.
$P_V=\sqrt{3}P_1[kVA]$

㉡ 이용률: 변압기 2대의 출력량과 V결선 했을 때 출력량의 비율이다.
$\frac{\text{V결선 허용용량}}{\text{2대 허용용량}}=\frac{\sqrt{3}P}{2P}=0.866=86.6[\%]$

㉢ 출력비: △결선 했을 때와 V결선 했을 때의 비율이다.
$\frac{\text{V결선 출력}}{\triangle\text{결선 출력}}=\frac{P_V}{P_\triangle}=\frac{\sqrt{3}P}{3P}=0.577=57.7[\%]$

정답 | ②

46

회로에서 a, b 간의 합성저항[Ω]은? (단, $R_1=3[\Omega]$, $R_2=9[\Omega]$이다.)

① 3　　② 4
③ 5　　④ 6

해설

그림의 회로 중 Y결선 회로를 △결선으로 변환하면 다음과 같다.

$$R_{1\triangle}=\frac{R_1R_1+R_1R_1+R_1R_1}{R_1}$$
$$=\frac{3\times3+3\times3+3\times3}{3}=9[\Omega]$$

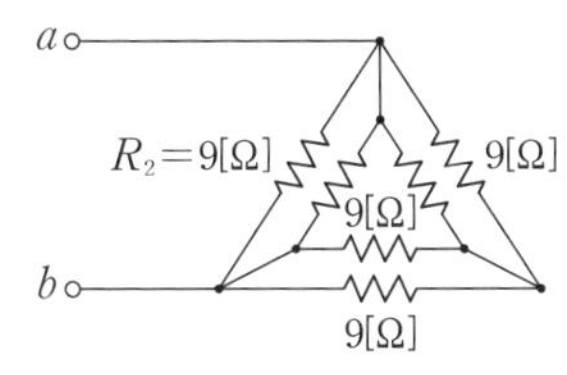

병렬회로의 합성저항을 구하면 $R=\frac{9\times9}{9+9}=4.5[\Omega]$이고, a, b단자에서 본 회로는 다음과 같이 등가회로로 나타낼 수 있다.

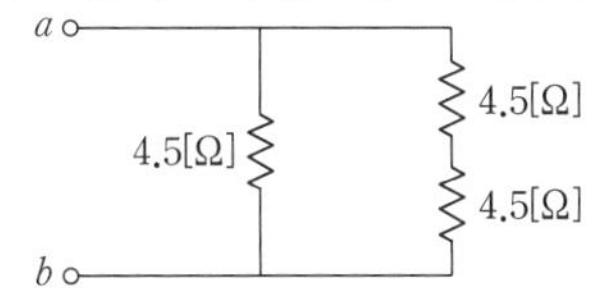

따라서 a, b 간 합성저항은

$$R=\frac{4.5\times(4.5+4.5)}{4.5+(4.5+4.5)}=3[\Omega]$$

정답 | ①

47

평형 3상 회로에서 선간전압과 전류의 실횻값이 각각 28.87[V], 10[A]이고, 역률이 0.8인 경우 3상 무효전력의 크기는 약 몇 [Var]인가?

① 400　　② 300
③ 231　　④ 173

해설

3상 무효전력 $P_r=\sqrt{3}VI\sin\theta$

$\sin\theta=\sqrt{1-\cos\theta^2}=\sqrt{1-0.8^2}=0.6$

$\therefore P_r=\sqrt{3}\times28.87\times10\times0.6=300.03[\text{Var}]$

정답 | ②

48

그림과 같은 회로에 평형 3상 전압 200[V]를 인가한 경우 소비된 유효전력[kW]은? (단, $R=20[\Omega]$, $X=10[\Omega]$)

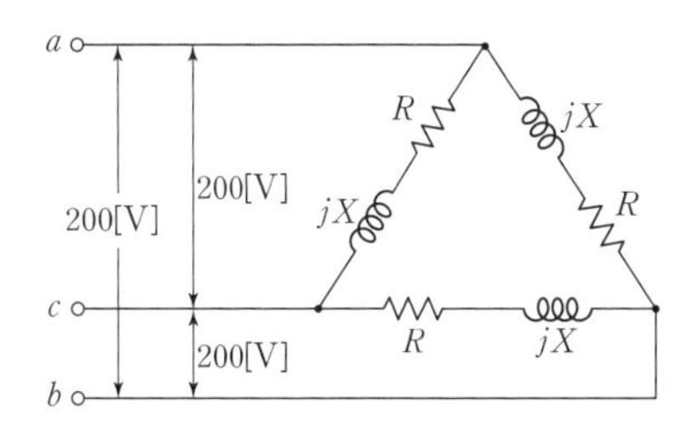

① 1.6　　② 2.4
③ 2.8　　④ 4.8

해설

한 상의 임피던스

$Z=R+jX=20+j10[\Omega]$

$=\sqrt{20^2+10^2}=10\sqrt{5}[\Omega]$

△결선의 상전압은 선간전압과 같으므로 한 상의 흐르는 전류

$$I_p=\frac{V_p}{Z}=\frac{200}{10\sqrt{5}}=\frac{20}{\sqrt{5}}[\text{A}]$$

한 상에서 소비된 유효전력

$$P=I_p^2R=\left(\frac{20}{\sqrt{5}}\right)^2\times20=1{,}600[\text{W}]$$

3상에서 소비된 유효전력

$3P=3\times1{,}600=4{,}800[\text{W}]=4.8[\text{kW}]$

관련개념 **△결선의 특징**

㉠ 선간전압 V_l는 상전압 V_p와 같다.
　$\rightarrow V_l=V_p$
㉡ 선전류 I_l는 상전류 I_p의 $\sqrt{3}$배이다.
　$\rightarrow I_l=\sqrt{3}I_p$

정답 | ④

49

각 상의 임피던스가 $Z=6+j8[\Omega]$인 △결선의 평형 3상 부하에 선간전압이 220[V]인 대칭 3상 전압을 가했을 때 이 부하로 흐르는 선전류의 크기는 약 몇 [A]인가?

① 13 ② 22
③ 38 ④ 66

해설

△결선의 상전압 V_p는 선간전압 V_l와 같다.
상전압 $V_p=V_l=220[V]$
상전류 $I_p=\frac{V_p}{Z}=\frac{220}{\sqrt{6^2+8^2}}=22[A]$
△결선의 선전류 I_l는 상전류 I_p의 $\sqrt{3}$배이다.
$\therefore I_l=\sqrt{3}I_p=\sqrt{3}\times 22=38.1[A]$

정답 | ③

PHASE 14 | 전기요소 측정

50

절연 저항을 측정할 때 사용하는 계기는?

① 전류계 ② 전위차계
③ 메거 ④ 휘트스톤 브리지

해설

절연 저항 측정에는 메거가 이용된다.

오답분석

① 전류계: 회로에서 부하와 직렬로 연결하여 전류를 측정한다.
② 전위차계: 회로의 전압을 측정한다.
④ 휘트스톤 브리지: 검류계의 내부 저항을 측정한다.

정답 | ③

51

전지의 내부 저항이나 전해액의 도전율 측정에 사용되는 것은?

① 접지 저항계 ② 캘빈 더블 브리지법
③ 콜라우시 브리지법 ④ 메거

해설

전지의 내부 저항이나 전해액의 도전율은 콜라우시 브리지법으로 측정한다.

오답분석

① 접지저항계: 접지 저항 값을 측정하는데 사용한다.
② 캘빈 더블 브리지법: 1[Ω] 이하의 낮은 저항을 정밀 측정할 때 사용한다.
④ 메거: 절연 저항을 측정할 때 사용한다.

정답 | ③

52

가동철편형 계기의 구조 형태가 아닌 것은?

① 흡인형 ② 회전자장형
③ 반발형 ④ 반발흡인형

해설

가동철편형 계기는 지시계기의 한 종류로서 고정 코일에 흐르는 전류에 의해 발생하는 자기장이 연철편에 작용하는 구동 토크를 이용한다. 이 구동 토크가 발생하는 방법에 따라 흡인식, 반발식, 반발흡인식으로 구분한다.

정답 | ②

53

그림과 같은 회로에서 전압계 3개로 단상전력을 측정하고자 할 때의 유효전력은?

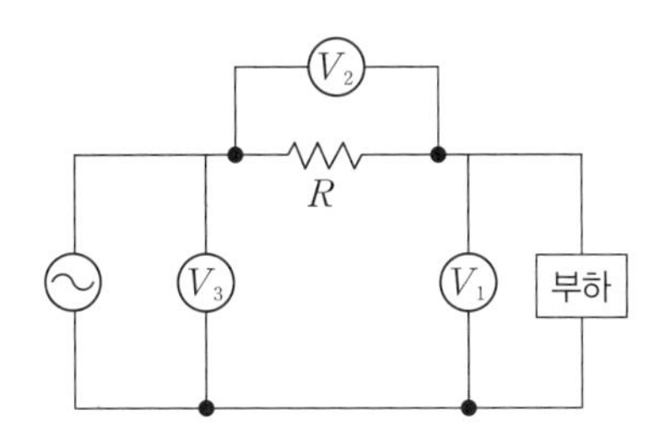

① $P=\frac{R}{2}(V_3^2-V_1^2-V_2^2)$

② $P=\frac{1}{2R}(V_3^2-V_1^2-V_2^2)$

③ $P=\frac{R}{2}(V_3^2+V_1^2+V_2^2)$

④ $P=\frac{1}{2R}(V_3^2+V_1^2+V_2^2)$

해설

3전압계법은 3개의 전압계와 하나의 저항을 연결하여 단상 교류전력을 측정하는 방법이다.

$P=\frac{1}{2R}(V_3^2-V_1^2-V_2^2)$

관련개념 **3전류계법**

3개의 전류계와 하나의 저항을 연결하여 단상 교류전력을 측정하는 방법이다.

$P=\frac{R}{2}(I_3^2-I_2^2-I_1^2)$

정답 | ②

54

지시계기에 대한 동작원리가 아닌 것은?

① 열전형 계기: 대전된 도체 사이에 작용하는 정전력을 이용

② 가동 철편형 계기: 전류에 의한 자기장에서 고정 철편과 가동 철편 사이에 작용하는 힘을 이용

③ 전류력계형 계기: 고정 코일에 흐르는 전류에 의한 자기장과 가동 코일에 흐르는 전류 사이에 작용하는 힘을 이용

④ 유도형 계기: 회전 자기장 또는 이동 자기장과 이것에 의한 유도 전류와의 상호작용을 이용

해설

대전된 도체 사이에 작용하는 정전력을 이용하는 장치는 정전형 계기이다.

관련개념 **지시계기의 종류**

종류	기호	동작 원리
열전형		전류의 열작용에 의한 금속선의 팽창 또는 종류가 다른 금속의 접합점의 온도차에 의한 열기전력을 이용하는 계기이다.
가동철편형		고정 코일에 흐르는 전류에 의해 발생한 자기장이 연철편에 작용하는 구동 토크를 이용하는 계기이다.
전류력계형		고정 코일에 피측정 전류를 흘려 발생한는 자계 내에 가동 코일을 설치하고, 가동 코일에도 피측정 전류를 흘려 이 전류와 자계 사이에 작용하는 전자력을 구동 토크로 이용하는 계기이다.
유도형		회전 자계나 이동 자계의 전자 유도에 의한 유도 전류와의 상호작용을 이용하는 계기이다.

정답 | ①

55

구동점 임피던스(driving point impedance)에서 극점(pole) 이란 무엇을 의미하는가?

① 개방회로상태를 의미한다.
② 단락회로상태를 위미한다.
③ 전류가 많이 흐르는 상태를 의미한다.
④ 접지상태를 의미한다.

해설

구동점 임피던스에서 극점은 회로의 개방상태를, 영점은 회로의 단락상태를 의미한다.

정답 | ①

56

테브난의 정리를 이용하여 그림(a) 회로를 그림 (b)와 같은 등가회로로 만들고자 할 때 V_{th}[V]와 R_{th}[Ω]은?

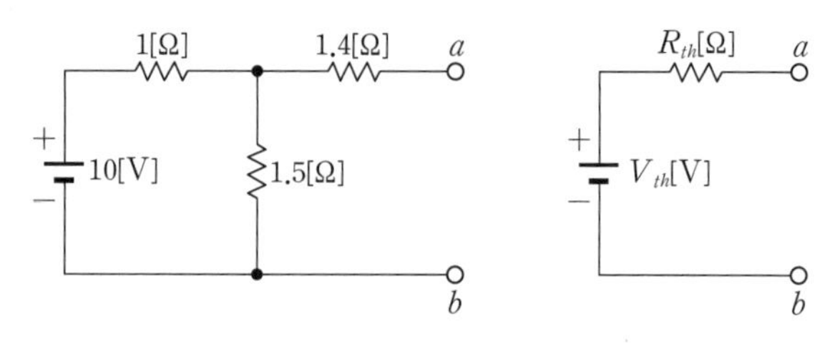

① 5[V], 2[Ω]
② 5[V], 3[Ω]
③ 6[V], 2[Ω]
④ 6[V], 3[Ω]

해설

테브난 등가전압을 구하기 위한 등가회로는 다음과 같다.

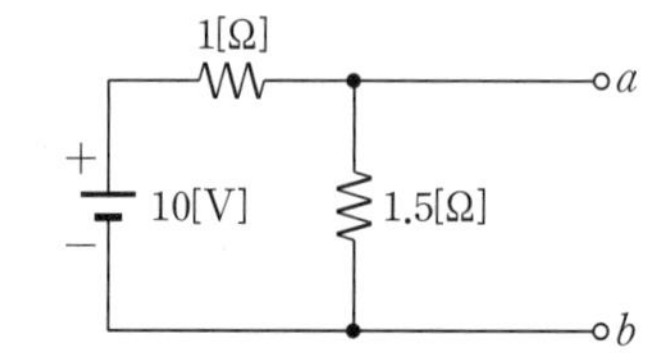

$\therefore V_{th}=\frac{1.5}{1+1.5}\times 10=6$[V]

테브난 등가저항을 구하기 위한 등가회로는 다음과 같다.

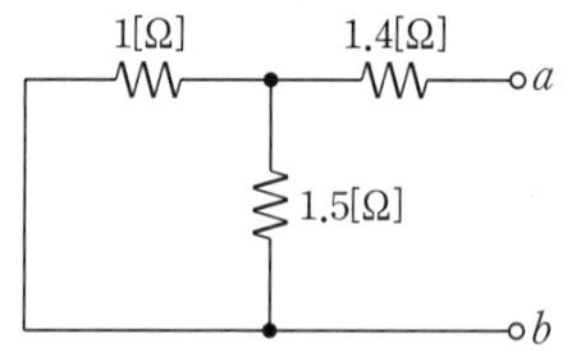

저항 1[Ω]과 1.5[Ω]은 병렬관계 이므로 합성저항을 구하면

$R=\frac{1\times 1.5}{1+1.5}=\frac{1.5}{2.5}=0.6$[Ω]

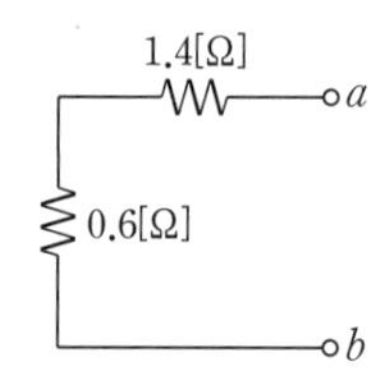

a, b 단자에서 본 테브난 등가 저항은

$\therefore R_{th}=1.4+0.6=2$[Ω]

정답 | ③

57

회로에서 저항 20[Ω]에 흐르는 전류(A)는?

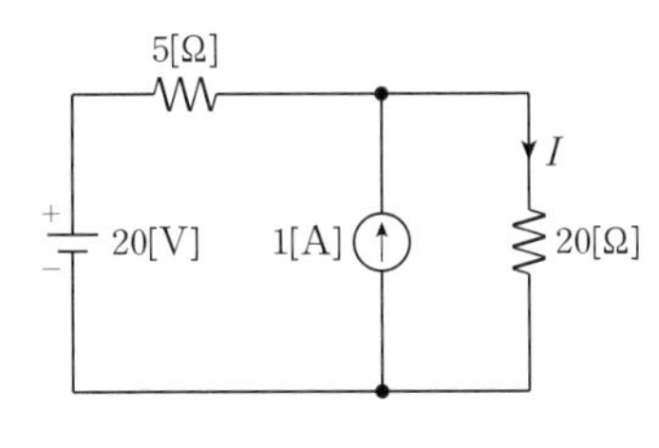

① 0.8 ② 1.0
③ 1.8 ④ 2.8

해설

전압원만 고려할 경우 전류원은 개방한다.

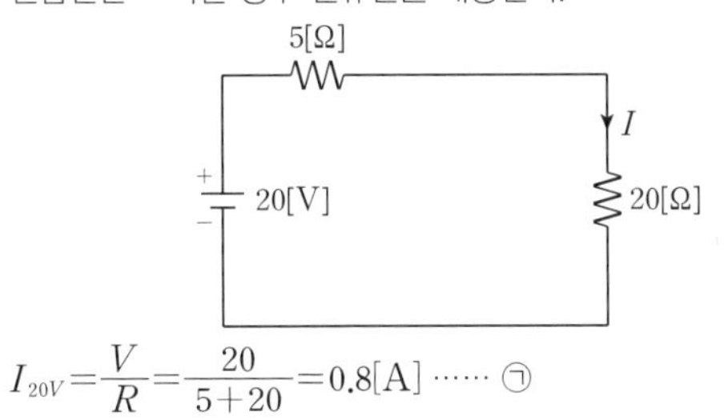

$I_{20V}=\frac{V}{R}=\frac{20}{5+20}=0.8[A]$ …… ㉠

전류원만 고려할 경우 전압원은 단락한다.

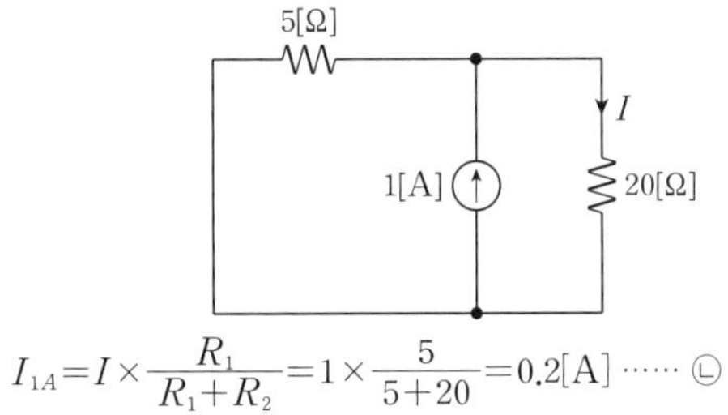

$I_{1A}=I\times\frac{R_1}{R_1+R_2}=1\times\frac{5}{5+20}=0.2[A]$ …… ㉡

저항 20[Ω]에 흐르는 전류는 ㉠과 ㉡의 합과 같다.

$\therefore I=I_{20V}+I_{1A}=0.8+0.2=1.0[A]$

정답 | ②

58

회로에서 저항 5[Ω]의 양단 전압 V_R[V]은?

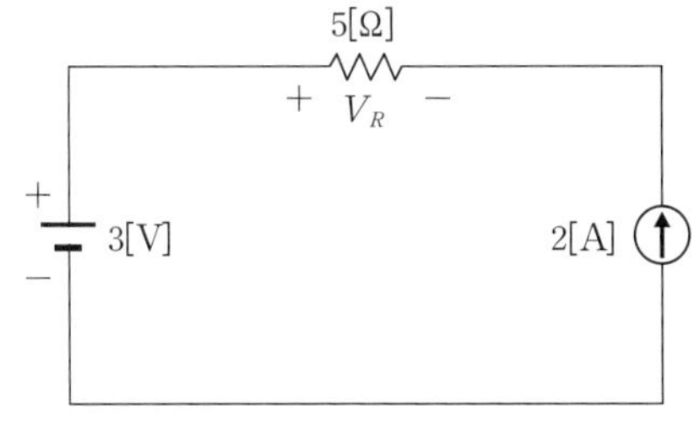

① −10 ② −7
③ 7 ④ 10

해설

전류원에 의해 회로는 반시계 방향으로 2[A]의 전류가 흐른다.

$V_R=IR=(-2)\times5=-10[V]$

관련개념 **중첩의 원리**

㉠ 전압원만을 고려할 경우 전류원은 개방된 것으로 본다.
→ 3[V] 전압만을 고려할 경우 2[A]의 전류원을 개방한 것으로 본다. 이 경우 회로에 흐르는 전류는 없다.

㉡ 전류원만을 고려할 경우 전압원은 단락된 것으로 본다.
→ 2[A] 전류원을 고려할 경우 3[V]의 전압은 단락된 것으로 본다. 이 경우 회로에 흐르는 전류는 2[A]이고 반시계 방향으로 흐른다.

정답 | ①

59

상순이 a, b, c인 경우 V_a, V_b, V_c를 3상 불평형 전압이라 하면 정상전압은? (단, $\alpha=e^{j\frac{2}{3}\pi}=1\angle 120°$)

① $\frac{1}{3}(V_a+V_b+V_c)$

② $\frac{1}{3}(V_a+\alpha V_b+\alpha^2 V_c)$

③ $\frac{1}{3}(V_a+\alpha^2 V_b+\alpha V_c)$

④ $\frac{1}{3}(V_a+\alpha V_b+\alpha V_c)$

해설

V_a, V_b, V_c가 불평형인 경우 벡터 연산자 α를 이용하여 각 전압을 V_1, V_2, V_3으로 분해하여 해석할 수 있다.

영상전압 $V_0=\frac{1}{3}(V_a+V_b+V_c)$

정상전압 $V_1=\frac{1}{3}(V_a+\alpha V_b+\alpha^2 V_c)$

역상전압 $V_2=\frac{1}{3}(V_a+\alpha^2 V_b+\alpha V_c)$

정답 | ②

60

각 전류의 대칭분 I_0, I_1, I_2가 모두 같게 되는 고장의 종류는?

① 1선 지락 ② 2선 지락
③ 2선 단락 ④ 3선 단락

해설

각 전류의 대칭분 I_0(영상전류), I_1(정상전류), I_2(역상전류)가 모두 같게 되는 고장은 1선 지락이다.

정답 | ①

61

반파 정류회로를 통해 정현파를 정류하여 얻은 반파 정류파의 최댓값이 1일 때, 실횻값과 평균값은?

① $\frac{1}{\sqrt{2}}$, $\frac{2}{\pi}$ ② $\frac{1}{2}$, $\frac{\pi}{2}$

③ $\frac{1}{\sqrt{2}}$, $\frac{\pi}{2\sqrt{2}}$ ④ $\frac{1}{2}$, $\frac{1}{\pi}$

해설

반파정현파에서 실횻값과 평균값은 각각 $\frac{V_m}{2}$, $\frac{V_m}{\pi}$이다.

최댓값 $V_m=1$이므로 실횻값과 평균값은 $\frac{1}{2}$, $\frac{1}{\pi}$이 된다.

관련개념 **파형별 최댓값, 실횻값, 평균값, 파고율, 파형률**

파형	최댓값	실횻값	평균값	파고율	파형률
구형파	V_m	V_m	V_m	1	1
반파 구형파	V_m	$\frac{V_m}{\sqrt{2}}$	$\frac{V_m}{2}$	$\sqrt{2}$	$\sqrt{2}$
정현파	V_m	$\frac{V_m}{\sqrt{2}}$	$\frac{2V_m}{\pi}$	$\sqrt{2}$	$\frac{\pi}{2\sqrt{2}}$
반파 정현파	V_m	$\frac{V_m}{2}$	$\frac{V_m}{\pi}$	2	$\frac{\pi}{2}$
삼각파	V_m	$\frac{V_m}{\sqrt{3}}$	$\frac{V_m}{2}$	$\sqrt{3}$	$\frac{2}{\sqrt{3}}$

정답 | ④

62

삼각파의 파형률 및 파고율은?

① 1.0, 1.0 ② 1.04, 1.226
③ 1.11, 1.414 ④ 1.155, 1.732

해설

$$\text{삼각파의 파형률}=\frac{\text{실횻값}}{\text{평균값}}=\frac{\frac{V_m}{\sqrt{3}}}{\frac{V_m}{2}}=\frac{2}{\sqrt{3}}=1.155$$

$$\text{삼각파의 파고율}=\frac{\text{최댓값}}{\text{실횻값}}=\frac{V_m}{\frac{V_m}{\sqrt{3}}}=\sqrt{3}=1.732$$

정답 | ④

63

제어 대상에서 제어량을 측정하고 검출하여 주궤환 신호를 만드는 것은?

① 조작부 ② 출력부
③ 검출부 ④ 제어부

해설

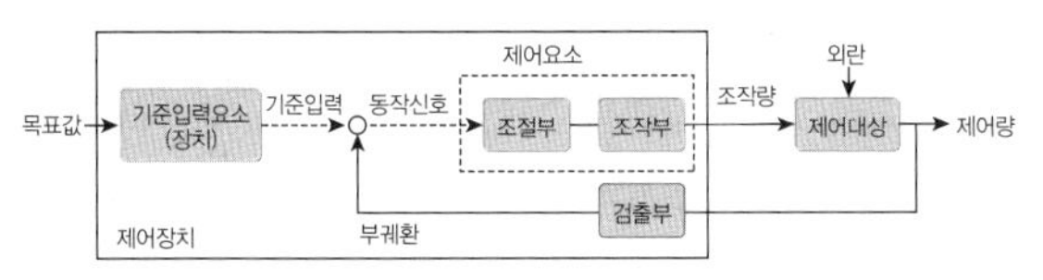

검출부는 제어대상으로부터 제어량을 검출하고 기준입력(주궤환) 신호와 비교하는 요소이다.

정답 | ③

64

제어요소의 구성으로 옳은 것은?

① 조절부와 조작부
② 비교부와 검출부
③ 설정부와 검출부
④ 설정부와 비교부

해설

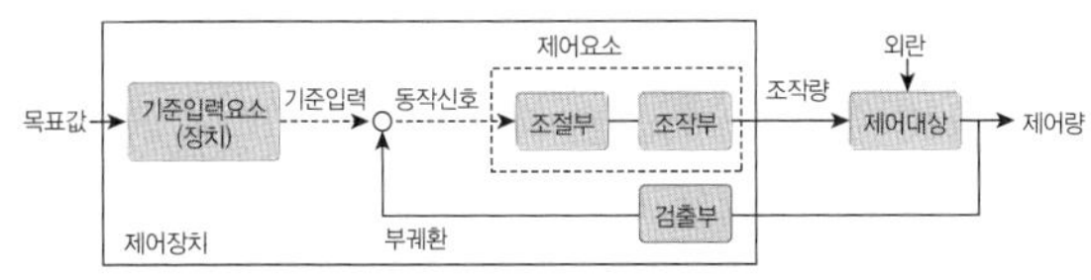

제어요소는 동작신호를 조작량으로 변환시키는 요소로 조절부와 조작부로 구성된다.

관련개념 **검출부**

제어대상으로부터 제어량을 검출하고 기준입력신호와 비교하는 요소이다.

정답 | ①

65

잔류편차가 있는 제어 동작은?

① 비례제어 ② 적분제어
③ 비례적분 제어 ④ 비례적분미분제어

해설

잔류편차가 발생하는 제어동작은 비례제어이다.

관련개념 **연속제어의 종류**

종류	설명
비례제어 (P제어)	• 입력 편차를 기준으로 조작량의 출력 변화가 일정한 비례관계에 있는 제어 • 연속 제어 중 가장 기본적인 구조 • 잔류편차(off set)가 발생
적분제어 (I제어)	• 제어량에 편차가 생겼을 때 편차의 적분차를 가감하여 조작단의 이동속도가 비례하는 제어 • 잔류편차가 소멸, 시간지연(속응성) 발생
미분제어 (D제어)	• 조작량이 동작신호의 미분값에 비례하는 동작으로 비례제어와 함께 사용 • 진동이 억제되어 빨리 안정되고, 오차가 커지는 것을 사전에 방지, 잔류편차가 발생
비례적분제어 (PI제어)	• 비례제어의 단점을 보완하기 위해 비례제어에 적분제어를 가한 제어 • 잔류편차는 개선되지만 시간지연이 발생, 간헐현상이 있고, 진동하기 쉬움, 지상보상요소
비례미분제어 (PD제어)	• 목푯값이 급격한 변화를 보이며, 응답 속응성 개선(응답이 빠름), 오차가 커지는 것을 방지 • 시간 지연은 개선되지만 잔류편차는 발생, 진상보상요소
비례적분 미분제어 (PID제어)	• 간헐현상을 제거, 사이클링과 잔류편차 제거 • 시간지연을 향상시키고, 잔류편차도 제거한 가장 안정적인 제어, 진지상보상요소

정답 | ①

66

제어동작에 따른 제어계의 분류에 대한 설명 중 틀린 것은?

① 미분동작: D동작 또는 rate동작이라고도 부르며, 동작신호의 기울기에 비례한 조작신호를 만든다.
② 적분동작: I동작 또는 리셋동작이라고도 부르며, 적분값의 크기에 비례하여 조절신호를 만든다.
③ 2위치제어: on/off 동작이라고도 하며, 제어량이 목푯값보다 작은지 큰지에 따라서 조작량으로 on 또는 off의 두 가지 값의 조절 신호를 발생한다.
④ 비례동작: P동작이라고도 부르며, 제어동작신호에 반비례하는 조절신호를 만드는 제어동작이다.

해설

비례제어(동작)는 P제어(동작)라고도 부르며, 제어동작신호에 비례하는 조절신호를 만드는 제어동작이다.

정답 | ④

67

목푯값이 다른 양과 일정한 비율 관계를 가지고 변화하는 제어방식은?

① 정치제어 ② 추종제어
③ 프로그램제어 ④ 비율제어

해설

목푯값이 다른 양과 일정한 비율 관계를 가지고 변화하는 경우의 제어방식은 비율제어이며 둘 이상의 제어량을 소정의 비율로서 제어한다.

오답분석

① 정치제어: 목푯값이 시간에 대하여 변화하지 않고 항상 일정한 제어
② 추종제어: 임의로 시간적 변화를 하는 미지의 목푯값에 제어량을 추종시키는 것을 목적으로 하는 제어
③ 프로그램제어: 전에 정해진 프로그램에 따라 제어량을 변화시키는 것을 목적으로 하는 제어법

정답 | ④

68

변위를 압력으로 변환하는 소자로 옳은 것은?

① 다이어프램 ② 가변 저항기
③ 벨로우즈 ④ 노즐 플래퍼

해설

노즐 플래퍼는 변위를 압력으로 변환하는 장치이다.

오답분석

① 다이어프램: 압력을 변위로 변환하는 장치
② 가변 저항기: 변위를 임피던스로 변환하는 장치
③ 벨로우즈: 압력을 변위로 변환하는 장치

관련개념 **제어기기의 변환요소**

변환량	변환 요소
압력 → 변위	벨로우즈, 다이어프램, 스프링
변위 → 압력	노즐 플래퍼, 유압 분사관, 스프링

정답 | ④

69

제어량이 온도, 압력, 유량 및 액면과 같은 일반적인 공업량일 때의 제어방식은?

① 추종제어 ② 공정제어
③ 프로그램제어 ④ 시퀀스제어

해설

프로세스 제어는 공정제어라고도 하며, 플랜트나 생산 공정 등의 상태량을 제어량으로 하는 제어이다.
예 온도, 압력, 유량, 액면(액위), 농도, 밀도, 효율 등

관련개념 **서보제어(추종제어)**

기계적 변위를 제어량으로 목푯값의 임의의 변화에 추종하도록 구성된 제어이다.
예 물체의 위치, 방위, 자세, 각도 등

자동조정 제어(정치제어)

전기적, 기계적 물리량을 제어량으로 하는 제어이다.
예 전압, 전류, 주파수, 회전수, 힘 등

정답 | ②

70

적분 시간이 3[sec]이고, 비례 감도가 5인 비례적분 제어 요소가 있다. 이 제어 요소의 전달함수는?

① $\frac{5s+5}{3s}$ ② $\frac{15s+5}{3s}$

③ $\frac{3s+3}{5s}$ ④ $\frac{15s+3}{5s}$

해설

비례적분동작식

$x_0(t)=K_p\left(x_i(t)+\frac{1}{T_I}\int x_i(t)dt\right)$

비례적분동작식의 라플라스 변환

$X_0(s)=K_pX_i(s)+\frac{K_p}{T_I}\frac{X_i(s)}{s}$

$=K_pX_i(s)\left(1+\frac{1}{T_Is}\right)$

전달함수 $\frac{X_0(s)}{X_i(s)}=K_p\left(1+\frac{1}{T_Is}\right)=5\left(1+\frac{1}{3s}\right)$

$=5+\frac{5}{3s}=\frac{15s+5}{3s}$

정답 | ②

PHASE 18 | 전달함수, 블록선도, 시퀀스회로

71

그림의 블록선도에서 $\frac{C(s)}{R(s)}$을 구하면?

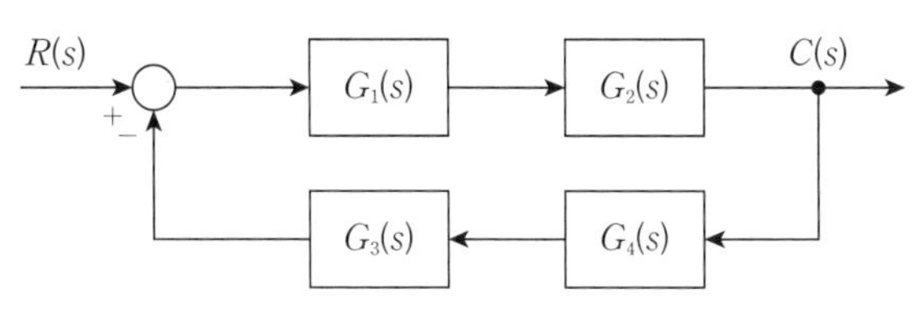

① $\frac{G_1(s)+G_2(s)}{1+G_1(s)G_2(s)+G_3(s)G_4(s)}$

② $\frac{G_1(s)G_2(s)}{1+G_1(s)G_2(s)G_3(s)G_4(s)}$

③ $\frac{G_3(s)+G_4(s)}{1+G_1(s)G_2(s)G_3(s)G_4(s)}$

④ $\frac{G_1(s)G_2(s)}{1+G_1(s)G_2(s)+G_3(s)G_4(s)}$

해설

$\frac{C(s)}{R(s)}=\frac{\text{경로}}{1-\text{폐로}}=\frac{G_1(s)G_2(s)}{1+G_1(s)G_2(s)G_3(s)G_4(s)}$

경로: $G_1(s)G_2(s)$

폐로: $-G_1(s)G_2(s)G_3(s)G_4(s)$

정답 | ②

72

블록선도의 전달함수 ($C(s)/R(s)$)는?

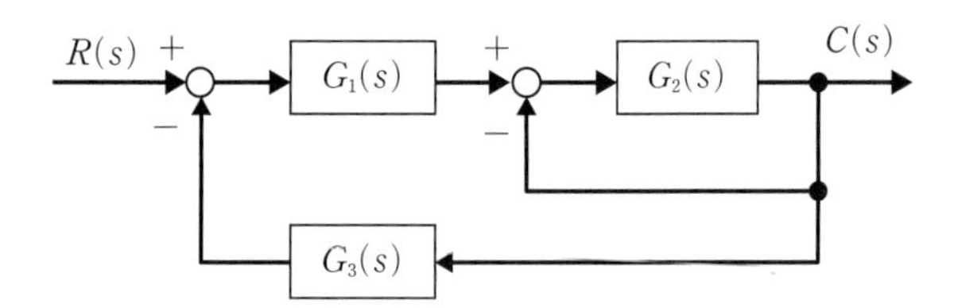

① $\dfrac{G_1(s)G_2(s)}{1+G_1(s)G_2(s)G_3(s)}$

② $\dfrac{G_1(s)G_2(s)}{1+G_1(s)+G_1(s)G_2(s)G_3(s)}$

③ $\dfrac{G_1(s)G_2(s)}{1+G_2(s)+G_1(s)G_2(s)G_3(s)}$

④ $\dfrac{G_1(s)G_2(s)}{1+G_3(s)+G_1(s)G_2(s)G_3(s)}$

해설

$\dfrac{C(s)}{R(s)}=\dfrac{\text{경로}}{1-\text{폐로}}$

$=\dfrac{G_1(s)G_2(s)}{1+G_2(s)+G_1(s)G_2(s)G_3(s)}$

경로: $G_1(s)G_2(s)$

폐로: ① $-G_2(s)$, ② $-G_1(s)G_2(s)G_3(s)$

관련개념 경로와 폐로

㉠ 경로: 입력에서부터 출력까지 가는 경로에 있는 소자들의 곱

㉡ 폐로: 출력 중 입력으로 돌아가는 경로에 있는 소자들의 곱

정답 | ③

73

다음 그림과 같은 계통의 전달함수는?

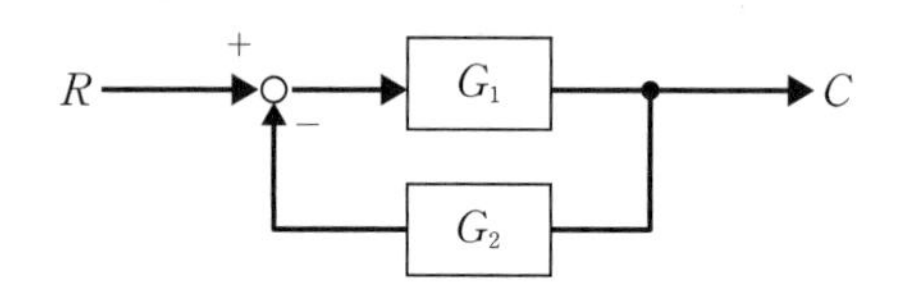

① $\dfrac{G_1}{1+G_2}$ ② $\dfrac{G_2}{1+G_1}$

③ $\dfrac{G_2}{1+G_1G_2}$ ④ $\dfrac{G_1}{1+G_1G_2}$

해설

$\dfrac{C}{R}=\dfrac{\text{경로}}{1-\text{폐로}}=\dfrac{G_1}{1+G_1G_2}$

관련개념 경로와 폐로

㉠ 경로: 입력에서부터 출력까지 가는 경로에 있는 소자들의 곱

㉡ 폐로: 출력 중 입력으로 돌아가는 경로에 있는 소자들의 곱

정답 | ④

74

그림(a)와 그림(b)의 각 블록선도가 서로 등가인 경우 전달함수 $G(s)$는?

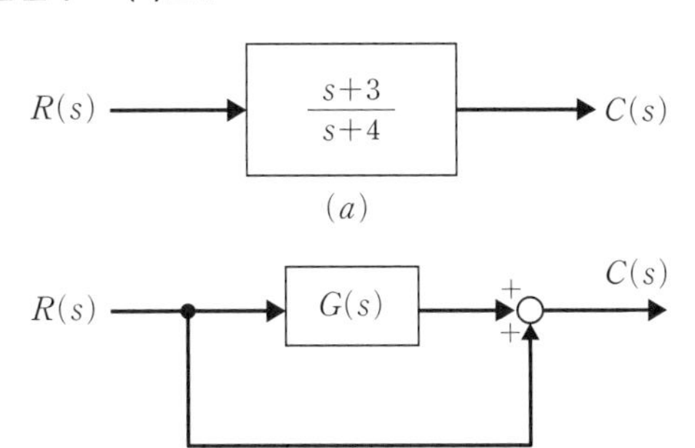

① $\dfrac{1}{s+4}$　② $\dfrac{2}{s+4}$

③ $-\dfrac{1}{s+4}$　④ $-\dfrac{2}{s+4}$

해설

(a)의 전달함수 $\dfrac{C(s)}{R(s)}=\dfrac{s+3}{s+4}$

(b)의 출력 $C(s)=R(s)G(s)+R(s)$
$=R(s)(G(s)+1)$

(b)의 전달함수 $\dfrac{C(s)}{R(s)}=G(s)+1$

$\therefore G(s)+1=\dfrac{s+3}{s+4} \rightarrow G(s)=-\dfrac{1}{s+4}$

정답 | ③

75

입력이 $r(t)$이고, 출력이 $c(t)$인 제어시스템이 다음의 식과 같이 표현될 때 이 제어시스템의 전달함수 $(G(s)=C(s)/R(s))$는? (단, 초깃값은 0이다.)

$$2\frac{d^2c(t)}{dt^2}+3\frac{dc(t)}{dt}+c(t)=3\frac{dr(t)}{dt}+r(t)$$

① $\dfrac{3s+1}{2s^2+3s+1}$　② $\dfrac{2s^2+3s+1}{s+3}$

③ $\dfrac{3s+1}{s^2+3s+2}$　④ $\dfrac{s+3}{s^2+3s+2}$

해설

보기의 식을 라플라스 변환하면

$2s^2C(s)+3sC(s)+C(s)=3sR(s)+R(s)$

$C(s)(2s^2+3s+1)=R(s)(3s+1)$

전달함수 $G(s)=\dfrac{C(s)}{R(s)}=\dfrac{3s+1}{2s^2+3s+1}$

정답 | ①

최빈출 200제

소방전기일반

76

그림과 같은 논리회로의 출력 Y는?

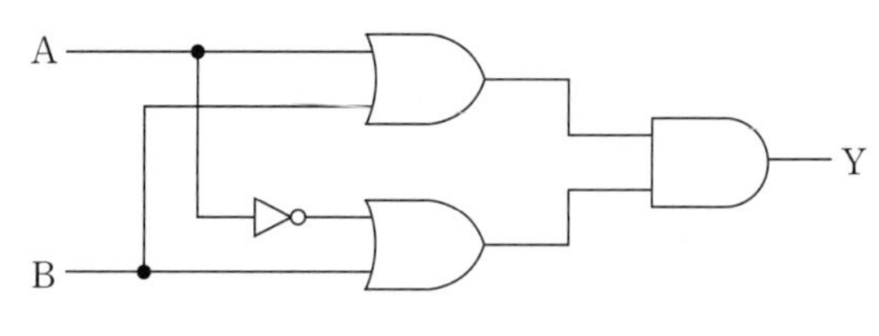

① AB ② A+B
③ A ④ B

해설

위쪽 OR 게이트의 출력: $A+B$
아래쪽 OR 게이트의 출력: $\overline{A}+B$
두 개의 출력은 AND 게이트의 입력이 되므로
$Y=(A+B)\cdot(\overline{A}+B)$ ← 분배법칙
$=B+(A\overline{A})$ ← 보수법칙
$=B$

관련개념 불대수 연산 예

보수법칙	• $A+\overline{A}=1$ • $A\cdot\overline{A}=0$
결합법칙	• $A+(B+C)=(A+B)+C$ • $A\cdot(B\cdot C)=(A\cdot B)\cdot C$
분배법칙	• $A\cdot(B+C)=A\cdot B+A\cdot C$ • $A+(B\cdot C)=(A+B)\cdot(A+C)$

정답 | ④

77

다음의 논리식 중 틀린 것은?

① $(\overline{A}+B)\cdot(A+B)=B$
② $(A+B)\cdot\overline{B}=A\overline{B}$
③ $\overline{AB+AC}+\overline{A}=\overline{A}+\overline{B}\,\overline{C}$
④ $\overline{(\overline{A}+B)+CD}=A\overline{B}(C+D)$

해설

$\overline{(\overline{A}+B)+CD}=\overline{\overline{A}+B}\cdot\overline{CD}$
$=\overline{\overline{A}}\,\overline{B}\cdot(\overline{C}+\overline{D})$
$=A\overline{B}\cdot(\overline{C}+\overline{D})$

오답분석

① 분배법칙
$(\overline{A}+B)\cdot(A+B)=B+(\overline{A}A)=B(\because\ \overline{A}A=0)$
② $(A+B)\cdot\overline{B}=A\overline{B}+B\overline{B}=A\overline{B}(\because\ \overline{B}B=0)$
③ 드 모르간의 법칙
$\overline{AB+AC}+\overline{A}=\overline{AB}\cdot\overline{AC}+\overline{A}$
$=(\overline{A}+\overline{B})\cdot(\overline{A}+\overline{C})+\overline{A}$
$=\overline{A}+\overline{B}\,\overline{C}+\overline{A}$
$=\overline{A}+\overline{B}\,\overline{C}$

정답 | ④

78

다음의 회로에서 출력되는 전압은 몇 [V]인가? (단, A=5[V], B=0[V]인 경우이다.)

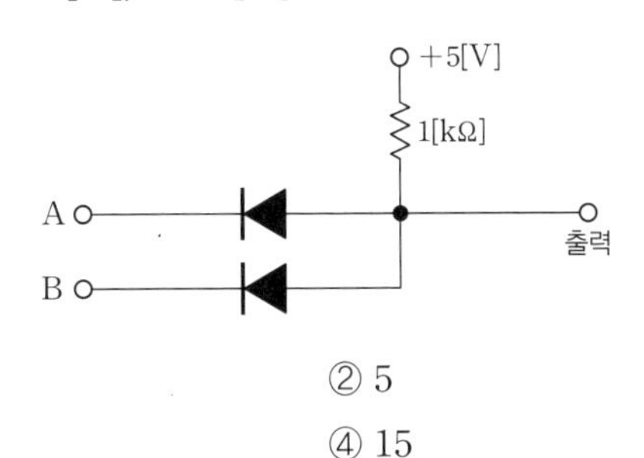

① 0　② 5
③ 10　④ 15

해설

그림은 AND 회로이며 A에만 전압이 인가되었으므로 출력되는 전압은 0[V]이다.

관련개념 **AND회로**

입력 단자 A와 B 모두 ON이 되어야 출력이 ON이 되고, 어느 한 단자라도 OFF되면 출력이 OFF되는 회로이다.

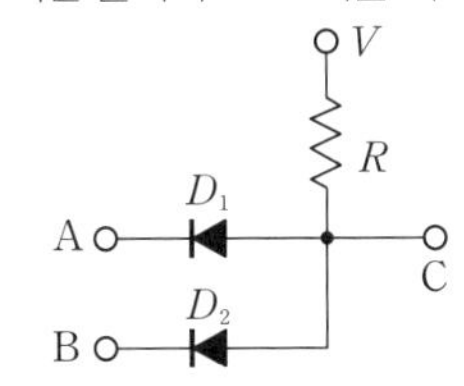

▲ AND 회로의 무접점 회로

입력		출력
A	B	C
0	0	0
0	1	0
1	0	0
1	1	1

▲ AND 회로의 진리표

정답 | ①

79

그림과 같은 게이트의 명칭은?

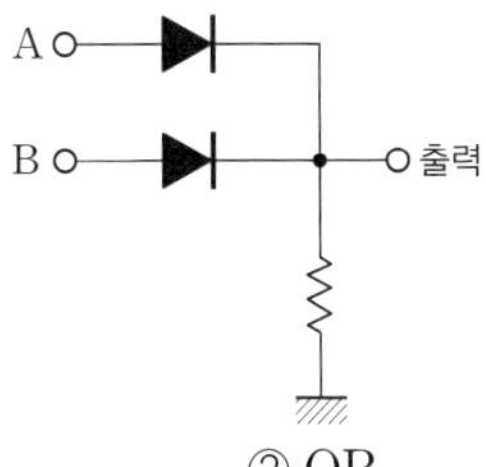

① AND　② OR
③ NOR　④ NAND

해설

2개의 입력 중 1개라도 입력이 존재할 경우 출력값이 나타나는 OR 게이트의 무접점 회로이다.

관련개념 **OR 게이트**

입력 단자 A와 B 모두 OFF일 때에만 출력이 OFF되고, 두 단자 중 어느 하나라도 ON이면 출력이 ON이 되는 회로이다.

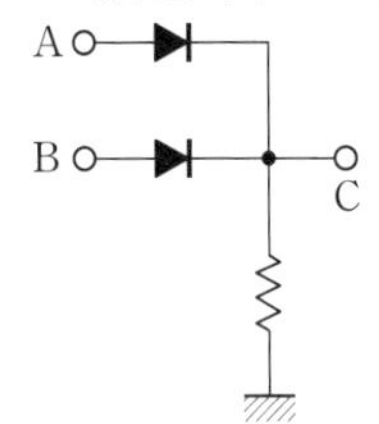

▲ OR 회로의 무접점 회로

입력		출력
A	B	C
0	0	0
0	1	1
1	0	1
1	1	1

▲ OR 회로의 진리표

정답 | ②

80

단방향성 대전류의 전력용 스위칭 소자로서 교류의 위상 제어용으로 사용되는 정류소자는?

① 서미스터 ② SCR
③ 제너 다이오드 ④ UJT

해설

단방향성 대전류의 전력용 소자로서 위상 제어용으로 사용되는 소자는 SCR이다.

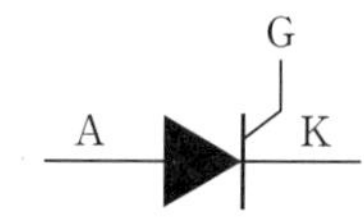

오답분석

① 서미스터: 저항기의 한 종류로서 온도에 따라 물질의 저항이 변화하는 성질을 이용한 반도체 소자이다.
③ 제너 다이오드: 일정한 전압을 회로에 공급하기 위한 정전압 전원 회로에 사용된다.
④ UJT: 반도체 재료의 p형과 n형의 단일 접합으로 형성된 소자로 일정 전압이 되면 전류가 흐르는 특성이 있어 발진회로에 사용된다.

정답 | ②

81

다음 중 쌍방향성 전력용 반도체 소자인 것은?

① SCR ② IGBT
③ TRIAC ④ DIODE

해설

TRIAC은 양(쌍)방향 3단자 사이리스터로 양방향 도통이 가능한 반도체 소자이다.

오답분석

① SCR은 단방향성 사이리스터로 PNPN의 4층 구조의 3단자 반도체 소자이다.
② IGBT는 MOSFET과 BJT 장점을 조합한 소재로 단방향성 전력용 트랜지스터이다.
④ DIODE(다이오드)는 단방향성 소자로 정류작용을 한다.

정답 | ③

82

그림과 같은 트랜지스터를 사용한 정전압회로에서 Q_1의 역할로서 옳은 것은?

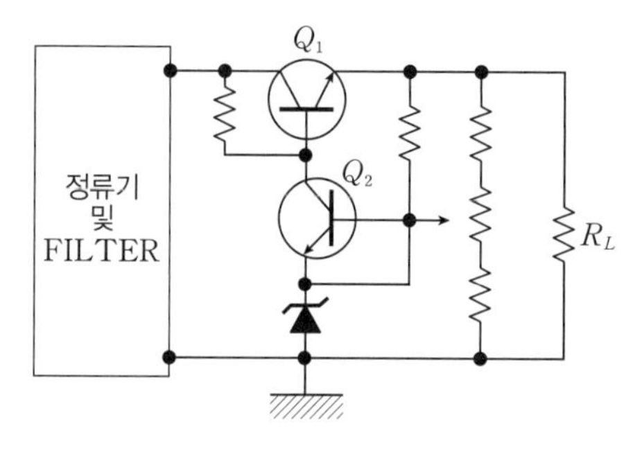

① 증폭용 ② 비교부용
③ 제어용 ④ 기준부용

해설

그림의 정전압회로에서 Q_1은 부하와 직렬로 연결된 제어용 트랜지스터이고, Q_2는 검출전압과 기준전압을 비교하는 오차증폭용 트랜지스터이다.

정답 | ③

83

이미터 전류를 1[mA] 증가시켰더니 컬렉터 전류는 0.98[mA] 증가되었다. 이 트랜지스터의 증폭률 β는?

① 4.9 ② 9.8
③ 49.0 ④ 98.0

해설

이미터 접지 전류 증폭 정수(β)

$$\beta=\frac{I_C}{I_B}=\frac{I_C}{I_E-I_C}=\frac{0.98}{1-0.98}=49$$

관련개념 **베이스 접지 전류 증폭 정수(α)**

$$\alpha=\frac{I_C}{I_E}=\frac{I_C}{I_B+I_C}$$

정답 | ③

84

전원의 전압을 일정하게 유지하기 위하여 사용하는 다이오드는?

① 쇼트키 다이오드　　② 터널 다이오드
③ 제너 다이오드　　④ 버랙터 다이오드

해설

일정한 전압을 회로에 공급하기 위한 정전압 전원 회로에 사용하는 다이오드는 제너 다이오드이다.

오답분석

① 쇼트키 다이오드: 순방향 전압 강하가 낮고 스위칭 속도가 빠르며, 정류, 전압 클램핑 등에 사용된다.
② 터널 다이오드: 고속 스위칭 회로나 논리회로에 사용되는 다이오드로 증폭작용, 발진작용, 개폐작용을 한다.
④ 버랙터 다이오드: 전압의 변화에 따라 발진 주파수를 조절하거나 무선 마이크, 고주파 변조 등에 사용된다.

정답 | ③

85

다이오드를 사용한 정류회로에서 과전압 방지를 위한 대책으로 가장 알맞은 것은?

① 다이오드를 직렬로 추가한다.
② 다이오드를 병렬로 추가한다.
③ 다이오드의 양단에 일정 값의 저항을 추가한다.
④ 다이오드의 양단에 일정 값의 콘덴서를 추가한다.

해설

다이오드를 직렬로 연결하면 전압이 분배되므로 과전압으로부터 회로를 보호할 수 있다.

관련개념 **과전류 방지 대책**

다이오드를 병렬 연결한다.

정답 | ①

PHASE 21 | 정류회로

86

단상 반파의 정류회로로 평균 26[V]의 직류 전압을 출력하려고 할 때, 정류 다이오드에 인가되는 역방향 최대 전압은 약 몇 [V]인가? (단, 직류 측에 평활회로(필터)가 없는 정류회로이고, 다이오드 순방향 전압은 무시한다.)

① 26　　② 37
③ 58　　④ 82

해설

단상 반파 정류회로에서 직류의 평균 전압

$E_{av}=0.45E \rightarrow E=\frac{E_{av}}{0.45}=\frac{26}{0.45}=57.78[V]$

최대 역전압

$PIV=\sqrt{2}E=\sqrt{2}\times 57.78=81.71[V]$

관련개념 **최대 역전압(PIV)**

다이오드에 걸리는 역방향 전압의 최댓값을 최대 역전압이라고 한다.

정답 | ④

87

60[Hz]의 3상 전압을 전파 정류하였을 때 리플(맥동) 주파수[Hz]는?

① 120　　② 180
③ 360　　④ 720

해설

3상 전파 정류의 맥동주파수는 $6f=6\times 60=360[Hz]$

구분	단상 반파	단상 전파	3상 반파	3상 전파
정류효율[%]	40.6	81.2	96.8	99.8
맥동률[%]	121	48	17	4.2
맥동주파수[Hz]	f	$2f$	$3f$	$6f$

정답 | ③

PHASE 22 | 직류기, 동기기

88

4극 직류 발전기의 전기자 도체 수가 500개, 각 자극의 자속이 0.01[Wb], 회전수가 1,800[rpm]일 때 이 발전기의 유도 기전력[V]은? (단, 전기자 권선법은 파권이다.)

① 100 ② 200
③ 300 ④ 400

해설

직류 발전기의 유도기전력 $E=\frac{P\phi NZ}{60a}$[V]

파권의 병렬회로수 $a=2$이므로

$E=\frac{4\times0.01\times1,800\times500}{60\times2}=300$[V]

정답 | ③

89

3상 직권 정류자 전동기에서 고정자 권선과 회전자 권선 사이에 중간 변압기를 사용하는 주요한 이유가 아닌 것은?

① 경부하 시 속도의 이상 상승 방지
② 철심을 포화시켜 회전자 상수를 감소
③ 중간 변압기의 권수비를 바꾸어서 전동기 특성을 조정
④ 전원전압의 크기에 관계없이 정류에 알맞은 회전자 전압 선택

해설

철심을 포화시켜 속도 상승을 제한할 수 있다.

오답분석

① 중간 변압기를 사용하여 철심을 포화시켜 경부하 시 속도 상승을 억제할 수 있다.
③ 중간 변압기의 권수비를 조정하여 전동기의 특성이 조정 가능하다.
④ 전원 전압의 크기에 관계없이 회전자 전압을 정류작용에 알맞은 값으로 선정할 수 있다.

정답 | ②

90

동기발전기의 병렬운전 조건으로 틀린 것은?

① 기전력의 크기가 같을 것
② 기전력의 위상이 같을 것
③ 기전력의 주파수가 같을 것
④ 극수가 같을 것

해설

극수가 같은 것은 동기발전기의 병렬운전 조건이 아니다.

관련개념 **동기발전기의 병렬운전 조건**

㉠ 기전력의 파형이 같을 것
㉡ 기전력의 크기가 같은 것
㉢ 기전력의 주파수가 같을 것
㉣ 기전력의 위상이 같을 것
㉤ 상회전의 방향이 같을 것

정답 | ④

PHASE 23 | 변압기, 유도기

91

3상 유도전동기 Y−△ 기동회로의 제어요소가 아닌 것은?

① MCCB ② THR
③ MC ④ ZCT

해설

영상변류기(ZCT)는 누설전류 또는 지락전류를 검출하기 위하여 사용하며 3상 유도전동기 Y−△ 기동회로의 제어요소와 관련이 없다.

오답분석

① 배선용 차단기(MCCB): 전류 이상(과전류 등)을 감지하여 선로를 차단하여 주는 배선 보호용 기기
② 열동계전기(THR): 전동기 등의 과부하 보호용으로 사용하는 기기
③ 전자접촉기(MC): 부하들을 동작(ON) 또는 멈춤(OFF)을 시킬 때 사용되는 기기

정답 | ④

92

제연용으로 사용되는 3상 유도전동기를 Y－△ 기동 방식으로 할 때, 기동을 위해 제어회로에서 사용되는 것과 거리가 먼 것은?

① 타이머 ② 영상변류기
③ 전자접촉기 ④ 열동계전기

해설

영상변류기(ZCT)는 누설전류를 검출하는 기기이다. 지락계전기와 함께 사용하여 누전 시 회로를 차단하여 보호하는 역할을 한다.

오답분석

Y－△ 기동 방식의 회로구성품으로는 타이머, 열동계전기, 전자접촉기, 푸시버튼 스위치, 배선용 차단기가 있다.

①, ③ 전원 인가 후 타이머와 전자접촉기가 여자되며 타이머의 보조 접점에 의해 자기유지가 된다.

④ 열동계전기는 과부하계전기라고도 하며, 부하와 전선의 과열을 방지하는데 사용한다.

정답 | ②

93

자기용량이 10[kVA]인 단권변압기를 그림과 같이 접속하였을 때 역률 80[%]의 부하에 몇 [kW]의 전력을 공급할 수 있는가?

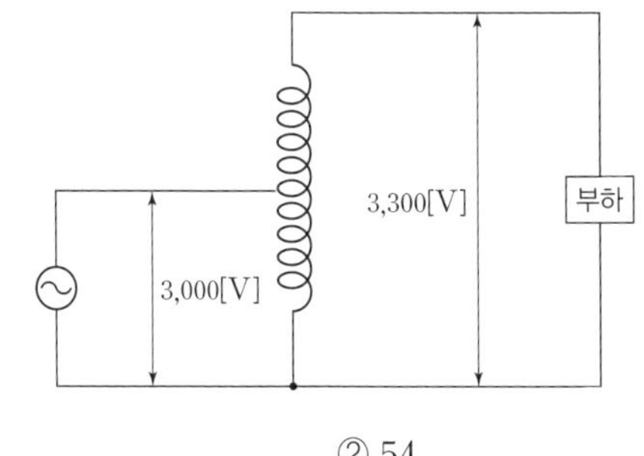

① 8 ② 54
③ 80 ④ 88

해설

$\frac{\text{부하용량}}{\text{자기용량}}=\frac{V_2}{V_2-V_1}=\frac{3,300}{3,300-3,000}=11$

부하용량=자기용량×11=10×11=110[kVA]

부하에 공급가능한 전력

$P=P_a\cos\theta=110\times0.8=88[\text{kW}]$

관련개념 단권변압기의 특징

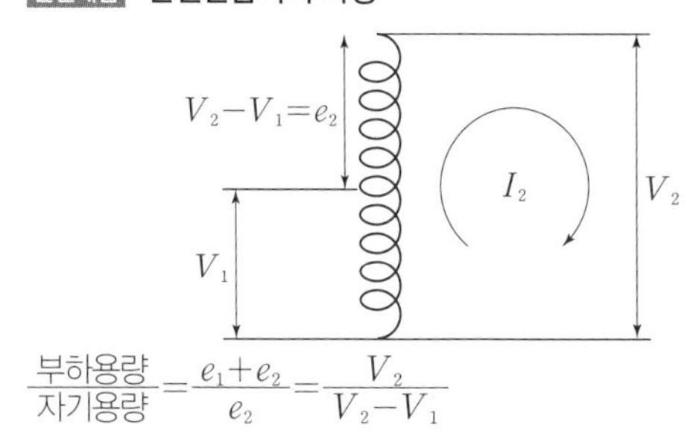

$\frac{\text{부하용량}}{\text{자기용량}}=\frac{e_1+e_2}{e_2}=\frac{V_2}{V_2-V_1}$

정답 | ④

94

1차 권선수는 10회, 2차 권선수는 300회인 변압기에 2차 단자전압으로 1,500[V]가 유도되기 위한 1차 단자전압은 몇 [V]인가?

① 30 ② 50
③ 120 ④ 150

해설

권수비 $a=\frac{N_1}{N_2}=\frac{E_1}{E_2}$

$\rightarrow E_1=E_2\times\frac{N_1}{N_2}=1{,}500\times\frac{10}{300}=50[V]$

정답 | ②

95

3상 유도전동기의 특성에서 2차 입력, 동기속도와 토크의 관계로 옳은 것은?

① 토크는 2차 입력과 동기속도에 비례한다.
② 토크는 2차 입력에 비례, 동기속도에 반비례한다.
③ 토크는 2차 입력에 반비례, 동기속도에 비례한다.
④ 토크는 2차 입력의 제곱에 비례, 동기속도의 제곱에 반비례한다.

해설

토크(τ)는 2차 입력(P_2)에 비례하고 동기속도(N_s)에 반비례한다.
$\left(\tau\propto P_2,\ \tau\propto\frac{1}{N_s}\right)$

관련개념 **유도전동기의 토크**

$$\tau=9.55\frac{P_0}{N}=9.55\frac{P_2}{N_s}$$

τ: 토크[N·m], P_0: 출력[W], N: 회전속도[rpm], P_2: 2차 입력[W], N_s: 동기속도[rpm]

정답 | ②

96

다음 단상 유도전동기 중에서 기동 토크가 가장 큰 것은?

① 셰이딩 코일형 ② 콘덴서 기동형
③ 분상 기동형 ④ 반발 기동형

해설

단상 유도 전동기의 기동 토크 순서
반발 기동형 > 반발 유도형 > 콘덴서 기동형 > 분상 기동형 > 셰이딩 코일형

정답 | ④

97

3상 유도 전동기를 Y결선으로 운전했을 때 토크가 T_Y이었다. 이 전동기를 동일한 전원에서 △결선으로 운전했을 때 토크($T_\triangle$)는?

① $T_\triangle=3T_Y$ ② $T_\triangle=\sqrt{3}T_Y$
③ $T_\triangle=\frac{1}{3}T_Y$ ④ $T_\triangle=\frac{1}{\sqrt{3}}T_Y$

해설

Y결선 기동 시 △결선 기동 토크의 $\frac{1}{3}$배가 된다.

$\therefore T_Y=\frac{1}{3}T_\triangle \rightarrow T_\triangle=3T_Y$

관련개념 **Y−△ 기동법**

㉠ 기동 전류는 $\frac{1}{3}$배로 감소
㉡ 기동 전압은 $\frac{1}{\sqrt{3}}$배로 감소
㉢ 기동 토크는 $\frac{1}{3}$배로 감소

정답 | ①

98

발전기의 부하가 불평형이 되어 발전기의 회전자가 과열 및 소손되는 것을 방지하기 위하여 설치하는 계전기는?

① 역상과전류계전기 ② 부족전압계전기
③ 비율차동계전기 ④ 온도계전기

해설

역상과전류계전기는 역상 전류의 크기에 따라 응동하는 계전기로 발전기 부하의 불평형을 방지하기 위해 사용한다.

오답분석

② 부족전압계전기: 전압의 크기가 기준 이하(부족전압)인 경우 동작한다.
③ 비율차동계전기: 총 입력 전류와 총 출력 전류의 차이가 총 입력 전류 대비 일정비율 이상이 되었을 때 동작한다. 발전기나 변압기의 내부 고장 보호용으로 사용한다.
④ 온도계전기: 온도가 기준치보다 상승하거나 하락한 경우 동작한다.

정답 | ①

99

교류 전력 변환 장치로 사용되는 인버터 회로에 대한 설명으로 옳지 않은 것은?

① 직류 전력에서 교류 전력으로 변환시키는 장치를 인버터라고 한다.
② 전류형 인버터와 전압형 인버터로 구분할 수 있다.
③ 전류 방식에 따라서 타려식과 자려식으로 구분할 수 있다.
④ 인버터의 부하장치에는 직류 직권 전동기를 사용할 수 있다.

해설

인버터의 부하장치에는 교류 직권 전동기를 사용할 수 있다.

오답분석

① 인버터는 전기적으로 직류 전력을 교류 전력으로 변환시키는 전력 변환기로서 공급된 전력을 자체 내에서 전압과 주파수를 가변시켜 전동기에 공급함으로서 전동기의 속도를 고효율로 제어하는 장치이다.
② 인버터는 전류형 인버터와 전압형 인버터로 나뉘며, 전류형은 전류원의 직류를 교류로 변환하는 방식이고, 전압형은 전압원의 직류를 교류로 변환하는 방식이다.
③ 인버터를 동작 방식으로 분류하면 자려식과 타려식으로 구분된다.

정답 | ④

100

전기 화재의 원인 중 하나인 누설전류를 검출하기 위하여 사용되는 것은?

① 부족전압계전기 ② 영상변류기
③ 계기용변압기 ④ 과전류계전기

해설

영상변류기(ZCT)는 누설전류 또는 지락전류를 검출하기 위하여 사용된다.

정답 | ②

최빈출 200제

02 소방전기시설의 구조 및 원리

PHASE 01 | 비상경보설비

01

비상경보설비를 설치하여야 하는 특정소방대상물의 기준 중 옳은 것은? (단, 지하구, 모래·석재 등 불연재료 창고 및 위험물 저장·처리 시설 중 가스시설은 제외한다.)

① 지하층 또는 무창층의 바닥면적이 150[m^2] 이상인 것
② 공연장으로서 지하층 또는 무창층의 바닥면적이 200[m^2] 이상인 것
③ 지하가 중 터널로서 길이가 400[m] 이상인 것
④ 30명 이상의 근로자가 작업하는 옥내작업장

해설

지하층 또는 무창층의 바닥면적이 150[m^2] 이상인 특정소방대상물에는 비상경보설비를 설치해야한다.

관련개념 **비상경보설비를 설치해야 하는 특정소방대상물**

특정소방대상물	구분
건축물	연면적 400[m^2] 이상인 것
지하층 · 무창층	바닥면적이 150[m^2](공연장은 100[m^2]) 이상인 것
지하가 중 터널	길이 500[m] 이상인 것
옥내작업장	50명 이상의 근로자가 작업하는 곳

정답 | ①

02

비상경보설비 및 단독경보형 감지기의 화재안전기술기준(NFTC 201)에 따라 비상벨설비 또는 자동식 사이렌설비의 전원회로 배선 중 내열배선에 사용하는 전선의 종류가 아닌 것은?

① 버스덕트(Bus Duct)
② 600[V] 1종 비닐절연 전선
③ 0.6/1[kV] EP 고무절연 클로로프렌 시스 케이블
④ 450/750[V] 저독성 난연 가교 폴리올레핀 절연 전선

해설

600[V] 1종 비닐절연 전선은 내열배선에 사용하는 전선의 종류가 아니다.

관련개념 **내열배선 시 사용전선**

- 450/750[V] 저독성 난연 가교 폴리올레핀 절연 전선
- 0.6/1[kV] 가교 폴리에틸렌 절연 저독성 난연 폴리올레핀 시스 전력 케이블
- 6/10[kV] 가교 폴리에틸렌 절연 저독성 난연 폴리올레핀 시스 전력 케이블
- 가교 폴리에틸렌 절연 비닐시스 트레이용 난연 전력 케이블
- 0.6/1[kV] EP 고무절연 클로로프렌 시스 케이블
- 300/500[V] 내열성 실리콘 고무 절연 전선(180[℃])
- 내열성 에틸렌－비닐 아세테이트 고무절연 케이블
- 버스덕트(Bus Duct)

정답 | ②

03

비상벨설비 또는 자동식사이렌설비에는 그 설비에 대한 감시상태를 몇 시간 지속한 후 유효하게 10분 이상 경보할 수 있는 축전지설비(수신기에 내장하는 경우 포함)를 설치하여야 하는가?

① 1시간 ② 2시간
③ 4시간 ④ 6시간

해설

비상벨설비 또는 자동식사이렌설비에는 그 설비에 대한 감시상태를 60분 간 지속한 후 유효하게 10분 이상 경보할 수 있는 비상전원으로서 축전지설비 또는 전기저장장치를 설치해야 한다.

정답 | ①

04

비상벨설비 또는 자동식사이렌설비의 설치기준 중 틀린 것은?

① 상용전원은 전기가 정상적으로 공급되는 축전지설비, 전기저장장치 또는 교류전압의 옥내 간선으로 하고, 전원까지의 배선은 전용으로 설치하여야 한다.
② 비상벨설비 또는 자동식사이렌설비에는 그 설비에 대한 감시상태를 60분간 지속한 후 유효하게 10분 이상 경보할 수 있는 축전지설비(수신기에 내장하는 경우 포함) 또는 전기저장장치를 설치하여야 한다.
③ 특정소방대상물의 층마다 설치하되, 해당 특정소방대상물의 각 부분으로부터 하나의 발신기까지의 수평거리가 25[m] 이하가 되도록 해야 한다. 다만, 복도 또는 별도로 구획된 실로서 보행거리가 40[m] 이상일 경우에는 추가로 설치하여야 한다.
④ 발신기의 위치표시등은 함의 상부에 설치하되, 그 불빛은 부착면으로부터 45° 이상의 범위 안에서 부착지점으로부터 10[m] 이내의 어느 곳에서도 쉽게 식별할 수 있는 적색등으로 설치하여야 한다.

해설

비상벨설비 또는 자동식사이렌설비 발신기의 위치표시등은 함의 상부에 설치하되, 그 불빛은 부착면으로부터 15° 이상의 범위 안에서 부착지점으로부터 10[m] 이내의 어느 곳에서도 쉽게 식별할 수 있는 적색등으로 해야 한다.

정답 | ④

05

비상벨설비 음향장치 음향의 크기는 부착된 음향장치의 중심으로부터 1[m] 떨어진 위치에서 몇 [dB] 이상이 되는 것으로 하여야 하는가?

① 90 ② 80
③ 70 ④ 60

해설

비상벨설비 음향장치 음향의 크기는 부착된 음향장치의 중심으로부터 1[m] 떨어진 위치에서 음압이 90[dB] 이상이 되는 것으로 해야 한다.

정답 | ①

06

비상경보설비 및 단독경보형 감지기의 화재안전기술기준(NFTC 201)에 따른 발신기의 시설기준에 대한 내용이다. 다음 ( )에 들어갈 내용으로 옳은 것은?

> 조작이 쉬운 장소에 설치하고, 조작스위치는 바닥으로부터 (ⓐ)[m] 이상, (ⓑ)[m] 이하의 높이에 설치할 것

① ⓐ: 0.6, ⓑ: 1.2
② ⓐ: 0.8, ⓑ: 1.5
③ ⓐ: 1.0, ⓑ: 1.8
④ ⓐ: 1.2, ⓑ: 2.0

해설

비상경보설비의 발신기는 조작이 쉬운 장소에 설치하고, 조작스위치는 바닥으로부터 0.8[m] 이상 1.5[m] 이하의 높이에 설치해야 한다.

정답 | ②

07

비상경보설비 및 단독경보형 감지기의 화재안전기술기준(NFTC 201)에 따른 단독경보형 감지기에 대한 내용이다. 다음 ( )에 들어갈 내용으로 옳은 것은?

> 이웃하는 실내의 바닥면적이 각각 ( )[m^2] 미만이고 벽체의 상부의 전부 또는 일부가 개방되어 이웃하는 실내와 공기가 상호 유통되는 경우에는 이를 1개의 실로 본다.

① 30 ② 50
③ 100 ④ 150

해설

단독경보형 감지기 설치 시 이웃하는 실내의 바닥면적이 각각 30[m^2] 미만이고 벽체의 상부의 전부 또는 일부가 개방되어 이웃하는 실내와 공기가 상호 유통되는 경우에는 이를 1개의 실로 본다.

정답 | ①

08

단독경보형 감지기 중 연동식 감지기의 무선기능에 대한 설명으로 옳은 것은?

① 화재신호를 수신한 단독경보형 감지기는 60초 이내에 경보를 발해야 한다.
② 무선통신점검은 단독경보형 감지기가 서로 송수신하는 방식으로 한다.
③ 작동한 단독경보형 감지기는 화재경보가 정지하기 전까지 100초 이내 주기마다 화재신호를 발신해야 한다.
④ 무선통신점검은 168시간 이내에 자동으로 실시하고 이때 통신이상이 발생하는 경우에는 300초 이내에 통신이상 상태의 단독경보형 감지기를 확인할 수 있도록 표시 및 경보를 해야 한다.

해설

단독경보형 감지기(연동식)의 무선통신점검은 단독경보형 감지기가 서로 송수신하는 방식으로 한다.

오답분석

① 화재신호를 수신한 단독경보형 감지기는 10초 이내에 경보를 발하여야 한다.
③ 작동한 단독경보형 감지기는 화재경보가 정지하기 전까지 60초 이내 주기마다 화재신호를 발신하여야 한다.
④ 무선통신점검은 24시간 이내에 자동으로 실시하고 이때 통신이상이 발생하는 경우에는 200초 이내에 통신이상 상태의 단독경보형 감지기를 확인할 수 있도록 표시 및 경보를 하여야 한다.

정답 | ②

09

비상경보설비 및 단독경보형 감지기의 화재안전기술기준(NFTC 201)에 따라 바닥면적이 450[m^2]일 경우 단독경보형 감지기의 최소 설치개수는?

① 1개　② 2개
③ 3개　④ 4개

해설

단독경보형 감지기는 각 실마다 설치하되, 바닥면적이 150[m^2]를 초과하는 경우에는 150[m^2]마다 1개 이상 설치해야 한다.
바닥면적 150[m^2]를 초과하므로 450[m^2]를 150[m^2]로 나누어 감지기의 설치개수를 구한다.

설치개수 $= \frac{450}{150} = 3$개

따라서 단독경보형 감지기는 최소 3개 이상 설치해야 한다.

정답 | ③

10

감지기의 형식승인 및 제품검사의 기술기준에 따른 단독경보형 감지기(주전원이 교류전원 또는 건전지인 것 포함)의 일반기능에 대한 설명으로 틀린 것은?

① 작동되는 경우 작동표시등에 의하여 화재의 발생을 표시할 수 있는 기능이 있어야 한다.
② 작동되는 경우 내장된 음향장치에 의하여 화재경보음을 발할 수 있는 기능이 있어야 한다.
③ 전원의 정상상태를 표시하는 전원표시등의 섬광주기는 3초 이내의 점등과 60초 이내의 소등으로 이루어져야 한다.
④ 자동복귀형 스위치(자동적으로 정위치에 복귀될 수 있는 스위치)에 의하여 수동으로 작동시험을 할 수 있는 기능이 있어야 한다.

해설

단독경보형 감지기 전원의 정상상태를 표시하는 전원표시등의 섬광주기는 1초 이내의 점등과 30초에서 60초 이내의 소등으로 이루어져야 한다.

정답 | ③

PHASE 03 | 비상방송설비

11

비상방송설비의 화재안전기술기준(NFTC 202)에 따라 기동장치에 따른 화재신호를 수신한 후 필요한 음량으로 화재발생 상황 및 피난에 유효한 방송이 자동으로 개시될 때까지의 소요시간은 몇 초 이하로 하여야 하는가?

① 3　② 5
③ 7　④ 10

해설

비상방송설비의 기동장치에 따른 화재신호를 수신한 후 필요한 음량으로 화재발생 상황 및 피난에 유효한 방송이 자동으로 개시될 때까지의 소요시간은 10초 이내로 해야 한다.

정답 | ④

12

비상방송설비 음향장치의 설치기준 중 다음 (　　) 안에 알맞은 것은?

> – 음량조정기를 설치하는 경우 음량조정기의 배선은 (㉠)선식으로 할 것
> – 확성기는 각 층마다 설치하되, 그 층의 각 부분으로부터 하나의 확성기까지의 수평거리가 (㉡)[m] 이하가 되도록 하고, 해당 층의 각 부분에 유효하게 경보를 발할 수 있도록 설치할 것

① ㉠: 2, ㉡: 15
② ㉠: 2, ㉡: 25
③ ㉠: 3, ㉡: 15
④ ㉠: 3, ㉡: 25

해설

비상방송설비 음향장치의 설치기준
- 음량조정기를 설치하는 경우 음량조정기의 배선은 3선식으로 해야 한다.
- 확성기는 각 층마다 설치하되, 그 층의 각 부분으로부터 하나의 확성기까지의 수평거리가 25[m] 이하가 되도록 하고, 해당 층의 각 부분에 유효하게 경보를 발할 수 있도록 설치해야 한다.

정답 | ④

13

비상방송설비의 화재안전기술기준(NFTC 202)에 따라 다음 (　　)의 ㉠, ㉡에 들어갈 내용으로 옳은 것은?

> 비상방송설비에는 그 설비에 대한 감시상태를 (㉠)분 간 지속한 후 유효하게 (㉡)분 이상 경보할 수 있는 축전지설비(수신기에 내장하는 경우 포함)를 설치하여야 한다.

① ㉠: 30, ㉡: 5
② ㉠: 30, ㉡: 10
③ ㉠: 60, ㉡: 5
④ ㉠: 60, ㉡: 10

해설

비상방송설비에는 그 설비에 대한 감시상태를 60분 간 지속한 후 유효하게 10분 이상 경보할 수 있는 비상전원으로서 축전지설비 또는 전기저장장치를 설치해야 한다.

정답 | ④

14

비상방송설비의 화재안전기술기준(NFTC 202)에 따른 용어의 정의에서 소리를 크게하여 멀리까지 전달될 수 있도록 하는 장치로써 일명 "스피커"를 말하는 것은?

① 확성기　　② 증폭기
③ 사이렌　　④ 음량조절기

해설

확성기는 소리를 크게 하여 멀리까지 전달될 수 있도록 하는 장치로써 일명 스피커를 말한다.

관련개념

- 증폭기: 전압·전류의 진폭을 늘려 감도를 좋게 하고 미약한 음성전류를 커다란 음성전류로 변화시켜 소리를 크게 하는 장치이다.
- 음량조절기: 가변저항을 이용하여 전류를 변화시켜 음량을 크게 하거나 작게 조절할 수 있는 장치이다.

정답 | ①

15

비상방송설비의 배선과 전원에 관한 설치기준 중 옳은 것은?

① 부속회로의 전로와 대지 사이 및 배선 상호 간의 절연저항은 1경계구역마다 직류 110[V]의 절연저항측정기를 사용하여 측정한 절연저항이 1[MΩ] 이상이 되도록 한다.

② 전원은 전기가 정상적으로 공급되는 축전지 또는 교류전압의 옥내간선으로 하고, 전원까지의 배선은 전용이 아니어도 무방하다.

③ 비상방송설비에는 그 설비에 대한 감시 상태를 30분 간 지속한 후 유효하게 10분 이상 경보할 수 있는 축전지 설비를 설치하여야 한다.

④ 비상방송설비의 배선은 다른 전선과 별도의 관 · 덕트 · 몰드 또는 풀박스 등에 설치하되 60[V] 미만의 약전류회로에 사용하는 전선으로서 각각의 전압이 같을 때에는 그렇지 않다.

해설

비상방송설비의 배선은 다른 전선과 별도의 관 · 덕트 · 몰드 또는 풀박스 등에 설치해야 한다. 다만, 60[V] 미만의 약전류회로에 사용하는 전선으로서 각각의 전압이 같을 때는 그렇지 않다.

오답분석

① 부속회로의 전로와 대지 사이 및 배선 상호 간의 절연저항은 1경계구역마다 직류 **250[V]**의 절연저항측정기를 사용하여 측정한 절연저항이 0.1[MΩ] 이상이 되도록 한다.
② 전원은 전기가 정상적으로 공급되는 축전지설비, 전기저장장치 또는 교류전압의 옥내간선으로 하고, 전원까지의 배선은 **전용**으로 해야 한다.
③ 비상방송설비에는 그 설비에 대한 감시상태를 **60분** 간 지속한 후 유효하게 10분 이상 경보할 수 있는 비상전원으로서 축전지설비 또는 전기저장장치를 설치해야 한다.

정답 | ④

16

비상방송설비 음향장치의 설치기준 중 옳은 것은?

① 확성기는 각 층마다 설치하되, 그 층의 각 부분으로부터 하나의 확성기까지의 수평거리가 15[m] 이하가 되도록 하고, 해당 층의 각 부분에 유효하게 경보를 발할 수 있도록 설치할 것

② 층수가 5층 이상인 특정소방대상물의 지하층에서 발화한 때에는 직상층에만 경보를 발할 것

③ 음향장치는 자동화재탐지설비의 작동과 연동하여 작동할 수 있는 것으로 할 것

④ 음향장치는 정격전압의 60[%] 전압에서 음향을 발할 수 있는 것으로 할 것

해설

음향장치는 자동화재탐지설비의 작동과 연동하여 작동할 수 있는 것으로 해야 한다.

오답분석

① 확성기는 각 층마다 설치하되, 그 층의 각 부분으로부터 하나의 확성기까지의 수평거리가 **25[m]** 이하가 되도록 하고, 해당 층의 각 부분에 유효하게 경보를 발할 수 있도록 설치할 것
② 층수가 **11층**(공동주택의 경우에는 16층) 이상의 특정소방대상물의 경보 기준

층수	경보층
2층 이상	발화층, 직상 4개층
1층	발화층, 직상 4개층, 지하층
지하층	발화층, 직상층, 기타 지하층

④ 음향장치는 정격전압의 **80[%]** 전압에서 음향을 발할 수 있는 것으로 할 것

정답 | ③

17

비상방송설비 음향장치 설치기준 중 층수가 11층 이상(공동주택의 경우 16층)으로서 특정소방대상물의 1층에서 발화한 때의 경보 기준으로 옳은 것은?

① 발화층에 경보를 발할 것
② 발화층 및 그 직상 4개층에 경보를 발할 것
③ 발화층 · 그 직상층 및 기타의 지하층에 경보를 발할 것
④ 발화층 · 그 직상 4개층 및 지하층에 경보를 발할 것

해설

층수가 11층(공동주택의 경우에는 16층) 이상의 특정소방대상물의 경보 기준

■ 2층 화재 ■ 1층 화재 ■ 지하 1층 화재

2층 화재	1층 화재	지하 1층 화재
11층	11층	11층
10층	10층	10층
9층	9층	9층
8층	8층	8층
7층	7층	7층
6층	6층	6층
5층	5층	5층
4층	4층	4층
3층	3층	3층
2층	2층	2층
1층	1층	1층
지하 1층	지하 1층	지하 1층
지하 2층	지하 2층	지하 2층
지하 3층	지하 3층	지하 3층
지하 4층	지하 4층	지하 4층
지하 5층	지하 5층	지하 5층

층수	경보층
2층 이상	발화층, 직상 4개층
1층	발화층, 직상 4개층, 지하층
지하층	발화층, 직상층, 기타 지하층

관련개념 **경보방식**

- 우선경보방식: 발화층의 상하층 위주로 경보가 발령되어 우선 대피하도록 하는 방식
- 일제경보방식: 어떤 층에서 발화하더라도 모든 층에 경보를 울리는 방식

정답 | ④

18

일반적인 비상방송설비의 계통도이다. 다음의 (　　)에 들어갈 내용으로 옳은 것은?

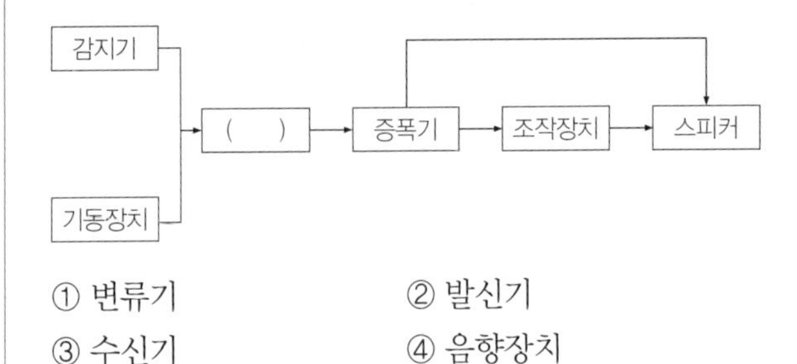

① 변류기　　② 발신기
③ 수신기　　④ 음향장치

해설

비상방송설비는 감지기에서 화재를 감지한 뒤 기동장치에서 방송을 기동시키며 화재 신호를 수신기로 보낸 후 경보를 울린다.

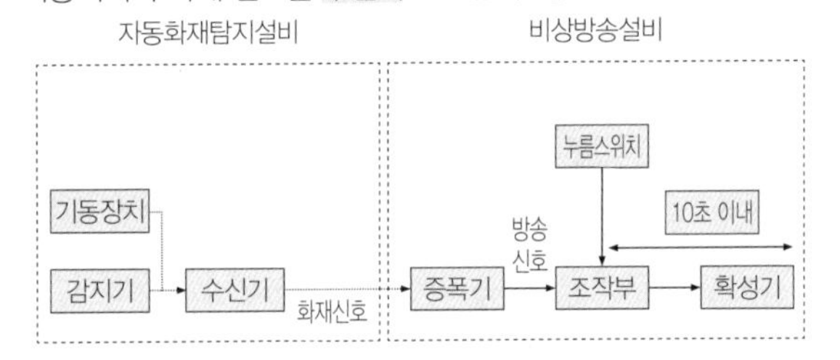

정답 | ③

19

비상방송설비의 음향장치 구조 및 성능기준 중 다음 ( ) 안에 알맞은 것은?

> – 정격전압의 (㉠)[%] 전압에서 음향을 발할 수 있는 것으로 할 것
> – (㉡)의 작동과 연동하여 작동할 수 있는 것으로 할 것

① ㉠: 65, ㉡: 단독경보형 감지기
② ㉠: 65, ㉡: 자동화재탐지설비
③ ㉠: 80, ㉡: 단독경보형 감지기
④ ㉠: 80, ㉡: 자동화재탐지설비

해설

비상방송설비 음향장치의 구조 및 성능 기준
• 정격전압의 80[%] 전압에서 음향을 발할 수 있는 것으로 해야 한다.
• 자동화재탐지설비의 작동과 연동하여 작동할 수 있는 것으로 해야 한다.

정답 | ④

20

소화활동 시 안내방송에 사용하는 증폭기의 종류로 옳은 것은?

① 탁상형 ② 휴대형
③ Desk형 ④ Rack형

해설

증폭기의 종류

종류		특징
이동형	휴대형	소화활동 시 안내방송에 사용
	탁상형	소규모 방송설비에 사용
고정형	Desk형	책상식의 형태
	Rack형	유닛화되어 유지보수가 편함

정답 | ②

PHASE 04 | 자동화재탐지설비

21

광전식 분리형 감지기의 설치기준 중 옳은 것은?

① 감지기의 수광면은 햇빛을 직접 받도록 설치할 것
② 광축(송광면과 수광면의 중심을 연결한 선)은 나란한 벽으로부터 1.5[m] 이상 이격하여 설치할 것
③ 감지기의 송광부와 수광부는 설치된 뒷벽으로부터 0.6[m] 이내 위치에 설치할 것
④ 광축의 높이는 천장 등(천장의 실내에 면한 부분 또는 상층의 바닥하부면) 높이의 80[%] 이상일 것

해설

광전식 분리형 감지기 광축의 높이는 천장 등(천장의 실내에 면한 부분 또는 상층의 바닥하부면) 높이의 80[%] 이상이어야 한다.

오답분석

① 감지기의 수광면은 햇빛을 직접 받지 않도록 설치할 것
② 광축(송광면과 수광면의 중심을 연결한 선)은 나란한 벽으로부터 0.6[m] 이상 이격하여 설치할 것
③ 감지기의 송광부와 수광부는 설치된 뒷벽으로부터 1[m] 이내의 위치에 설치할 것

정답 | ④

22

자동화재탐지설비 및 시각경보장치의 화재안전기술기준(NFTC 203)에 따라 외기에 면하여 상시 개방된 부분이 있는 차고 · 주차장 · 창고 등에 있어서는 외기에 면하는 각 부분으로부터 몇 [m] 미만의 범위 안에 있는 부분은 경계구역의 면적에 산입하지 아니 하는가?

① 1 ② 3
③ 5 ④ 10

해설

자동화재탐지설비 및 시각경보장치의 화재안전기술기준(NFTC 203) 상 외기에 면하여 상시 개방된 부분이 있는 차고 · 주차장 · 창고 등에 있어서는 외기에 면하는 각 부분으로부터 5[m] 미만의 범위 안에 있는 부분은 경계구역의 면적에 산입하지 않는다.

정답 | ③

23

자동화재탐지설비의 경계구역에 대한 설정기준 중 틀린 것은?

① 지하구의 경우 하나의 경계구역의 길이는 800[m] 이하로 할 것
② 하나의 경계구역이 2개 이상의 층에 미치지 아니하도록 할 것
③ 하나의 경계구역의 면적은 600[m^2] 이하로 하고 한 변의 길이는 50[m] 이하로 할 것
④ 하나의 경계구역이 2 이상의 건축물에 미치지 아니하도록 할 것

해설

보기 ①은 자동화재탐지설비 경계구역에 대한 설정기준과 관련 없다.

관련개념 **자동화재탐지설비 경계구역의 설정기준**

- 하나의 경계구역이 2 이상의 건축물에 미치지 않도록 할 것
- 하나의 경계구역이 2 이상의 층에 미치지 않도록 할 것(500[m^2] 이하의 범위 안에서는 2개의 층을 하나의 경계구역으로 할 수 있음)
- 하나의 경계구역의 면적은 600[m^2] 이하로 하고 한 변의 길이는 50[m] 이하로 할 것(해당 특정소방대상물의 주된 출입구에서 그 내부 전체가 보이는 것에 있어서는 한 변의 길이가 50[m]의 범위 내에서 1,000[m^2] 이하로 할 수 있음)

정답 | ①

24

자동화재탐지설비의 감지기 회로에 설치하는 종단저항의 설치기준으로 틀린 것은?

① 감지기 회로 끝부분에 설치한다.
② 점검 및 관리가 쉬운 장소에 설치하여야 한다.
③ 전용함을 설치하는 경우 그 설치 높이는 바닥으로부터 0.8[m] 이내에 설치하여야 한다.
④ 종단감지기에 설치할 경우에는 구별이 쉽도록 해당 감지기의 기판 및 감지기 외부 등에 별도의 표시를 하여야 한다.

해설

종단저항의 전용함을 설치하는 경우 그 설치 높이는 바닥으로부터 1.5[m] 이내로 해야 한다.
- 감지기에 설치하는 것: 종단저항
- 무선통신보조설비에 설치하는 것: 무반사 종단저항

관련개념 **감지기 회로의 종단저항 설치기준**

- 점검 및 관리가 쉬운 장소에 설치할 것
- 전용함을 설치하는 경우 그 설치 높이는 바닥으로부터 1.5[m] 이내로 할 것
- 감지기 회로의 끝부분에 설치하며, 종단감지기에 설치할 경우에는 구별이 쉽도록 해당 감지기의 기판 및 감지기 외부 등에 별도의 표시를 할 것

정답 | ③

25

수신기의 종류가 아닌 것은?

① P형　② GP형
③ R형　④ M형

해설

수신기의 종류 중 M형 수신기는 없다.

관련개념 **수신기의 종류**

- P형
- R형
- GP형
- GR형

정답 | ④

26

일시적으로 발생한 열, 연기 또는 먼지 등으로 인하여 화재신호를 발신할 우려가 있는 장소의 설치장소별 감지기 적응성 기준 중 격납고, 높은 천장의 창고 등 감지기 부착 높이가 8[m] 이상의 장소에 적응성을 갖는 감지기가 아닌 것은? (단, 연기감지기를 설치할 수 있는 장소이며, 설치장소는 넓은 공간으로 천장이 높아 열 및 연기가 확산하는 환경상태이다.)

① 광전식 스포트형 감지기
② 차동식 분포형 감지기
③ 광전식 분리형 감지기
④ 불꽃감지기

해설

체육관, 항공기 격납고, 높은 천장의 창고 등 감지기 부착 높이가 8[m] 이상인 장소에 적응성을 갖는 감지기
- 차동식 분포형
- 광전식 분리형
- 광전아날로그식 분리형
- 불꽃감지기

정답 | ①

27

자동화재탐지설비의 연기복합형 감지기를 설치할 수 없는 부착높이는?

① 4[m] 이상 8[m] 미만
② 8[m] 이상 15[m] 미만
③ 15[m] 이상 20[m] 미만
④ 20[m] 이상

해설

부착높이에 따른 감지기의 종류

부착높이	감지기의 종류	
4[m] 미만	• 차동식(스포트형, 분포형) • 보상식 스포트형 • 정온식(스포트형, 감지선형)	• 이온화식 또는 광전식(스포트형, 분리형, 공기흡입형) • 열복합형 • 연기복합형 • 열연기복합형 • 불꽃감지기
4[m] 이상 8[m] 미만	• 차동식(스포트형, 분포형) • 보상식 스포트형 • 정온식(스포트형, 감지선형) 특종 또는 1종 • 이온화식 1종 또는 2종	• 광전식(스포트형, 분리형, 공기흡입형) 1종 또는 2종 • 열복합형 • 연기복합형 • 열연기복합형 • 불꽃감지기
8[m] 이상 15[m] 미만	• 차동식 분포형 • 이온화식 1종 또는 2종	• 광전식(스포트형, 분리형, 공기흡입형) 1종 또는 2종 • 연기복합형 • 불꽃감지기
15[m] 이상 20[m] 미만	• 이온화식 1종 • 광전식(스포트형, 분리형, 공기흡입형) 1종	• 연기복합형 • 불꽃감지기
20[m] 이상	• 불꽃감지기	• 광전식(분리형, 공기흡입형) 중 아날로그방식

20[m] 이상의 높이에 설치 가능한 감지기는 불꽃감지기와 광전식(분리형, 공기흡입형) 중 아날로그방식 감지기이다. 따라서 연기복합형 감지기는 설치할 수 없다.

정답 | ④

28

정온식 감지기의 설치 시 공칭작동온도가 최고주위온도보다 최소 몇 [℃] 이상 높은 것으로 설치하여야 하나?

① 10 ② 20
③ 30 ④ 40

해설

정온식 감지기는 공칭작동온도가 최고주위온도보다 20[℃] 이상 높은 것으로 설치해야 한다.

정답 | ②

29

부착 높이 3[m], 바닥면적 50[m^2]인 주요구조부를 내화구조로한 특정소방대상물에 1종 열반도체식 차동식 분포형 감지기를 설치하고자 할 때 감지부의 최소 설치개수는?

① 1개 ② 2개
③ 3개 ④ 4개

해설

열반도체식 차동식 분포형 감지기 설치기준

부착 높이 및 특정소방대상물의 구분		감지기의 종류[m^2]	
		1종	2종
8[m] 미만	내화구조	65	36
	기타구조	40	23
8[m] 이상 15[m] 미만	내화구조	50	36
	기타구조	30	23

부착 높이가 8[m] 미만인 경우 1종 열반도체식 차동식 분포형 감지기의 감지부는 65[m^2]마다 1개 이상으로 하여야 한다.
문제에서 주어진 바닥면적이 50[m^2]이므로 감지부의 최소 설치개수는 1개이다.

정답 | ①

30

자동화재탐지설비 및 시각경보장치의 화재안전기술기준(NFTC 203)에 따른 감지기의 설치기준으로 틀린 것은?

① 스포트형 감지기는 45° 이상 경사되지 아니하도록 부착할 것
② 감지기(차동식 분포형의 것 제외)는 실내로의 공기유입구로부터 1.5[m] 이상 떨어진 위치에 설치할 것
③ 보상식 스포트형 감지기는 정온점이 감지기 주위의 평상시 최고온도보다 10[℃] 이상 높은 것으로 설치할 것
④ 정온식 감지기는 주방 · 보일러실 등으로서 다량의 화기를 취급하는 장소에 설치하되 공칭작동온도가 최고주위온도보다 20[℃] 이상 높은 것으로 설치할 것

해설

보상식 스포트형 감지기는 정온점이 감지기 주위의 평상시 최고온도보다 20[℃] 이상 높은 것으로 설치해야 한다.

정답 | ③

31

불꽃감지기 중 도로형의 최대시야각 기준으로 옳은 것은?

① 30° 이상 ② 45° 이상
③ 90° 이상 ④ 180° 이상

해설

불꽃감지기 중 도로형은 최대시야각이 180° 이상이어야 한다.

정답 | ④

32

연기감지기의 설치기준 중 틀린 것은?

① 부착높이 4[m] 이상 20[m] 미만에는 3종 감지기를 설치할 수 없다.
② 복도 및 통로에 있어서 1종 및 2종은 보행거리 30[m]마다 설치한다.
③ 계단 및 경사로에 있어서 3종은 수직거리 10[m]마다 설치한다.
④ 감지기는 벽이나 보로부터 1.5[m] 이상 떨어진 곳에 설치하여야 한다.

해설

연기감지기는 벽이나 보로부터 0.6[m] 이상 떨어진 곳에 설치하여야 한다.

관련개념 **연기감지기의 설치기준**

• 부착 높이에 따른 설치기준

부착 높이	감지기의 종류[m^2]	
	1종 및 2종	3종
4[m] 미만	150	50
4[m] 이상 20[m] 미만	75	—

• 장소에 따른 설치기준

구분	감지기의 종류	
	1종 및 2종	3종
복도 및 통로	보행거리 30[m]마다	보행거리 20[m]마다
계단 및 경사로	수직거리 15[m]마다	수직거리 10[m]마다

• 천장 또는 반자가 낮은 실내 또는 좁은 실내에 있어서는 출입구의 가까운 부분에 설치할 것
• 천장 또는 반자 부근에 배기구가 있는 경우에는 그 부근에 설치할 것
• 감지기는 벽 또는 보로부터 0.6[m] 이상 떨어진 곳에 설치할 것

정답 | ④

33

자동화재탐지설비 및 시각경보장치의 화재안전기술기준(NFTC 203)에 따라 자동화재탐지설비의 주음향장치의 설치 장소로 옳은 것은?

① 발신기의 내부
② 수신기의 내부
③ 누전경보기의 내부
④ 자동화재속보설비의 내부

해설

자동화재탐지설비의 주음향장치는 수신기의 내부 또는 그 직근에 설치해야 한다.

정답 | ②

34

발신기의 형식승인 및 제품검사의 기술기준에 따라 발신기의 작동기능에 대한 내용이다. 다음 (　　)에 들어갈 내용으로 옳은 것은?

> 발신기의 조작부는 작동스위치의 동작방향으로 가하는 힘이 (ⓐ)[kg]을 초과하고 (ⓑ)[kg] 이하인 범위에서 확실하게 동작되어야 하며, (ⓐ)[kg]의 힘을 가하는 경우 동작되지 아니하여야 한다. 이 경우 누름판이 있는 구조로서 손끝으로 눌러 작동하는 방식의 작동스위치는 누름판을 포함한다.

① ⓐ: 2, ⓑ: 8
② ⓐ: 3, ⓑ: 7
③ ⓐ: 2, ⓑ: 7
④ ⓐ: 3, ⓑ: 8

해설

발신기의 조작부는 작동스위치의 동작방향으로 가하는 힘이 2[kg]을 초과하고 8[kg] 이하인 범위에서 확실하게 동작되어야 하며, 2[kg]의 힘을 가하는 경우 동작되지 아니하여야 한다. 이 경우 누름판이 있는 구조로서 손끝으로 눌러 작동하는 방식의 작동스위치는 누름판을 포함한다.

정답 | ①

35

자동화재탐지설비 배선의 설치기준 중 옳은 것은?

① 감지기 사이의 회로의 배선은 교차회로 방식으로 설치하여야 한다.
② 피(P)형 수신기 및 지피(GP)형 수신기의 감지기 회로의 배선에 있어서 하나의 공통선에 접속할 수 있는 경계구역은 10개 이하로 설치하여야 한다.
③ 자동화재탐지설비의 감지기 회로의 전로저항은 80[Ω] 이하가 되도록 하여야 하며, 수신기의 각 회로별 종단에 설치되는 감지기에 접속되는 배선의 전압은 감지기 정격전압의 50[%] 이상이어야 한다.
④ 자동화재탐지설비의 배선은 다른 전선과 별도의 관·덕트·몰드 또는 풀박스 등에 설치해야 한다. 다만, 60[V] 미만의 약전류회로에 사용하는 전선으로서 각각의 전압이 같을 때에는 그러하지 아니하다.

해설

자동화재탐지설비의 배선은 다른 전선과 별도의 관·덕트·몰드 또는 풀박스 등에 설치해야 한다. 다만, 60[V] 미만의 약전류회로에 사용하는 전선으로서 각각의 전압이 같을 때에는 그러하지 아니하다.

오답분석

① 감지기 사이의 회로의 배선은 송배선식으로 할 것
② P형 수신기 및 GP형 수신기의 감지기 회로의 배선에 있어서 하나의 공통선에 접속할 수 있는 경계구역은 7개 이하로 할 것
③ 자동화재탐지설비의 감지기 회로의 전로저항은 50[Ω] 이하가 되도록 해야 하며, 수신기의 각 회로별 종단에 설치되는 감지기에 접속되는 배선의 전압은 감지기 정격전압의 80[%] 이상이어야 할 것

정답 | ④

36

자동화재탐지설비 및 시각경보장치의 화재안전기술기준(NFTC 203)에 따른 발신기의 시설기준에 대한 내용이다. 다음 (   )에 들어갈 내용으로 옳은 것은?

> 발신기의 위치를 표시하는 표시등은 함의 상부에 설치하되, 그 불빛은 부착면으로부터 (㉠)° 이상의 범위 안에서 부착지점으로부터 (㉡)[m] 이내의 어느 곳에서도 쉽게 식별할 수 있는 적색등으로 하여야 한다.

① ㉠: 10, ㉡: 10
② ㉠: 15, ㉡: 10
③ ㉠: 25, ㉡: 15
④ ㉠: 25, ㉡: 20

해설

발신기의 위치표시등은 함의 상부에 설치하되, 그 불빛은 부착면으로부터 15° 이상의 범위 안에서 부착지점으로부터 10[m] 이내의 어느 곳에서도 쉽게 식별할 수 있는 적색등으로 해야 한다.

정답 | ②

37

자동화재탐지설비 및 시각경보장치의 화재안전기술기준(NFTC 203)에 따른 공기관식 차동식 분포형 감지기의 설치기준으로 틀린 것은?

① 검출부는 3° 이상 경사되지 아니하도록 부착할 것
② 공기관의 노출부분은 감지구역마다 20[m] 이상이 되도록 할 것
③ 하나의 검출부분에 접속하는 공기관의 길이는 100[m] 이하로 할 것
④ 공기관과 감지구역의 각 변과의 수평거리는 1.5[m] 이하가 되도록 할 것

해설

공기관식 차동식 분포형 감지기의 검출부는 5° 이상 경사되지 않도록 부착해야 한다.

정답 | ①

38

자동화재탐지설비 및 시각경보장치의 화재안전기술기준(NFTC 203)에 따른 자동화재탐지설비의 중계기의 시설기준으로 틀린 것은?

① 조작 및 점검에 편리하고 화재 및 침수 등의 재해로 인한 피해를 받을 우려가 없는 장소에 설치할 것
② 수신기에서 직접 감지기 회로의 도통시험을 하지 않는 것에 있어서는 수신기와 감지기 사이에 설치할 것
③ 감지기에 따라 감시되지 않는 배선을 통하여 전력을 공급받는 것에 있어서는 전원입력 측의 배선에 누전경보기를 설치할 것
④ 수신기에 따라 감시되지 않는 배선을 통하여 전력을 공급받는 것에 있어서는 해당 전원의 정전이 즉시 수신기에 표시되는 것으로 할 것

해설

자동화재탐지설비 중계기는 수신기에 따라 감시되지 않는 배선을 통하여 전력을 공급받는 것에 있어서는 전원입력 측의 배선에 과전류차단기를 설치해야 한다.

관련개념 자동화재탐지설비 중계기의 시설기준

- 수신기에서 직접 감지기 회로의 도통시험을 하지 않는 것에 있어서는 수신기와 감지기 사이에 설치할 것
- 조작 및 점검에 편리하고 화재 및 침수 등의 재해로 인한 피해를 받을 우려가 없는 장소에 설치할 것
- 수신기에 따라 감시되지 않는 배선을 통하여 전력을 공급받는 것에 있어서는 전원입력 측의 배선에 과전류차단기를 설치하고 해당 전원의 정전이 즉시 수신기에 표시되는 것으로 하며, 상용전원 및 예비전원의 시험을 할 수 있도록 할 것

정답 | ③

39

일국소의 주위온도가 일정한 온도 이상이 되는 경우에 작동하는 것으로서 외관이 전선과 같이 선형으로 되어 있는 감지기는 어떤 것인가?

① 공기흡입형
② 광전식 분리형
③ 차동식 스포트형
④ 정온식 감지선형

해설

정온식 감지선형 감지기는 일국소의 주위온도가 일정한 온도 이상이 되는 경우에 작동하는 것으로서 외관이 전선과 같이 선형으로 되어 있는 감지기이다.

관련개념

- 공기흡입형: 감지기 내부에 장착된 공기흡입장치로 감지하고자 하는 위치의 공기를 흡입하고 흡입된 공기에 일정한 농도의 연기가 포함된 경우 작동하는 감지기
- 광전식 분리형: 발광부와 수광부로 구성된 구조로 발광부와 수광부 사이의 공간에 일정한 농도의 연기를 포함하게 되는 경우에 작동하는 감지기
- 차동식 스포트형: 주위온도가 일정 상승률 이상이 되는 경우에 작동하는 것으로서 일국소에서의 열 효과에 의하여 작동되는 감지기

정답 | ④

PHASE 05 | 시각경보장치

40

전원부 양단자 또는 양선을 단락시킨 부분과 비충전부를 DC 500[V]의 절연저항계로 측정하는 경우 절연저항이 몇 [MΩ] 이상이어야 하는가?

① 0.1　② 5
③ 10　④ 20

해설

시각경보장치의 전원부 양단자 또는 양선을 단락시킨 부분과 비충전부를 DC 500[V]의 절연저항계로 측정하는 경우 절연저항이 5[MΩ] 이상이어야 한다.

정답 | ②

41

자동화재속보설비의 설치기준으로 틀린 것은?

① 조작스위치는 바닥으로부터 0.8[m] 이상 1.5[m] 이하의 높이에 설치한다.
② 비상경보설비와 연동으로 작동하여 자동적으로 화재 발생 상황을 소방관서에 전달되도록 한다.
③ 속보기는 소방관서에 통신망으로 통보하도록 하며, 데이터 또는 코드전송방식을 부가적으로 설치할 수 있다.
④ 속보기는 소방청장이 정하여 고시한「자동화재속보설비의 속보기의 성능인증 및 제품검사의 기술기준」에 적합한 것으로 설치하여야 한다.

해설

자동화재속보설비는 자동화재탐지설비와 연동으로 작동하여 자동적으로 화재신호를 소방관서에 전달되도록 해야 한다.

정답 | ②

42

자동화재속보설비의 속보기의 성능인증 및 제품검사의 기술기준에 따라 자동화재속보설비 속보기의 외함에 합성수지를 사용할 경우 외함의 최소두께[mm]는?

① 1.2
② 3
③ 6.4
④ 7

해설

자동화재속보설비 속보기의 외함에 합성수지를 사용할 경우 외함의 두께는 3[mm] 이상이어야 한다.

관련개념 **자동화재속보설비 속보기의 외함 두께**

외함 재질	두께
강판	1.2[mm] 이상
합성수지	3[mm] 이상

정답 | ②

43

자동화재속보설비를 설치하여야 하는 특정소방대상물의 기준 중 틀린 것은? (단, 사람이 24시간 상시 근무하고 있는 경우는 제외한다.)

① 판매시설 중 전통시장
② 지하가 중 터널로서 길이가 1,000[m] 이상인 것
③ 수련시설(숙박시설이 있는 것만 해당)로서 바닥면적이 500[m^2] 이상인 층이 있는 것
④ 노유자시설로서 바닥면적이 500[m^2] 이상인 층이 있는 것

해설

지하가 중 터널로서 길이가 1,000[m] 이상인 것은 자동화재속보설비를 설치하여야 하는 특정소방대상물이 아니다.

관련개념 **자동화재속보설비를 설치해야 하는 특정소방대상물**

특정소방대상물	구분
노유자생활시설	모든 층
노유자시설	바닥면적 500[m^2] 이상인 층이 있는 것
수련시설(숙박시설이 있는 것만 해당)	바닥면적 500[m^2] 이상인 층이 있는 것
문화유산	보물 또는 국보로 지정된 목조건축물
근린생활시설	• 의원, 치과의원, 한의원으로서 입원실이 있는 시설 • 조산원 및 산후조리원
의료시설	• 종합병원, 병원, 치과병원, 한방병원 및 요양병원(의료재활시설 제외) • 정신병원 및 의료재활시설로 사용되는 바닥면적의 합계가 500[m^2] 이상인 층이 있는 것
판매시설	전통시장

정답 | ②

44

자동화재속보설비 속보기의 성능인증 및 제품검사의 기술기준에 따른 자동화재속보설비의 속보기에 대한 설명이다. 다음 ( )의 ㉠, ㉡에 들어갈 내용으로 옳은 것은?

> 작동신호를 수신하거나 수동으로 동작시키는 경우 (㉠)초 이내에 소방관서에 자동적으로 신호를 발하여 알리되, (㉡)회 이상 속보할 수 있어야 한다.

① ㉠: 20, ㉡: 3
② ㉠: 20, ㉡: 4
③ ㉠: 30, ㉡: 3
④ ㉠: 30, ㉡: 4

해설

자동화재속보설비의 속보기는 작동신호를 수신하거나 수동으로 동작시키는 경우 20초 이내에 소방관서에 자동적으로 신호를 발하여 알리되, 3회 이상 속보할 수 있어야 한다.

정답 | ①

PHASE 07 | 누전경보기

45

누전경보기 전원의 설치기준 중 다음 ( ) 안에 알맞은 것은?

> 전원은 분전반으로부터 전용회로로 하고, 각 극에 개폐기 및 (㉠)[A] 이하의 과전류차단기(배선용 차단기에 있어서는 (㉡)[A] 이하의 것으로 각 극을 개폐할 수 있는 것)를 설치할 것

① ㉠: 15, ㉡: 30
② ㉠: 15, ㉡: 20
③ ㉠: 10, ㉡: 30
④ ㉠: 10, ㉡: 20

해설

누전경보기의 전원은 분전반으로부터 전용회로로 하고, 각 극에 개폐기 및 15[A] 이하의 과전류차단기(배선용 차단기에 있어서는 20[A] 이하의 것으로 각 극을 개폐할 수 있는 것)를 설치해야 한다.

관련개념 **과전류차단기의 규격**

「한국전기설비규정」에서 과전류차단기는 16[A]를, 「누전경보기의 화재안전기술기준(NFTC 205)」에서 과전류차단기는 15[A] 규격을 사용한다. 소방설비기사 시험에서는 화재안전기술기준을 우선으로 적용하므로 15[A]를 사용한다.

정답 | ②

46

누전경보기 수신부의 구조 기준 중 옳은 것은?

① 감도조정장치와 감도조정부는 외함의 바깥쪽에 노출되지 아니하여야 한다.
② 2급 수신부는 전원을 표시하는 장치를 설치하여야 한다.
③ 전원입력 및 외부부하에 직접 전원을 송출하도록 구성된 회로에는 퓨즈 또는 브레이커 등을 설치하여야 한다.
④ 2급 수신부에는 전원 입력 측의 회로에 단락이 생기는 경우에는 유효하게 보호되는 조치를 강구하여야 한다.

해설

누전경보기 수신부 전원입력 및 외부부하에 직접 전원을 송출하도록 구성된 회로에는 퓨즈 또는 브레이커 등을 설치하여야 한다.

오답분석

① 감도조정장치를 제외하고 감도조정부는 외함의 바깥쪽에 노출되지 아니하여야 한다.
② 수신부는 전원을 표시하는 장치를 설치하여야 한다(2급 수신부 제외).
④ 수신부는 전원 입력 측의 회로에 단락이 생기는 경우에는 유효하게 보호되는 조치를 강구하여야 한다(2급 수신부 제외).

정답 | ③

47

누전경보기의 형식승인 및 제품검사의 기술기준에 따라 누전경보기의 수신부는 그 정격전압에서 몇 회의 누전작동시험을 실시하는가?

① 1,000회 ② 5,000회
③ 10,000회 ④ 20,000회

해설

누전경보기의 수신부는 그 정격전압에서 10,000회의 누전작동시험을 실시하는 경우 그 구조 또는 기능에 이상이 생기지 아니하여야 한다.

정답 | ③

48

누전경보기의 형식승인 및 제품검사의 기술기준에 따라 누전경보기의 변류기는 직류 500[V]의 절연저항계로 절연된 1차권선과 2차권선 간의 절연저항시험을 할 때 몇 [MΩ] 이상이어야 하는가?

① 0.1 ② 5
③ 10 ④ 20

해설

누전경보기의 변류기는 절연저항을 DC 500[V]의 절연저항계로 절연된 1차권선과 2차권선 간의 절연저항을 측정하는 경우 5[MΩ] 이상이어야 한다.

정답 | ②

49

누전경보기 변류기의 절연저항시험 부위가 아닌 것은?

① 절연된 1차권선과 단자판 사이
② 절연된 1차권선과 외부금속부 사이
③ 절연된 1차권선과 2차권선 사이
④ 절연된 2차권선과 외부금속부 사이

해설

절연된 1차권선과 단자판 사이는 누전경보기 변류기의 절연저항 시험 부위가 아니다.

관련개념 **누전경보기 변류기의 절연저항시험**

누전경보기 변류기는 DC 500[V]의 절연저항계로 다음 시험을 하는 경우 5[MΩ] 이상이어야 한다.

- 절연된 1차권선과 2차권선 간의 절연저항
- 절연된 1차권선과 외부금속부 간의 절연저항
- 절연된 2차권선과 외부금속부 간의 절연저항

정답 | ①

50

누전경보기의 형식승인 및 제품검사의 기술기준에 따라 외함은 불연성 또는 난연성 재질로 만들어져야 하며, 누전경보기의 외함의 두께는 몇 [mm] 이상이어야 하는가? (단, 직접 벽면에 접하여 벽 속에 매립되는 외함의 부분은 제외한다.)

① 1　　② 1.2
③ 2.5　　④ 3

해설

누전경보기의 외함은 두께 1.0[mm](직접 벽면에 접하여 벽 속에 매립되는 외함의 부분은 1.6[mm]) 이상이어야 한다.

관련개념 **누전경보기의 외함 두께**

구분	두께
일반적인 경우	1.0[mm] 이상
직접 벽면에 접하여 벽 속에 매립되는 외함의 부분	1.6[mm] 이상

정답 | ①

51

경계전로의 누설전류를 자동적으로 검출하여 이를 누전경보기의 수신부에 송신하는 것을 무엇이라고 하는가?

① 수신부　　② 확성기
③ 변류기　　④ 증폭기

해설

변류기는 경계전로의 누설전류를 자동적으로 검출하여 이를 누전경보기의 수신부에 송신하는 장치이다.

관련개념

- 수신부: 변류기로부터 검출된 신호를 수신하여 누전의 발생을 해당 특정소방대상물의 관계인에게 경보하여 주는 장치
- 확성기: 소리를 크게 하여 멀리까지 전달될 수 있도록 하는 장치 (스피커)
- 증폭기: 전압·전류의 진폭을 늘려 감도 등을 개선하는 장치

정답 | ③

52

누전경보기의 형식승인 및 제품검사의 기술기준에 따라 누전경보기에서 사용되는 표시등에 대한 설명으로 틀린 것은?

① 지구등은 녹색으로 표시되어야 한다.
② 소켓은 접촉이 확실하여야 하며 쉽게 전구를 교체할 수 있도록 부착하여야 한다.
③ 주위의 밝기가 300[lx]인 장소에서 측정하여 앞면으로부터 3[m] 떨어진 곳에서 켜진 등이 확실히 식별되어야 한다.
④ 전구는 사용전압의 130[%]인 교류전압을 20시간 연속하여 가하는 경우 단선, 현저한 광속변화, 흑화, 전류의 저하 등이 발생하지 아니하여야 한다.

해설

누전경보기의 지구등은 적색으로 표시되어야 한다.

정답 | ①

53

누전경보기의 공칭작동전류치는 몇 [mA] 이하이어야 하며 감도조정장치를 가지고 있는 누전경보기의 조정범위는 최대치가 몇 [A] 이하이어야 하는가?

① 200[mA], 1[A]
② 200[mA], 1.2[A]
③ 300[mA], 1[A]
④ 300[mA], 1.2[A]

해설

- 누전경보기의 공칭작동전류치는 200[mA] 이하이어야 한다.
- 감도조정장치를 가지고 있는 누전경보기 조정범위의 최대치는 1[A] 이하이어야 한다.

정답 | ①

54

누전경보기의 형식승인 및 제품검사의 기술기준에 따른 과누전시험에 대한 내용이다. 다음 ( )에 들어갈 내용으로 옳은 것은?

> 변류기는 1개의 전선을 변류기에 부착시킨 회로를 설치하고 출력단자에 부하저항을 접속한 상태로 당해 1개의 전선에 변류기의 정격전압의 (㉠)[%]에 해당하는 수치의 전류를 (㉡)분 간 흘리는 경우 그 구조 또는 기능에 이상이 생기지 아니하여야 한다.

① ㉠: 20, ㉡: 5
② ㉠: 30, ㉡: 10
③ ㉠: 50, ㉡: 15
④ ㉠: 80, ㉡: 20

해설

누전경보기의 변류기는 1개의 전선을 변류기에 부착시킨 회로를 설치하고 출력단자에 부하저항을 접속한 상태로 당해 1개의 전선에 변류기의 정격전압의 20[%]에 해당하는 수치의 전류를 5분 간 흘리는 경우 그 구조 또는 기능에 이상이 생기지 아니하여야 한다.

정답 | ①

55

누전경보기를 설치하여야 하는 특정소방대상물의 기준 중 다음 ( ) 안에 알맞은 것은? (단, 위험물 저장 및 처리 시설 중 가스시설, 지하가 중 터널 또는 지하구의 경우는 제외한다.)

> 누전경보기는 계약전류용량이 ( )[A]를 초과하는 특정소방대상물(내화구조가 아닌 건축물로서 벽·바닥 또는 반자의 전부나 일부를 불연재료 또는 준불연재료가 아닌 재료에 철망을 넣어 만든 것만 해당)에 설치하여야 한다.

① 60 ② 100
③ 200 ④ 300

해설

누전경보기는 계약전류용량이 100[A]를 초과하는 특정소방대상물(내화구조가 아닌 건축물로서 벽·바닥 또는 반자의 전부나 일부를 불연재료 또는 준불연재료가 아닌 재료에 철망을 넣어 만든 것만 해당)에 설치해야 한다.

정답 | ②

PHASE 08 | 유도등

56

유도등 및 유도표지의 화재안전기술기준(NFTC 303)에 따른 통로유도등의 설치기준에 대한 설명으로 틀린 것은?

① 복도 · 거실통로유도등은 구부러진 모퉁이 및 보행거리 20[m]마다 설치

② 복도 · 계단통로유도등은 바닥으로부터 높이 1[m] 이하의 위치에 설치

③ 통로유도등은 녹색 바탕에 백색으로 피난방향을 표시한 등으로 할 것

④ 거실통로유도등은 바닥으로부터 높이 1.5[m] 이상의 위치에 설치

해설

통로유도등의 표시면 색상은 백색 바탕에 녹색 문자이다.

관련개념 **유도표지의 표시면 색상**

피난구유도등	통로유도등
녹색 바탕, 백색 문자	백색 바탕, 녹색 문자

정답 | ③

57

객석유도등을 설치하지 아니하는 경우의 기준 중 다음 (　　) 안에 알맞은 것은?

> 거실 등의 각 부분으로부터 하나의 거실 출입구에 이르는 보행거리가 (　　)[m] 이하인 객석의 통로로서 그 통로에 통로유도등이 설치된 객석

① 15　　② 20

③ 30　　④ 50

해설

객석유도등을 설치하지 않을 수 있는 경우

- 주간에만 사용하는 장소로서 채광이 충분한 객석
- 거실 등의 각 부분으로부터 하나의 거실 출입구에 이르는 보행거리가 20[m] 이하인 객석의 통로로서 그 통로에 통로유도등이 설치된 객석

정답 | ②

58

유도등 및 유도표지의 화재안전기술기준(NFTC 303)에 따라 지하층을 제외한 층수가 11층 이상인 특정소방대상물의 유도등의 비상전원을 축전지로 설치한다면 피난층에 이르는 부분의 유도등을 몇 분 이상 유효하게 작동시킬 수 있는 용량으로 하여야 하는가?

① 10　　② 20

③ 50　　④ 60

해설

유도등의 비상전원은 유도등을 20분 이상 유효하게 작동시킬 수 있는 용량으로 해야 한다. 다만, 다음의 특정소방대상물의 경우에는 그 부분에서 피난층에 이르는 부분의 유도등을 60분 이상 유효하게 작동시킬 수 있는 용량으로 해야 한다.

- 지하층을 제외한 층수가 11층 이상의 층
- 지하층 또는 무창층으로서 용도가 도매시장 · 소매시장 · 여객자동차터미널 · 지하역사 또는 지하상가

정답 | ④

59

객석 내의 통로가 경사로 또는 수평로로 되어 있는 부분에 설치하여야 하는 객석유도등의 설치개수 산출 공식으로 옳은 것은?

① $\frac{\text{객석통로의 직선부분 길이[m]}}{3}-1$

② $\frac{\text{객석통로의 직선부분 길이[m]}}{4}-1$

③ $\frac{\text{객석통로의 넓이}[m^2]}{3}-1$

④ $\frac{\text{객석통로의 넓이}[m^2]}{4}-1$

해설

객석 내의 통로가 경사로 또는 수평로로 되어 있는 부분은 다음 식에 따라 산출한 개수(소수점 이하의 수는 1로 봄)의 유도등을 설치해야 한다.

$$\frac{\text{객석통로의 직선부분 길이[m]}}{4}-1$$

정답 | ②

60

객석 내 통로 직선 부분의 길이가 85[m]이다. 객석유도등을 몇 개 설치하여야 하는가?

① 17개　　② 19개
③ 21개　　④ 22개

해설

객석 내의 통로가 경사로 또는 수평로로 되어 있는 부분은 다음 식에 따라 산출한 개수(소수점 이하의 수는 1로 봄)의 유도등을 설치해야 한다.

$$\frac{\text{객석통로의 직선 부분 길이[m]}}{4}-1$$

$\frac{85}{4}-1=20.25 \rightarrow$ 21개(소수점 이하 절상)

정답 | ③

61

유도등 및 유도표지의 화재안전기술기준(NFTC 303)에 따른 객석유도등의 설치기준이다. 다음 (　　)에 들어갈 내용으로 옳은 것은?

> 객석유도등은 객석의 (㉠), (㉡) 또는 (㉢)에 설치하여야 한다.

① ㉠: 통로, ㉡: 바닥, ㉢: 벽
② ㉠: 바닥, ㉡: 천장, ㉢: 벽
③ ㉠: 통로, ㉡: 바닥, ㉢: 천장
④ ㉠: 바닥, ㉡: 통로, ㉢: 출입구

해설

객석유도등은 객석의 통로, 바닥 또는 벽에 설치하여야 한다.

정답 | ①

62

유도등의 우수품질인증 기술기준에 따른 유도등의 일반구조에 대한 내용이다. 다음 (　　)에 들어갈 내용으로 옳은 것은?

> 전선의 굵기는 인출선인 경우에는 단면적이 (ⓐ)[mm^2] 이상, 인출선 외의 경우에는 면적이 (ⓑ)[mm^2] 이상이어야 한다.

① ⓐ: 0.75, ⓑ: 0.5
② ⓐ: 0.75, ⓑ: 0.75
③ ⓐ: 1.5, ⓑ: 0.75
④ ⓐ: 2.5, ⓑ: 1.5

해설

유도등 전선의 굵기는 인출선인 경우에는 단면적이 0.75[mm^2] 이상, 인출선 외의 경우에는 면적이 0.5[mm^2] 이상이어야 한다.

정답 | ①

63

유도등 예비전원의 종류로 옳은 것은?

① 알칼리계 2차 축전지
② 리튬계 1차 축전지
③ 리튬 이온계 2차 축전지
④ 수은계 1차 축전지

해설

유도등 예비전원의 종류
- 알칼리계
- 리튬계 2차 축전지
- 콘덴서(축전기)

정답 | ①

64

복도통로유도등의 식별도기준 중 다음 (　　) 안에 알맞은 것은?

> 복도통로유도등에 있어서 사용전원으로 등을 켜는 경우에는 직선거리 (㉠)[m]의 위치에서, 비상전원으로 등을 켜는 경우에는 직선거리 (㉡)[m]의 위치에서 보통시력에 의하여 표시면의 화살표가 쉽게 식별되어야 한다.

① ㉠: 15, ㉡: 20
② ㉠: 20, ㉡: 15
③ ㉠: 30, ㉡: 20
④ ㉠: 20, ㉡: 30

해설

복도통로유도등에 있어서 사용전원으로 등을 켜는 경우에는 직선거리 20[m]의 위치에서, 비상전원으로 등을 켜는 경우에는 직선거리 15[m]의 위치에서 보통시력에 의하여 표시면의 화살표가 쉽게 식별되어야 한다.

정답 | ②

PHASE 09 | 유도표지 및 피난유도선

65

축광방식의 피난유도선 설치기준 중 다음 (　　) 안에 알맞은 것은?

> – 바닥으로부터 높이 (㉠)[cm] 이하의 위치 또는 바닥면에 설치할 것
> – 피난유도 표시부는 (㉡)[cm] 이내의 간격으로 연속되도록 설치할 것

① ㉠: 50, ㉡: 50
② ㉠: 50, ㉡: 100
③ ㉠: 100, ㉡: 50
④ ㉠: 100, ㉡: 100

해설

축광방식의 피난유도선 설치기준
- 바닥으로부터 높이 50[cm] 이하의 위치 또는 바닥면에 설치해야 한다.
- 피난유도 표시부는 50[cm] 이내의 간격으로 연속되도록 설치해야 한다.

정답 | ①

66

유도등 및 유도표지의 화재안전기술기준(NFTC 303)에 따라 광원점등방식 피난유도선의 설치기준으로 틀린 것은?

① 구획된 각 실로부터 주출입구 또는 비상구까지 설치할 것
② 피난유도 표시부는 바닥으로부터 높이 1[m] 이하의 위치 또는 바닥면에 설치할 것
③ 피난유도 제어부는 조작 및 관리가 용이하도록 바닥으로부터 0.8[m] 이상 1.5[m] 이하의 높이에 설치할 것
④ 피난유도 표시부는 50[cm] 이내의 간격으로 연속되도록 설치하되 실내장식물 등으로 설치가 곤란할 경우 2[m] 이내로 설치할 것

해설

피난유도 표시부는 50[cm] 이내의 간격으로 연속되도록 설치하되 실내장식물 등으로 설치가 곤란할 경우 1[m] 이내로 설치해야 한다.

정답 | ④

67

유도등의 형식승인 및 제품검사의 기술기준에 따라 영상표시소자(LED, LCD 및 PDP 등)를 이용하여 피난유도표시 형상을 영상으로 구현하는 방식은?

① 투광식 ② 패널식
③ 방폭형 ④ 방수형

해설

패널식은 영상표시소자(LED, LCD 및 PDP 등)를 이용하여 피난유도표시 형상을 영상으로 구현하는 방식이다.

관련개념

- 투광식: 광원의 빛이 통과하는 투과면에 피난유도표시 형상을 인쇄하는 방식
- 방폭형: 폭발성가스가 용기 내부에서 폭발하였을 때 용기가 그 압력에 견디거나 또는 외부의 폭발성가스에 인화될 우려가 없도록 만들어진 형태의 제품
- 방수형: 방수 구조로 되어 있는 것

정답 | ②

68

유도등 및 유도표지의 화재안전기술기준(NFTC 303)에 따라 설치하는 유도표지는 계단에 설치하는 것을 제외하고는 각 층마다 복도 및 통로의 각 부분으로부터 하나의 유도표지까지의 보행거리가 몇 [m] 이하가 되는 곳과 구부러진 모퉁이의 벽에 설치하여야 하는가?

① 10 ② 15
③ 20 ④ 25

해설

유도표지는 각 층마다 복도 및 통로의 각 부분으로부터 하나의 유도표지까지의 보행거리가 15[m] 이하가 되는 곳과 구부러진 모퉁이의 벽에 설치해야 한다.

관련개념 유도등 및 유도표지 설치기준

구분	통로유도등	계단통로유도등	유도표지
설치	보행거리 20[m]마다	각 층의 경사로 참 또는 계단참마다	보행거리 15[m] 이하

정답 | ②

69

비상조명등의 비상전원은 지하층 또는 무창층으로서 용도가 도매시장 · 소매시장 · 여객자동차터미널 · 지하역사 또는 지하상가인 경우 그 부분에서 피난층에 이르는 부분의 비상조명등을 몇 분 이상 유효하게 작동시킬 수 있는 용량으로 하여야 하는가?

① 10　　② 20
③ 30　　④ 60

해설

비상전원은 비상조명등을 20분 이상 유효하게 작동시킬 수 있는 용량으로 해야 한다. 다만, 다음의 특정소방대상물의 경우에는 그 부분에서 피난층에 이르는 부분의 비상조명등을 60분 이상 유효하게 작동시킬 수 있는 용량으로 해야 한다.

- 지하층을 제외한 층수가 11층 이상의 층
- 지하층 또는 무창층으로서 용도가 도매시장 · 소매시장 · 여객자동차터미널 · 지하역사 또는 지하상가

관련개념 **비상조명등의 비상전원 용량**

구분	용량
일반적인 경우	20분 이상
11층 이상의 층(지하층 제외)	60분 이상
지하층 또는 무창층으로서 용도가 도매시장 · 소매시장 · 여객자동차터미널 · 지하역사 또는 지하상가	

정답 | ④

70

비상조명등의 설치 제외 기준 중 다음 (　　) 안에 알맞은 것은?

> 거실의 각 부분으로부터 하나의 출입구에 이르는 보행거리가 (　　)[m] 이내인 부분

① 2　　② 5
③ 15　　④ 25

해설

거실의 각 부분으로부터 하나의 출입구에 이르는 보행거리가 15[m] 이내인 부분은 비상조명등을 설치하지 않을 수 있다.

관련개념 **비상조명등을 설치하지 않을 수 있는 경우**

- 거실의 각 부분으로부터 하나의 출입구에 이르는 보행거리가 15[m] 이내인 부분
- 의원 · 경기장 · 공동주택 · 의료시설 · 학교의 거실

정답 | ③

71

비상조명등의 화재안전기술기준(NFTC 304)에 따라 조도는 비상조명등이 설치된 장소의 각 부분의 바닥에서 몇 [lx] 이상이 되도록 하여야 하는가?

① 1　　② 3
③ 5　　④ 10

해설

비상조명등의 조도는 비상조명등이 설치된 장소의 각 부분의 바닥에서 1[lx] 이상이 되도록 해야 한다.

정답 | ①

72

휴대용비상조명등의 설치기준 중 틀린 것은?

① 대규모점포(지하상가 및 지하역사 제외)와 영화상영관에는 보행거리 50[m] 이내마다 3개 이상 설치할 것
② 사용 시 수동으로 점등되는 구조일 것
③ 건전지 및 충전식 배터리의 용량은 20분 이상 유효하게 사용할 수 있는 것으로 할 것
④ 지하상가 및 지하역사에서는 보행거리 25[m] 이내마다 3개 이상 설치할 것

해설

휴대용비상조명등은 사용 시 자동으로 점등되는 구조이어야 한다.

정답 | ②

PHASE 11 | 비상콘센트설비

73

비상콘센트설비의 성능인증 및 제품검사의 기술기준에 따라 절연저항시험 부위의 절연내력은 정격전압 150[V] 이하의 경우 60[Hz]의 정현파에 가까운 실효전압 1,000[V] 교류전압을 가하는 시험에서 몇 분간 견디는 것이어야 하는가?

① 1　② 10
③ 30　④ 60

해설

비상콘센트설비의 절연된 충전부와 외함 간 절연내력은 정격전압 150[V] 이하의 경우 60[Hz]의 정현파에 가까운 실효전압 1,000[V] 교류전압을 가하는 시험에서 1분간 견디는 것이어야 한다.
정격전압이 150[V]를 초과하는 경우 그 정격전압에 2를 곱하여 1,000을 더한 값의 교류전압을 가하는 시험에서 1분간 견디는 것이어야 한다.

정답 | ①

74

비상콘센트설비의 화재안전기술기준(NFTC 504)에 따라 비상콘센트설비의 전원회로(비상콘센트에 전력을 공급하는 회로)에 대한 전압과 공급용량으로 옳은 것은?

① 전압: 단상교류 110[V], 공급용량: 1.5[kVA] 이상
② 전압: 단상교류 220[V], 공급용량: 1.5[kVA] 이상
③ 전압: 단상교류 110[V], 공급용량: 3[kVA] 이상
④ 전압: 단상교류 220[V], 공급용량: 3[kVA] 이상

해설

비상콘센트설비의 전원회로는 단상교류 220[V]인 것으로서, 그 공급용량은 1.5[kVA] 이상인 것으로 해야 한다.

정답 | ②

75

비상콘센트설비의 전원부와 외함 사이의 절연내력 기준 중 다음 ( ) 안에 알맞은 것은?

> 전원부와 외함 사이에 정격전압이 150[V] 이상인 경우에는 그 정격전압에 (㉠)을/를 곱하여 (㉡)을 더한 실효전압을 가하는 시험에서 1분 이상 견디는 것으로 할 것

① ㉠: 2, ㉡: 1,500
② ㉠: 3, ㉡: 1,500
③ ㉠: 2, ㉡: 1,000
④ ㉠: 3, ㉡: 1,000

해설

비상콘센트설비의 전원부와 외함 사이의 절연내력은 전원부와 외함 사이에 정격전압이 150[V] 이하인 경우에는 1,000[V]의 실효전압을, 정격전압이 150[V] 이상인 경우에는 그 정격전압에 2를 곱하여 1,000을 더한 실효전압을 가하는 시험에서 1분 이상 견디는 것으로 해야 한다.

관련개념 **비상콘센트설비의 전원부와 외함 사이의 절연내력 기준**

전압 구분	실효전압
150[V] 이하	1,000[V]
150[V] 이상	정격전압×2+1,000[V]

※ 법령에는 전압이 150[V] 이하, 150[V] 이상으로 중복 구분되어 있다. 일반적으로 현장에서는 150[V] 이하, 150[V] 초과로 기준을 나눈다.

정답 | ③

76

비상콘센트설비의 화재안전기술기준(NFTC 504)에 따른 비상콘센트설비의 전원회로(비상콘센트에 전력을 공급하는 회로)의 시설기준으로 옳은 것은?

① 하나의 전용회로에 설치하는 비상콘센트는 12개 이하로 할 것
② 전원회로는 단상교류 220[V]인 것으로서, 그 공급용량은 1.0[kVA] 이상인 것으로 할 것
③ 비상콘센트용의 풀박스 등은 방청도장을 한 것으로서, 두께 1.2[mm] 이상의 철판으로 할 것
④ 전원으로부터 각 층의 비상콘센트에 분기되는 경우에는 분기배선용 차단기를 보호함 안에 설치할 것

해설

비상콘센트설비의 전원회로는 전원으로부터 각 층의 비상콘센트에 분기되는 경우에는 분기배선용 차단기를 보호함 안에 설치해야 한다.

오답분석

① 하나의 전용회로에 설치하는 비상콘센트는 10개 이하로 할 것
② 비상콘센트설비의 전원회로는 단상교류 220[V]인 것으로서, 그 공급용량은 1.5[kVA] 이상인 것으로 할 것
③ 비상콘센트용의 풀박스 등은 방청도장을 한 것으로서, 두께 1.6[mm] 이상의 철판으로 할 것

정답 | ④

77

비상콘센트용의 풀박스 등은 방청도장을 한 것으로서 두께는 최소 몇 [mm] 이상의 철판으로 하여야 하는가?

① 1.0
② 1.2
③ 1.5
④ 1.6

해설

비상콘센트용의 풀박스 등은 방청도장을 한 것으로서, 두께 1.6[mm] 이상의 철판으로 해야 한다.

정답 | ④

78

비상콘센트설비의 성능인증 및 제품검사의 기술기준에 따른 비상콘센트설비 표시등의 구조 및 기능에 대한 설명으로 틀린 것은?

① 발광다이오드에는 적당한 보호커버를 설치하여야 한다.
② 소켓은 접속이 확실하여야 하며 쉽게 전구를 교체할 수 있도록 부착하여야 한다.
③ 적색으로 표시되어야 하며 주위의 밝기가 300[lx] 이상인 장소에서 측정하여 앞면으로부터 3[m] 떨어진 곳에서 켜진 등이 확실히 식별되어야 한다.
④ 전구는 사용전압의 130[%]인 교류전압을 20시간 연속하여 가하는 경우 단선, 현저한 광속변화, 흑화, 전류의 저하 등이 발생하지 아니하여야 한다.

해설

비상콘센트설비 표시등의 전구에는 적당한 보호커버를 설치하여야 한다(발광다이오드 제외).

정답 | ①

79

비상콘센트설비의 화재안전기술기준(NFTC 504)에 따라 비상콘센트설비의 전원부와 외함 사이의 절연저항은 전원부와 외함 사이를 500[V] 절연저항계로 측정할 때 몇 [MΩ] 이상이어야 하는가?

① 20 ② 30
③ 40 ④ 50

해설

비상콘센트설비의 전원부와 외함 사이의 절연저항은 전원부와 외함 사이를 500[V] 절연저항계로 측정할 때 20[MΩ] 이상이어야 한다.

관련개념 **전원부와 외함 사이의 절연저항 및 절연내력 기준**

- 절연저항: 전원부와 외함 사이를 500[V] 절연저항계로 측정할 때 20[MΩ] 이상
- 절연내력

전압 구분	실효전압
150[V] 이하	1,000[V]
150[V] 이상	정격전압×2+1,000[V]

정답 | ①

80

비상콘센트설비의 설치기준으로 틀린 것은?

① 개폐기에는 "비상콘센트"라고 표시한 표지를 할 것
② 하나의 전용회로에 설치하는 비상콘센트는 10개 이하로 할 것
③ 비상전원을 실내에 설치하는 때에는 그 실내에 비상조명등을 설치할 것
④ 비상전원은 비상콘센트설비를 유효하게 10분 이상 작동시킬 수 있는 용량으로 할 것

해설

비상콘센트설비의 비상전원은 비상콘센트설비를 유효하게 20분 이상 작동시킬 수 있는 용량으로 해야 한다.

정답 | ④

81

비상콘센트설비의 화재안전기술기준(NFTC 504)에 따른 용어의 정의 중 옳은 것은?

① "저압"이란 직류는 1.5[kV] 이하, 교류는 1[kV] 이하인 것을 말한다.
② "저압"이란 직류는 1.0[kV] 이하, 교류는 1.5[kV] 이하인 것을 말한다.
③ "고압"이란 직류는 1.0[kV]를, 교류는 1.5[kV]를 초과하는 것을 말한다.
④ "특고압"이란 직류는 1.5[kV]를, 교류는 1[kV]를 초과하는 것을 말한다.

해설

전압의 구분

구분	직류	교류
저압	1.5[kV] 이하	1[kV] 이하
고압	1.5[kV] 초과 7[kV] 이하	1[kV] 초과 7[kV] 이하
특고압	7[kV] 초과	

정답 | ①

82

비상콘센트를 보호하기 위한 비상콘센트 보호함의 설치 기준으로 틀린 것은?

① 비상콘센트 보호함에는 쉽게 개폐할 수 있는 문을 설치하여야 한다.
② 비상콘센트 보호함 상부에 적색의 표시등을 설치하여야 한다.
③ 비상콘센트 보호함에는 그 내부에 "비상콘센트"라고 표시한 표식을 하여야 한다.
④ 비상콘센트 보호함을 옥내소화전함 등과 접속하여 설치하는 경우에는 옥내소화전함 등의 표시등과 겸용할 수 있다.

해설

비상콘센트 보호함에는 표면에 "비상콘센트"라고 표시한 표지를 해야 한다.

관련개념 **비상콘센트설비 보호함의 설치기준**

- 보호함에는 쉽게 개폐할 수 있는 문을 설치할 것
- 보호함 표면에 "비상콘센트"라고 표시한 표지를 할 것
- 보호함 상부에 적색의 표시등을 설치할 것(비상콘센트의 보호함을 옥내소화전함 등과 접속하여 설치하는 경우에는 옥내소화전함 등의 표시등과 겸용 가능)

정답 | ③

PHASE 12 | 무선통신보조설비

83

무선통신보조설비 증폭기의 비상전원 용량은 무선통신보조설비를 유효하게 몇 분 이상 작동시킬 수 있는 것으로 설치하여야 하는가?

① 10　② 20
③ 30　④ 60

해설

무선통신보조설비 증폭기의 비상전원 용량은 무선통신보조설비를 유효하게 30분 이상 작동시킬 수 있는 것으로 해야 한다.

정답 | ③

84

무선통신보조설비의 화재안전기술기준(NFTC 505)에 따라 무선통신보조설비의 주요 구성요소가 아닌 것은?

① 증폭기　② 분배기
③ 음향장치　④ 누설동축케이블

해설

무선통신보조설비의 주요 구성

- 분배기
- 무선중계기
- 분파기
- 옥외안테나
- 혼합기
- 증폭기
- 누설동축케이블

정답 | ③

85

감시제어반 등에 설치된 무선중계기의 입력과 출력포트에 연결되어 송수신 신호를 원활하게 방사·수신하기 위해 옥외에 설치하는 장치는 무엇인가?

① 분파기 ② 무선중계기
③ 옥외안테나 ④ 혼합기

해설

옥외안테나는 감시제어반 등에 설치된 무선중계기의 입력과 출력 포트에 연결되어 송수신 신호를 원활하게 방사·수신하기 위해 옥외에 설치하는 장치이다.

관련개념

- 분파기: 서로 다른 주파수의 합성된 신호를 분리하기 위해서 사용하는 장치
- 무선중계기: 안테나를 통하여 수신된 무전기 신호를 증폭한 후 음영지역에 재방사하여 무전기 상호 간 송수신이 가능하도록 하는 장치
- 혼합기: 두 개 이상의 입력신호를 원하는 비율로 조합한 출력이 발생하도록 하는 장치

정답 | ③

※ 법령 개정으로 인해 수정된 문제입니다.

86

무선통신보조설비를 설치하지 아니할 수 있는 기준 중 다음 ( ) 안에 알맞은 것은?

(㉠)으로서 특정소방대상물의 바닥부분 2면 이상이 지표면과 동일하거나 지표면으로부터의 깊이가 (㉡)[m] 이하인 경우에는 해당 층에 한하여 무선통신보조설비를 설치하지 아니할 수 있다.

① ㉠: 지하층, ㉡: 1
② ㉠: 지하층, ㉡: 2
③ ㉠: 무창층, ㉡: 1
④ ㉠: 무창층, ㉡: 2

해설

지하층으로서 특정소방대상물의 바닥부분 2면 이상이 지표면과 동일하거나 지표면으로부터의 깊이가 1[m] 이하인 경우에는 해당 층에 한해 무선통신보조설비를 설치하지 아니할 수 있다.

정답 | ①

87

무선통신보조설비를 설치하여야 할 특정소방대상물의 기준 중 다음 ( ) 안에 알맞은 것은?

층수가 30층 이상인 것으로서 ( )층 이상 부분의 모든 층

① 11 ② 15
③ 16 ④ 20

해설

층수가 30층 이상인 것으로서 16층 이상 부분의 층에는 무선통신보조설비를 설치해야 한다.

정답 | ③

88

신호의 전송로가 분기되는 장소에 설치하는 것으로 임피던스 매칭과 신호 균등분배를 위해 사용되는 장치는?

① 혼합기　　② 분배기
③ 증폭기　　④ 분파기

해설

분배기는 신호의 전송로가 분기되는 장소에 설치하는 것으로 임피던스 매칭(Matching)과 신호 균등분배를 위해 사용하는 장치이다.

정답 | ②

89

무선통신보조설비의 화재안전기술기준(NFTC 505)에 따라 무선통신보조설비 누설동축케이블의 설치기준으로 틀린 것은?

① 누설동축케이블은 불연 또는 난연성으로 할 것
② 누설동축케이블의 중간 부분에는 무반사 종단저항을 견고하게 설치할 것
③ 누설동축케이블 및 안테나는 고압의 전로로부터 1.5[m] 이상 떨어진 위치에 설치할 것
④ 누설동축케이블과 이에 접속하는 안테나 또는 동축케이블과 이에 접속하는 안테나로 구성할 것

해설

무선통신보조설비 누설동축케이블의 끝부분에는 무반사 종단저항을 견고하게 설치해야 한다.

정답 | ②

90

무선통신보조설비의 화재안전기술기준에서 정하는 분배기·분파기 및 혼합기 등의 임피던스는 몇 [Ω]의 것으로 하여야 하는가?

① 10　　② 30
③ 50　　④ 100

해설

무선통신보조설비의 분배기·분파기 및 혼합기의 임피던스는 50[Ω]의 것으로 해야 한다.

관련개념 **무선통신보조설비의 분배기·분파기 및 혼합기의 설치기준**

- 먼지·습기 및 부식 등에 따라 기능에 이상을 가져오지 않도록 할 것
- 임피던스는 50[Ω]의 것으로 할 것
- 점검에 편리하고 화재 등의 재해로 인한 피해의 우려가 없는 장소에 설치할 것

정답 | ③

91

무선통신보조설비의 화재안전기술기준(NFTC 505)에 따라 누설동축케이블 또는 동축케이블의 임피던스는 몇 [Ω]인가?

① 5　　② 10
③ 30　　④ 50

해설

무선통신보조설비 누설동축케이블 및 동축케이블의 임피던스는 50[Ω]으로 한다.

정답 | ④

PHASE 13 | 소방시설도시기호

92

수신기를 나타내는 소방시설도시기호로 옳은 것은?

①

②
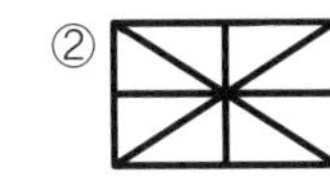

③
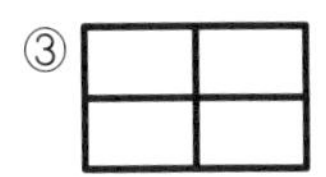

④
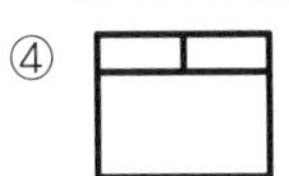

해설

수신기

관련개념 소방시설도시기호

①

배전반

③

부수신기

④
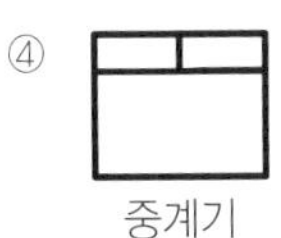
중계기

정답 | ②

PHASE 14 | 소방시설용 비상전원수전설비

93

소방시설용 비상전원수전설비의 화재안전기술기준(NFTC 602)에 따라 일반전기사업자로부터 특고압 또는 고압으로 수전하는 비상전원수전설비의 경우에 있어 소방회로배선과 일반회로배선을 몇 [cm] 이상 떨어져 설치하는 경우 불연성 벽으로 구획하지 않을 수 있는가?

① 5 ② 10
③ 15 ④ 20

해설

일반전기사업자로부터 특고압 또는 고압으로 수전하는 비상전원수전설비의 경우에 있어 소방회로배선과 일반회로배선을 15[cm] 이상 떨어져 설치한 경우는 불연성의 격벽으로 구획하지 않을 수 있다.

관련개념 특고압 또는 고압으로 수전하는 비상전원수전설비

- 방화구획형, 옥외개방형 또는 큐비클형으로 설치할 것
- 전용의 방화구획 내에 설치할 것
- 소방회로배선은 일반회로배선과 불연성의 격벽으로 구획할 것 (소방회로배선과 일반회로배선을 15[cm] 이상 떨어져 설치한 경우 제외)
- 일반회로에서 과부하, 지락사고 또는 단락사고가 발생한 경우에도 이에 영향을 받지 아니하고 계속하여 소방회로에 전원을 공급시켜 줄 수 있어야 할 것
- 소방회로용 개폐기 및 과전류차단기에는 "소방시설용"이라 표시할 것

정답 | ③

94

소방시설용 비상전원수전설비의 화재안전기술기준(NFTC 602)에 따라 큐비클형의 시설기준으로 틀린 것은?

① 전용큐비클 또는 공용큐비클식으로 설치할 것
② 외함은 건축물의 바닥 등에 견고하게 고정할 것
③ 자연환기구에 따라 충분히 환기할 수 없는 경우에는 환기설비를 설치할 것
④ 공용큐비클식의 소방회로와 일반회로에 사용되는 배선 및 배선용기기는 난연재료로 구획할 것

해설

공용큐비클식의 소방회로와 일반회로에 사용되는 배선 및 배선용기기는 불연재료로 구획해야 한다.

정답 | ④

95

소방시설용 비상전원수전설비의 화재안전기술기준(NFTC 602)에 따른 제1종 배전반 및 제1종 분전반의 시설기준으로 틀린 것은?

① 전선의 인입구 및 입출구는 외함에 노출하여 설치하면 아니 된다.
② 외함의 문은 2.3[mm] 이상의 강판과 이와 동등 이상의 강도와 내화성능이 있는 것으로 제작하여야 한다.
③ 공용배전반 및 공용분전반의 경우 소방회로와 일반회로에 사용하는 배선 및 배선용 기기는 불연재료로 구획되어야 한다.
④ 외함은 금속관 또는 금속제 가요전선관을 쉽게 접속할 수 있도록 하고, 당해 접속부분에는 단열조치를 하여야 한다.

해설

제1종 배전반 및 제1종 분전반 전선의 인입구 및 입출구는 외함에 노출하여 설치할 수 있다.

정답 | ①

PHASE 15 | 기타 설비

96

축전지의 자기방전을 보충함과 동시에 상용부하에 대한 전력공급은 충전기가 부담하도록 하되, 충전기가 부담하기 어려운 일시적인 대전류 부하는 축전지로 하여금 부담하게 하는 충전방식은?

① 과충전방식 ② 균등충전방식
③ 부동충전방식 ④ 세류충전방식

해설

부동충전방식은 축전지의 자기방전을 보충함과 동시에 상용부하에 대한 전력공급은 충전기가 부담하도록 하되, 충전기가 부담하기 어려운 일시적인 대전류 부하는 축전지로 하여금 부담하게 하는 충전방식이다.

관련개념

- 균등충전방식: 각 전해조에 일어나는 전위차를 보정하기 위해 일정주기(1~3개월)마다 1회씩 정전압으로 충전하는 방식
- 세류충전방식: 자기 방전량만을 충전하는 방식

정답 | ③

97

자동화재속보설비 속보기 예비전원의 주위온도 충방전 시험 기준 중 다음 (   ) 안에 알맞은 것은?

> 무보수 밀폐형 연축전지는 방전종지전압 상태에서 0.1[C]로 48시간 충전한 다음 1시간 방치 후 0.05[C]로 방전시킬 때 정격용량의 95[%] 용량을 지속하는 시간이 (   )분 이상이어야 하며, 외관이 부풀어 오르거나 누액 등이 생기지 아니하여야 한다.

① 10　　② 25
③ 30　　④ 40

해설

무보수 밀폐형 연축전지는 방전종지전압 상태에서 0.1[C]로 48시간 충전한 다음 1시간 방치 후 0.05[C]로 방전시킬 때 정격용량의 95[%] 용량을 지속하는 시간이 30분 이상이어야 하며, 외관이 부풀어 오르거나 누액 등이 생기지 아니하여야 한다.

관련개념 속보기 예비전원의 시험별 특성

구분	상온 충방전시험	주위온도 충방전시험
충전전류	0.1[C], 48시간 충전	
방치시간	1시간 방치	
방전전류	1[C] 45분 이상	0.05[C] 95[%] 용량 지속 30분 이상

정답 | ③

98

경종의 형식승인 및 제품검사의 기술기준에 따라 경종은 전원전압이 정격전압의 ± 몇 [%] 범위에서 변동하는 경우 기능에 이상이 생기지 아니하여야 하는가?

① 5　　② 10
③ 20　　④ 30

해설

경종은 전원전압이 정격전압의 ±20[%] 범위에서 변동하는 경우 기능에 이상이 생기지 아니하여야 한다.

정답 | ③

99

예비전원의 성능인증 및 제품검사의 기술기준에 따라 다음의 (   )에 들어갈 내용으로 옳은 것은?

> 예비전원은 $\frac{1}{5}$[C] 이상 1[C] 이하의 전류로 역충전하는 경우 (   )시간 이내에 안전장치가 작동하여야 하며, 외관이 부풀어 오르거나 누액 등이 없어야 한다.

① 1　　② 3
③ 5　　④ 10

해설

예비전원은 $\frac{1}{5}$[C] 이상 1[C] 이하의 전류로 역충전하는 경우 5시간 이내에 안전장치가 작동하여야 하며, 외관이 부풀어 오르거나 누액 등이 없어야 한다.

정답 | ③

100

가스누설경보기의 경보농도시험의 범위로 이소부탄 가스에 대한 부작동시험농도(ⓐ)와 작동시험농도(ⓑ)를 바르게 표시한 것은?

① ⓐ: 0.05[%], ⓑ: 0.45[%]
② ⓐ: 0.15[%], ⓑ: 0.55[%]
③ ⓐ: 0.30[%], ⓑ: 0.75[%]
④ ⓐ: 0.45[%], ⓑ: 0.85[%]

해설

가스누설경보기는 다음 표에 주어진 작동시험농도에서는 20초 이내 경보를 발하여야 하고 부작동시험농도에서는 5분 이내에 경보를 발하지 아니하여야 한다.

탐지대상가스		시험가스	작동시험농도 [%]	부작동시험농도 [%]
액화석유가스		이소부탄	0.45120	0.05
액화천연가스		수소	1.00	0.04
		메탄	1.25	0.05
기타 가스	이소부탄	이소부탄	0.45	0.05
	메탄	메탄	1.25	0.05
	수소	수소	1.00	0.04

정답 | ①

기 출제된 내용만 엄선하여 정리한

핵심이론

E N G I N E E R F I R E

01
소방전기일반

P R O T E C T I O N   S Y S T E M

CHAPTER 01

전압과 전류

PHASE 01 | 전압과 전류

1. 물질의 구조

(1) 물질

원자와 분자가 모여 물질을 이룬다.

① 원자: 물질을 구성하는 가장 작은 기본 입자

㉩ 수소(H), 질소(N), 탄소(C), 헬륨(He), 산소(O) 등

② 분자: 물질의 고유한 성질을 가지는 가장 작은 입자

㉩ 질소(N_2), 산소(O_2), 염화수소(HCl) 등

(2) 이온 결합

① 양이온과 음이온 사이의 정전기적 인력에 의해 형성되는 결합

㉩ 염화나트륨(NaCl), 산화마그네슘(MgO), 염화칼륨(KCl) 등

+기초 이온의 형성

1. 원자는 18족 원소와 같은 안정한 전자 배치를 갖기 위해 이온을 형성한다.
2. 대부분의 금속 원소는 전자를 잃어 양이온을 형성한다.
3. 대부분의 비금속 원소는 전자를 얻어 음이온을 형성한다.

2. 원자의 구조

(1) 구조

① 원자 중심에는 양(+)전하를 띠는 원자핵이 있고, 음(−)전하를 띠는 전자가 빠른 속도로 원자핵 주위를 회전한다.

② 원자핵: (+)전하를 띠는 양성자와 중성자로 구성

③ 전자: (−)전하를 띠는 기본 입자

(2) 원자 모형

① 질량 대부분을 차지하는 원자핵을 중심으로 정해진 수의 전자가 지정된 궤도에서 돌고 있다.

② 핵과 전자 사이에 작용하는 전기적 인력이 전자의 원운동을 유지 시켜주는 구심력으로 작용한다.

+기초 원자의 구조

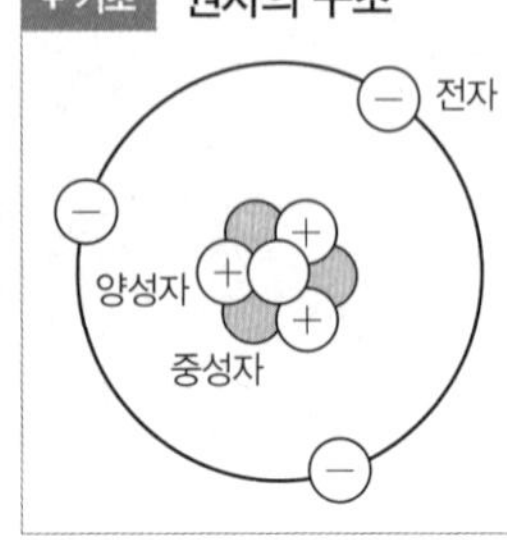

1. 원자핵은 질량이 전자보다 훨씬 더 무거워 원자의 중심이 된다.
2. 핵 주변에는 전하를 띠는 전자가 돌고 있으며, 전자가 운동하고 있는 길을 궤도라고 한다.

3. 전하와 전하량

(1) 자유전자의 발생

① 금속을 이루고 있는 원자는 전자를 버리고 양의 전하를 띠는 양이온이 되려는 경향이 있다.

② 외부의 힘에 의해 금속 원자에서 이탈한 전자들은 금속 원자들 사이를 자유롭게 돌아다니는데 이를 자유 전자라고 한다.

③ 외부의 힘에 의해 원자에서 이탈한 자유 전자는 (−)전하를 띠고 있으므로 전지의 (+)극 쪽으로 이동하고 이 자유 전자의 흐름이 전기이다.

+기초 자유 전자

1. 원자핵 주위를 돌고 있는 전자 중에서 가장 바깥쪽 궤도를 돌고 있는 전자를 최외각 전자라고 한다.
2. 최외각 전자는 원자핵으로부터의 구속력이 가장 약하므로, 외부로부터 에너지가 주어지면 이 에너지를 흡수하여 원자핵의 구속으로부터 이탈하면서 자유로운 운동을 하게 되는데 이러한 전자를 자유 전자라고 한다.
3. 자유 전자의 이동에 의해 전기가 발생한다.
4. 자유 전자의 분포에 따라 물질은 부도체, 반도체, 도체로 구분된다.

(2) 전하와 전하량

① 전하(Electric charge): 물질이 가지는 고유한 전기적 성질을 말하며, 원자나 분자가 전자를 잃거나 얻어서 생기는 전기적인 성질이다.

② 전하량: 전하의 크기를 양으로 표현한 것으로 단위는 쿨롱(Coulomb, [C])을 사용한다.

$$Q = It$$

Q: 전하량[C], I: 전류[A], t: 시간[s]

③ 1[C]: 1[A]의 전류가 1초 동안 흐를 때 전달되는 전하량으로 6.25×10^{18}개의 양성자 또는 전자의 전하량을 뜻한다. 따라서 양성자 또는 전자 1개의 전하량 e는 다음과 같다.

$$e = \frac{1}{6.25 \times 10^{18}} = 1.602 \times 10^{-19}[C]$$

④ 양성자와 중성자의 질량은 거의 동일하고 전자보다 약 1,835배 무겁다.

구성 입자		전하량[C]	전하량 비교	질량[kg]	상대 질량
전자		-1.602×10^{-19}	−1	9.109×10^{-31}	1
원자핵	양성자	1.602×10^{-19}	+1	1.672×10^{-27}	1,835
	중성자	0	0	1.672×10^{-27}	1,835

+기초 전하량

1. 어떤 원자가 1개의 양성자와 1개의 전자로 구성되어 있다면 그 원자의 총 전하량은 0[C]이다.
2. 양성자는 $+e$의 전하량을 갖고, 전자는 $-e$의 전하량을 갖는다.

4. 전압(Voltage, V)

(1) 물 흐름과의 비교

① 그림 ㈎에서와 같이 물이 흘러 물레방아를 돌리려면 물통 안의 수면과 물레방아가 놓인 수면 사이에 높이 차(=수위 차)가 있어야 하며, 이 수위의 차이가 그림 ㈏에서 전지의 전압에 대응한다.

② 전기 회로에서 전하가 흐르기 위해서는 물의 높이에 해당하는 전압이 유지되어야 한다.

물	전기
▲ 그림 ㈎	▲ 그림 ㈏
펌프	전지
파이프	도선
물레방아	꼬마전구(부하)
밸브	스위치
물의 흐름	전류
물 분자	전자
수압(수위 차)	전압(전위 차)

(2) 전압의 정의

① 전기 회로에서 전류를 흐르게 하는 능력으로 기호는 V, 단위는 볼트(Volt, [V])를 사용한다.

② 전류의 흐름은 두 지점 간 전하가 갖는 전기적 위치 에너지(전위)의 차이에 의해서 발생한다.

③ 1[V]: 1[C]의 전하량에 대해 1[J]의 일을 할 수 있는 능력

④ 두 점 A, B 사이의 전위 차(=전압)

$$V_{AB}=V_B-V_A \text{(A점을 기준으로 한 B점의 전위)}$$

+기초 전위

1. 전기적인 높이, 전기장 내에 놓여있는 단위 양전하가 가지는 전기적인 위치 에너지
2. 전위는 양전하에 가까울수록, 음전하에 멀수록 높아진다.

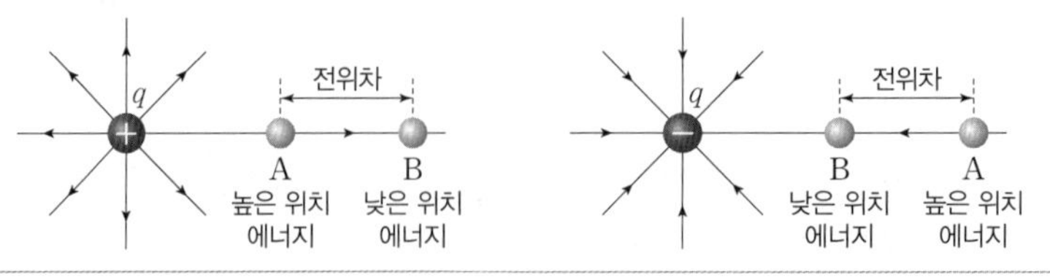

(3) 전압의 크기

① 두 점 사이의 전위 차(=전압) V는 단위 전하당 한 일의 양과 같다. 전하 Q를 다른 한 점으로 옮기는 데 필요한 일의 양을 W[J]라 하면 전위차 V는 다음과 같다.

$$V=\frac{W}{Q}[\mathrm{J/C}]=\frac{W}{Q}[\mathrm{V}]$$

V: 전압[V], W: 일[J], Q: 전하량[C]

② 전하 Q를 다른 한 점으로 옮기는 데 필요한 일의 양 W는 다음과 같다.

$$W=QV[\mathrm{J}]$$

③ 기전력 E[V]: 전류를 연속적으로 흐르게 할 수 있는 원동력으로 물 흐름에서는 일종의 펌프라고 할 수 있다.

$$E=\frac{W}{Q}[\mathrm{V}]$$

5. 전류(Electric current, I)

(1) 전류의 정의

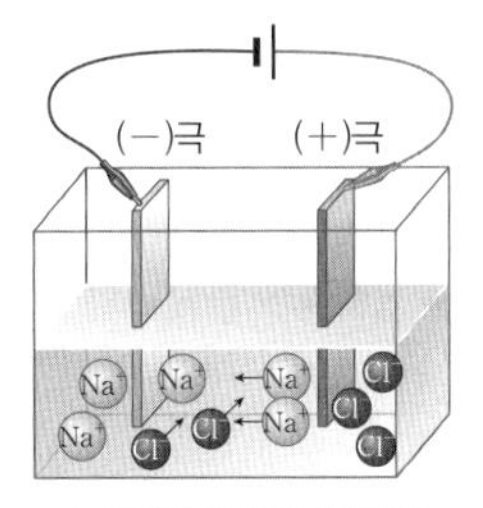

▲ 전해질 용액에서의 전류

① 전하를 띤 입자의 흐름이다. ← 전자, 이온 등이 해당한다.

② 단위 시간 동안 이동한 전하량의 크기로 기호는 I, 단위는 암페어(Ampere, [A])를 사용한다.

③ 도체에서의 전류: 도체는 전류가 잘 흐르는 물체로 일반적으로 금속에서는 자유 전자와 같은 전하 운반체들의 이동으로 전류가 흐른다.

④ 전해질 용액에서의 전류: 양이온이나 음이온의 이동으로 전류가 흐른다.

(2) 전류의 방향

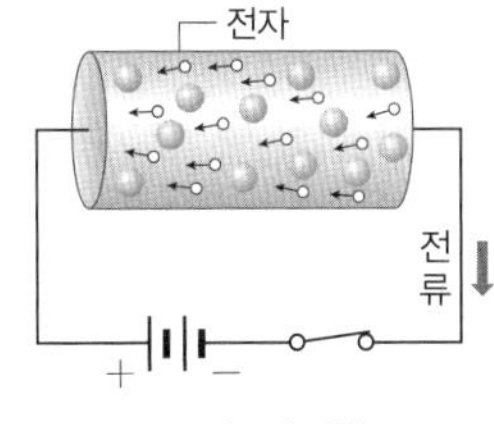

▲ 전류의 방향

① 전원 장치를 이용하여 오른쪽 그림과 같이 연결하면 전자들이 (−)극에서 (+)극으로 이동한다.

② 전류의 본질은 전자의 흐름으로 볼 수 있다. 하지만 전류의 방향은 전자의 흐름과 반대인 (+)극에서 (−)극으로 이동하는 것으로 정의한다.

(3) 전류의 세기

① 단위 시간(1초) 동안 도선의 단면을 통과하는 전하량으로, 전하량 Q를 시간 t로 나눈 값으로 정의한다.

구분	직류	교류
그래프	전류(I), 0, 시간(t)	전류(I), 0, π, 2π, 시간(t), 주기
정의식	$I=\frac{Q}{t}$ [C/sec]$=\frac{Q}{t}$ [A]	$i=\frac{dq}{dt}=\frac{q_2-q_1}{t_2-t_1}$ [A]
총전하량	$Q=It$ [C]	$q=\int dq=\int idt$ [C]

② 1[A]: 1초 동안 도선의 단면을 통과하는 전하량이 1[C]일 때의 전류의 세기 (1[A]=1[C/s])

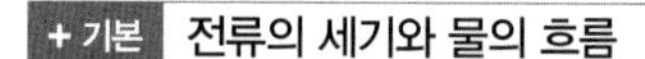
+기본 전류의 세기와 물의 흐름

전류의 세기는 물의 흐름으로 표현할 수 있다. 수도관에서 많은 양의 물이 흐르는 것은 도체에서 많은 양의 전자가 흐르는 것에 비유할 수 있다.

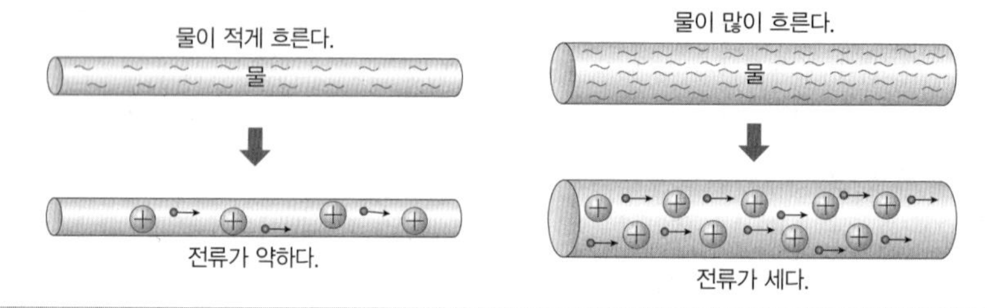

6. 저항(Resistance, R)

(1) 전류의 흐름을 방해하는 모든 성분으로 기호는 R, 단위는 옴(Ohm, [Ω])을 사용한다.

(2) 저항을 결정하는 요소

① 도선의 재질에 따라 달라진다.

② 도선의 단면적이 넓을수록 자유 전자의 이동이 원활해지므로 저항이 작다.

③ 도선의 길이가 길어질수록 자유 전자들이 원자와 충돌하는 횟수가 많아지므로 저항이 크다.

$$R=\rho\frac{l}{A}$$

R: 저항[Ω], ρ: 비저항[Ω·m], l: 도선의 길이[m], A: 도선의 단면적[m^2]

7. 전압, 전류, 저항의 관계

(1) 옴의 법칙

① 도선에 흐르는 전류의 세기 I는 전압 V에 비례하고, 저항 R에 반비례한다.

② 저항이 클수록 같은 전압에서 전류의 세기는 작아진다.

- $I=\frac{V}{R}$[A]
- $V=IR$[V]
- $R=\frac{V}{I}$[Ω]

(2) 컨덕턴스(Conductance, G)

① 전류가 얼마나 잘 흐르는지의 정도를 나타내는 척도이다. 따라서 저항의 역수 $\frac{1}{R}$로 표현한다.

② 기호는 G, 단위는 모우(Mho, [℧])나 지멘스(Simens, [S]) 또는 옴의 역수[Ω^{-1}]를 사용한다.

③ 컨덕턴스를 옴의 법칙에 적용하면 다음과 같다.

- $I=GV$[A]
- $V=\frac{I}{G}$[V]
- $G=\frac{I}{V}$[S]

PHASE 02 | 저항 접속

1. 직·병렬 접속

(1) 직렬 접속 (전류 일정, 전압 분배)

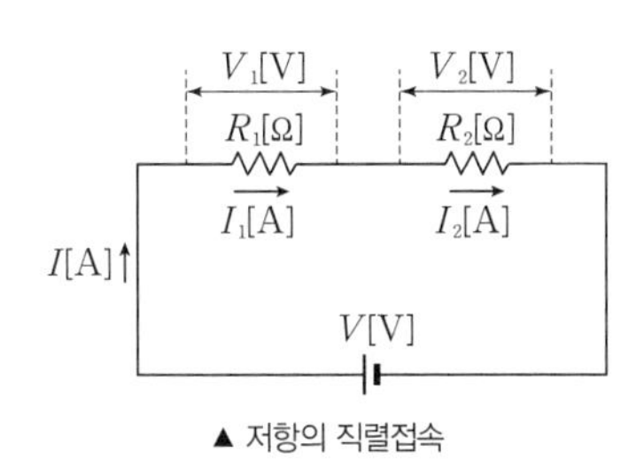

▲ 저항의 직렬접속

① 전체 전류는 각 저항에 흐르는 전류와 같다.

$$I=I_1=I_2$$

② 전체 전압은 각 저항에 걸리는 전압의 합과 같다.

$$V=V_1+V_2$$

③ 옴의 법칙: 각 저항에 걸리는 전압은 다음과 같다.

$$V_1=I_1R_1,\ V_2=I_2R_2$$

④ 합성 저항 R_0

㉠ 직렬 접속에서 합성 저항을 구하는 방법은 다음과 같다.

$$V=V_1+V_2=I_1R_1+I_2R_2=IR_1+IR_2=I(R_1+R_2)$$

$$\rightarrow I=\frac{V}{(R_1+R_2)}=\frac{V}{R_0}$$

$$\therefore R_0=R_1+R_2$$

㉡ 저항이 n개일 때의 합성 저항

$$R_0=R_1+R_2+R_3+\cdots R_n$$

㉢ 동일한 크기의 저항(R[Ω]) n개를 직렬 연결했을 때 합성 저항

$$R_0=R+R+R+\cdots R=nR$$

⑤ 전압 분배 법칙: 직렬 접속된 저항에 각각 걸리는 전압은 해당 저항의 크기에 비례한다.

㉠ $V_1=IR_1=\dfrac{V}{R_1+R_2}R_1 \qquad \therefore V_1=\dfrac{R_1}{R_1+R_2}V$

㉡ $V_2=IR_2=\dfrac{V}{R_1+R_2}R_2 \qquad \therefore V_2=\dfrac{R_2}{R_1+R_2}V$

(2) 병렬 접속 (전류 분배, 전압 일정)

① 전체 전류는 각 저항에 흐르는 전류의 합과 같다.

$I=I_1+I_2$

② 전체 전압은 각 저항에 걸리는 전압과 같다.

$V=V_1=V_2$

▲ 저항의 병렬접속

③ 옴의 법칙: 각 저항에 흐르는 전류는 다음과 같다.

$I_1=\dfrac{V_1}{R_1},\ I_2=\dfrac{V_2}{R_2}$

④ 합성 저항 R_0

㉠ 병렬 접속에서 합성 저항을 구하는 방법은 다음과 같다.

$$I=I_1+I_2=\frac{V_1}{R_1}+\frac{V_2}{R_2}=\frac{V}{R_1}+\frac{V}{R_2}=V\left(\frac{1}{R_1}+\frac{1}{R_2}\right)=V\frac{1}{R_0}$$

$$\rightarrow \frac{1}{R_0}=\frac{1}{R_1}+\frac{1}{R_2} \qquad \therefore R_0=\frac{1}{\dfrac{1}{R_1}+\dfrac{1}{R_2}}=\frac{R_1R_2}{R_1+R_2}$$

㉡ 저항이 n개일 때의 합성 저항

$$\frac{1}{R_0}=\frac{1}{R_1}+\frac{1}{R_2}+\frac{1}{R_3}+\cdots\frac{1}{R_n} \rightarrow R_0=\frac{1}{\dfrac{1}{R_1}+\dfrac{1}{R_2}+\dfrac{1}{R_3}\cdots\dfrac{1}{R_n}}$$

㉢ 동일한 크기의 저항(R[Ω]) n개를 병렬 연결했을 때 합성 저항

$$R_0=\frac{1}{\dfrac{1}{R}+\dfrac{1}{R}+\dfrac{1}{R}\cdots\dfrac{1}{R}}=\frac{1}{\dfrac{n}{R}}=\frac{R}{n}$$

⑤ 전류 분배 법칙: 병렬 접속된 저항에 각각 흐르는 전류는 다른 저항의 크기에 비례한다.

㉠ $I_1=\dfrac{V}{R_1}=\dfrac{I}{R_1}R_0=\dfrac{I}{R_1}\cdot\dfrac{R_1R_2}{R_1+R_2} \qquad \therefore I_1=\dfrac{R_2}{R_1+R_2}I$

㉡ $I_2=\dfrac{V}{R_2}=\dfrac{I}{R_2}R_0=\dfrac{I}{R_2}\cdot\dfrac{R_1R_2}{R_1+R_2} \qquad \therefore I_2=\dfrac{R_1}{R_1+R_2}I$

+심화 직렬과 병렬이 혼합된 합성 저항

1. R_2, R_3의 합성 저항(병렬 접속): $R_{23}=\dfrac{R_2R_3}{R_2+R_3}$

2. R_1, R_{23}의 합성 저항(직렬 접속): $R_{123}=R_1+\dfrac{R_2R_3}{R_2+R_3}$

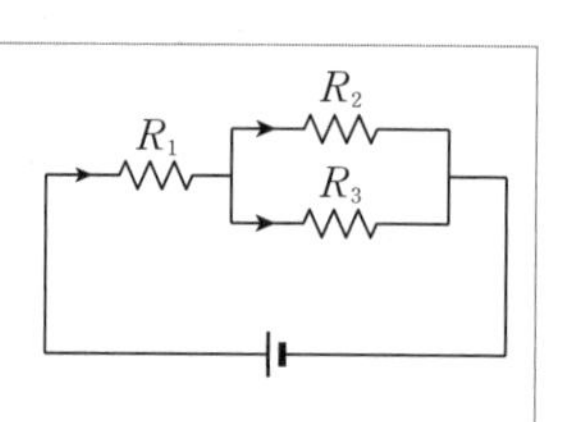

2. 전압 강하

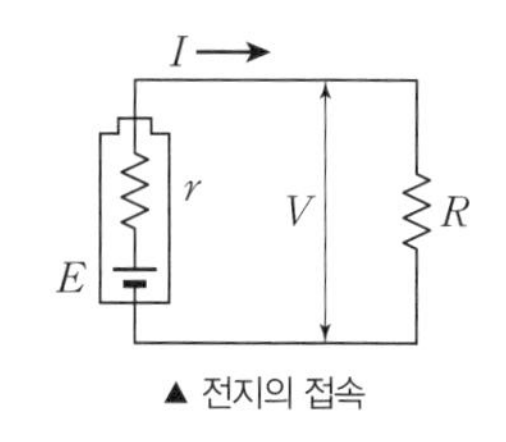

▲ 전지의 접속

(1) 전류가 전선을 타고 이동할 때 저항을 만나 전압의 크기가 낮아지는 현상

(2) 부하 저항 R

① 그림의 회로에서 부하 R에 인가되는 전압 V는 전압 분배 법칙에 의해 다음과 같다.

$$V=\frac{R}{R+r}E$$

r: 내부저항, E: 기전력

② 위 식을 부하 저항 R에 관하여 정리하면 다음과 같다.

$$R=\frac{Vr}{E-V}$$

+기초 전압 강하식을 R에 대하여 정리

$V=\frac{R}{R+r}E \rightarrow \frac{V}{E}=\frac{R}{R+r} \rightarrow V(R+r)=RE \rightarrow Vr=RE-RV \rightarrow Vr=R(E-V)$

$R=\frac{Vr}{E-V}$

3. 휘트스톤 브리지

(1) 의미

① 전기회로의 한 종류로 가변 저항의 저항값을 바꾸는 과정을 통해 저항을 측정할 때 사용한다.

② 대각선 연결 브리지로 저항, 전압계, 검류계를 사용한다.

(2) 휘트스톤 브리지 평형 실기

가변 저항을 조절해서 검류계가 0일 경우 그때의 브리지 회로는 평형이 된다.

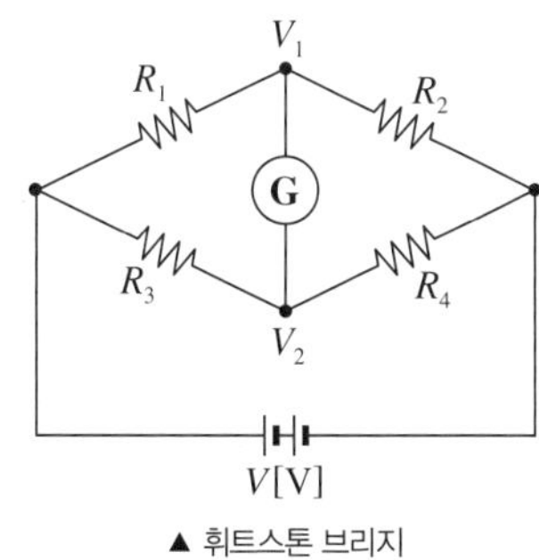

▲ 휘트스톤 브리지

① $R_1R_4=R_2R_3$의 조건을 만족하면, G에는 전류가 흐르지 않는다.

② 이를 휘트스톤 브리지 평형회로라고 하며 이 조건을 만족하면 V_1과 V_2 사이는 개방이 된 회로로 해석이 가능하다.

4. 전압과 전류의 측정

(1) 전압계

회로의 부하와 병렬로 연결하여 측정한다.

(2) 전류계

회로의 부하와 직렬로 연결하여 측정한다.

(3) 배율기 실기

① 전압계의 측정 범위를 넓히기 위하여 전압계와 직렬로 연결하는 저항을 의미한다.

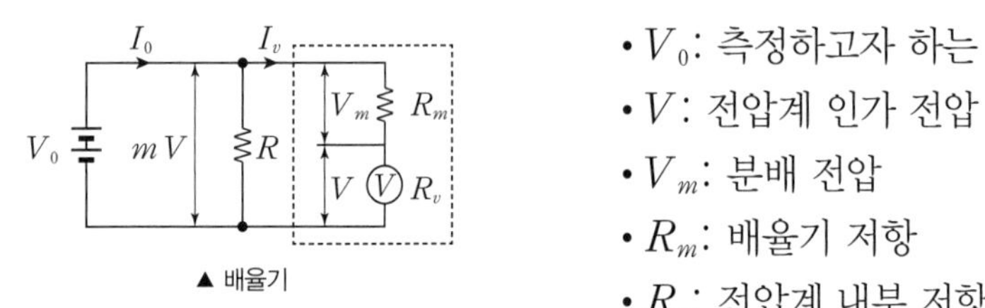

▲ 배율기

- V_0: 측정하고자 하는 전압
- V: 전압계 인가 전압
- V_m: 분배 전압
- R_m: 배율기 저항
- R_v: 전압계 내부 저항

② 배율기의 배율: $m=\dfrac{V_0}{V}=\dfrac{I_v(R_m+R_v)}{I_vR_v}=1+\dfrac{R_m}{R_v}$

③ 배율기 저항: $R_m=R_v(m-1)$

(4) 분류기 실기

① 전류계의 측정 범위를 넓히기 위하여 전류계와 병렬로 연결하는 저항을 의미한다.

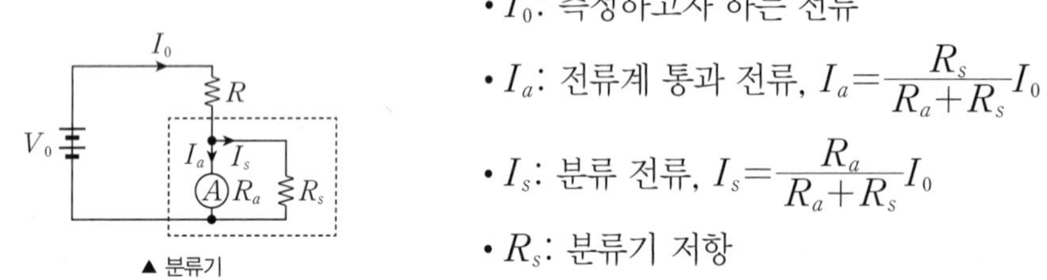

▲ 분류기

- I_0: 측정하고자 하는 전류
- I_a: 전류계 통과 전류, $I_a=\dfrac{R_s}{R_a+R_s}I_0$
- I_s: 분류 전류, $I_s=\dfrac{R_a}{R_a+R_s}I_0$
- R_s: 분류기 저항
- R_a: 전류계 내부 저항

② 분류기의 배율: $m=\dfrac{I_0}{I_a}=\dfrac{I_a+I_s}{I_a}=1+\dfrac{I_s}{I_a}=1+\dfrac{R_a}{R_s}$

③ 분류기 저항: $R_s=\dfrac{R_a}{m-1}$

+기초 전압계와 전류계의 연결

1. 병렬 연결 시에는 전압이 일정하므로 전압계는 부하와 병렬 연결한다.
2. 직렬 연결 시에는 전류가 일정하므로 전류계는 부하와 직렬 연결한다.

+심화 키르히호프 법칙

1. 제 1법칙 – 전류법칙(KCL : Kirchhoff's Current Law)

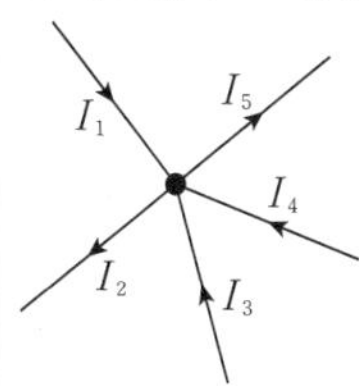

그림에서 마디(node)에 들어오는 전류는 '+'로, 나가는 전류는 '–'로 정의하고 식으로 표현하면 다음과 같다.

$I_1+(-I_2)+I_3+I_4+(-I_5)=0$

$\rightarrow I_1+I_3+I_4=I_2+I_5$

→ ∑(들어오는 전류)=∑(나가는 전류)

임의의 마디(node)에 들어가는 총 전류의 합은 나가는 총 전류의 합과 같다. 즉, 회로망의 임의의 접속점을 기준으로 들어오고 나가는 전류의 총합은 '0'이다.

$$\sum_{i=1}^{n} I_i=0 \rightarrow I_1+I_2+I_3 \cdots\cdots I_n=0$$

2. 제 2법칙 – 전압법칙(KVL : Kirchhoff's Voltage Law)

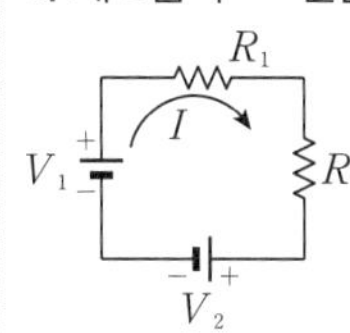

그림에서 전류 I 가 시계 방향으로 흐른다고 했을 때 각 소자에 걸리는 전압값을 식으로 표현하면 다음과 같다.

$V_1+(-IR_1)+(-IR_2)+(-V_2)=0$

$\rightarrow V_1-V_2=IR_1+IR_2$

→ ∑(인가 전압)=∑(전압 강하)

임의의 폐회로(loop) 내에서 기전력의 총합은 저항에 의한 그 폐회로의 전압 강하의 총합과 같다. 즉, 어떤 폐회로를 따라서 발생하는 전압의 총합은 '0'이다.

$$\sum_{i=1}^{n} V_i=0 \rightarrow V_1+V_2+V_3 \cdots\cdots V_n=0$$

※ 키르히호프 법칙의 적용

① 전기적 특성이 각각 어떤 한 점 또는 소자로 표현되는 집중정수회로에 적용

② 전압과 전류가 비례하는 선형 회로나 단순한 비례관계로 표현하기 어려운 비선형 회로 모두에 관계 없이 적용

③ 회로소자의 시변 · 시불변성에 적용을 받지 않음

PHASE 03 | 전력과 열량

1. 전력

(1) 정의와 단위

① 전기가 단위 시간(1초) 동안 한 일의 양으로 공급하거나 소비하는 전기 에너지의 크기이다.

② 기호는 P, 단위는 와트(Watt, [W]) 또는 [J/s]를 사용한다.

③ 1[W]는 1초 동안 1[J]의 전기 에너지를 사용하는 전기 기구의 소비 전력을 의미한다.

(2) 전력의 크기

① 저항이 R, 전압이 V인 저항체에 t초 동안 세기가 I인 전류가 흘렀다면 전력 P는 다음과 같다.

$$P=\frac{W}{t}=\frac{QV}{t}=VI$$

P: 전력[W], W: 전력량[J], t: 시간[s], Q: 전하량[C], V: 전압[V], I: 전류[A]

② 옴의 법칙 적용

$$P=VI=I^2R=\frac{V^2}{R}$$

(3) 저항의 연결 방식과 전력

① 저항이 직렬로 연결되면 각 저항에 흐르는 전류가 같으므로 전력은 저항에 비례한다.

$P=I^2R \rightarrow P \propto R$

② 저항이 병렬로 연결되면 각 저항에 걸리는 전압이 같으므로 전력은 저항에 반비례한다.

$P=\frac{V^2}{R} \rightarrow P \propto \frac{1}{R}$

(4) 전력의 변환

① 전력[W]은 마력[HP]으로 환산이 가능하다.

1[HP]=746[W]=0.746[kW]

② 전력은 열량으로 환산이 불가능하다.

+기초 마력

1. 일률의 단위 중 하나로 단위는 [HP]를 사용한다.
2. 1분 동안 마차를 끄는 힘을 측정해 1마력으로 삼은 것에서 유래한다.

2. 전력량

(1) 전기 에너지

① 전류에 의해 공급되는 에너지이다.

② 에너지 손실이 없다면 저항에서 소모하는 전기 에너지는 전류에 의해 공급되는 에너지와 같다.

(2) 전력량의 정의와 단위

① 일정 시간 동안 소비하거나 생산된 전기 에너지의 양이다.

② 기호는 W, 단위는 줄(Joule, [J]) 또는 [Wh] 또는 [kWh]를 사용한다.

(3) 전력량의 크기

① 전력 P로 시간 t 동안 전기 에너지를 사용했을 때의 전력량 W는 다음과 같다.

$$W=Pt$$

② 옴의 법칙 적용

$$W=Pt=VIt=I^2Rt=\frac{V^2}{R}t$$

(4) 전력량의 열량 변환

① $1[J]=0.24[cal]$, $1[cal]=\frac{1}{0.24}=4.2[J]$

② $1[Wh]=3{,}600[W\cdot s]=3{,}600[J]=3{,}600\times 0.24=860[cal]$ ← 1[h]=60[min]=3,600[s]

③ $1[kWh]=860[kcal]$

3. 전류의 발열 작용

(1) 줄의 법칙

① 저항에 전류가 흐르면 열이 발생하며, 이때 발생하는 열량 Q는 다음과 같다.

$$Q[J]=Pt=VIt=I^2Rt=\frac{V^2}{R}t$$

Q: 열량[J], P: 전력[W], t: 시간[s], V: 전압[V], I: 전류[A], R: 저항[Ω]

② $1[J]=0.24[cal]$이므로 열량 Q를 [cal]로 표현하면 다음과 같다.

$$Q[cal]=0.24Pt=0.24VIt=0.24I^2Rt=0.24\frac{V^2}{R}t$$

(2) 전열기 실기

전류가 흐를 때 발생하는 열을 이용하는 전기 기구이며, 전열기 용량은 다음과 같다.

$$P=\frac{mC(T_2-T_1)}{860\eta t}$$

P: 전열기 용량[kW], m: 질량[kg], C: 비열[kcal/kg·℃], T_1: 상승 전 온도[℃], T_2: 상승 후 온도[℃], η: 효율, t: 소요 시간[h]

4. 열전기 현상 실기

(1) 제벡 효과(Seebeck effect)

① 서로 다른 두 종류의 금속이나 반도체를 폐회로가 되도록 접속하고, 접속한 두 점 사이에 온도 차를 주면 기전력이 발생하여 전류가 흐르는 현상이다.

② 열전 온도계의 원리로 전자 온도계 등에 사용된다.

(2) 펠티에 효과(Peltier effect)

① 서로 다른 두 종류의 금속이나 반도체를 폐회로가 되도록 접속하고, 전류를 흘려주면 양 접점에서 발열 또는 흡열이 일어나는 현상이다. 즉, 한 쪽의 접점은 냉각이 되고, 다른 쪽의 접점은 가열이 된다.

② 전자 냉동의 원리로 냉장고 등에 사용된다.

(3) 톰슨 효과(Thomson effect)

같은 금속(반도체)에서 부분적으로 온도차가 있을 때 전류를 흘리면 발열 또는 흡열이 일어나는 현상이다. 즉, 금속(반도체) 막대기의 양끝을 다른 온도로 유지하고 전류를 흘리면 발열 또는 흡열이 일어난다.

5. 기타 현상

(1) 홀 효과

① 전류가 흐르고 있는 도체 또는 반도체 내부에 전하의 이동 방향과 수직한 방향으로 자기장(자계)을 가하면, 금속 내부에 전하 흐름에 수직한 방향으로 전위차가 생기는 현상이다.

② 이러한 방법으로 형성되는 전위차를 홀 전압이라고 한다.

(2) 압전 효과

① 압축이나 인장(기계적 변화)을 가하면 전기가 발생되는 현상이다.

② 라이터, 마이크, 스피커, 초음파탐지기, 속도계 등에 사용된다.

(3) 핀치 효과

① 플라즈마 속을 흐르는 전류와 그 전류로 생긴 자기장의 상호 작용으로 플라즈마가 가는 끈 모양으로 수축하는 현상이다.

② 플라즈마 발생의 원리이고 핵융합이나, MHD 발전에 연결되는 현상이기도 하다.

1. 고유저항

(1) 고유저항 ρ

① 길이 l이 1[m], 단면적 S가 1[m²]인 물질의 전기저항을 의미한다.

저항 $R=\rho\frac{l}{S}$식에서 비례상수 ρ가 물질의 고유저항이다.

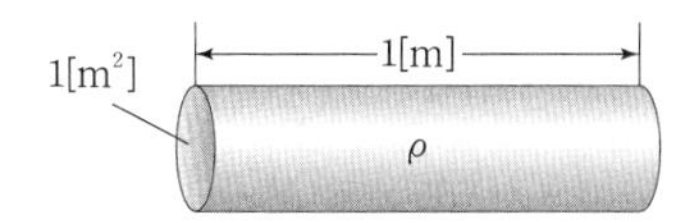

$$\rho=\frac{R\cdot S}{l}[\Omega\cdot\text{m}]$$

② 개념상 단위는 [Ω·m]이지만, 전선의 단면적 단위로 [mm²]이 주로 사용되므로 [Ω·mm²/m]를 많이 사용한다.

$$\rho=\frac{R[\Omega]\cdot S[\text{mm}^2]}{l[\text{m}]}=\frac{R\cdot S}{l}[\Omega\cdot\text{mm}^2/\text{m}]$$

③ 길이와 단면적이 같다면 고유저항이 클수록 전기저항값이 커진다.

④ 고유저항은 물질의 종류나 온도에 따라 달라지므로 물질의 특성 중 하나이다.

(2) 도전율 σ

① 고유저항의 역수로 전류가 흐르기 쉬운 정도이다.

$$\sigma=\frac{1}{\rho}=\frac{l}{RS}\left[\frac{1}{\Omega\cdot\text{m}}\right]=\frac{l}{RS}\left[\frac{\mho}{\text{m}}\right]$$

(3) 전선의 고유저항

① 연동선: 바람의 영향이 없는 곳에 시설하는 전선으로 옥내배선 및 접지선 등에 사용된다.

$\rho=\frac{1}{58}[\Omega\cdot\text{mm}^2/\text{m}]$

② 경동선: 바람의 영향이 있는 가공 전선로에 사용된다.

$\rho=\frac{1}{55}[\Omega\cdot\text{mm}^2/\text{m}]$

③ 알루미늄선: 전선의 중량을 고려하여 장거리 송전선로에 사용된다.

$\rho=\frac{1}{35}[\Omega\cdot\text{mm}^2/\text{m}]$

(4) 고유저항에 따른 물질의 구분

① 도체: 저항이 매우 작은 물질로 자유 전자를 많이 가지고 있어 전류가 잘 통한다.

예 금, 은, 구리, 알루미늄 등

② 반도체: 저항은 도체와 부도체 중간 정도이며, 조건에 따라 전류가 잘 흐르기도 하고 잘 흐르지 않기도 한다. 예 실리콘, 게르마늄, 규소 등

③ 부도체: 저항이 매우 큰 물질로 자유 전자가 많지 않아 전류가 잘 흐르지 않는다.

예 나무, 유리, 고무, 에보나이트 등

물질		고유저항[Ω·m]	물질		고유저항[Ω·m]
도체	은	1.59×10^{-8}	반도체	게르마늄	0.46
	구리	1.68×10^{-8}		규소	2.3×10^{3}
	알루미늄	2.82×10^{-8}	부도체	유리	$10^{10}\sim10^{14}$
	철	10.0×10^{-8}		고무	$10^{13}\sim10^{14}$

+기초 물질의 구분

물질은 고유저항의 크기에 따라 도체, 반도체, 부도체로 구분할 수 있다.

1. 도체: 10^{-4}[Ω·m] 이하
2. 반도체: $10^{-4}\sim10^{4}$[Ω·m]
3. 부도체: 10^{4}[Ω·m] 이상

3. 저항의 온도계수

(1) 저항의 온도 특성

① 도체: 온도에 비례한다. 즉, 정온도 특성으로 온도가 높아질수록 저항이 증가한다.

② 반도체: 온도에 반비례한다. 즉, 부온도 특성으로 온도가 높아질수록 저항은 감소한다.

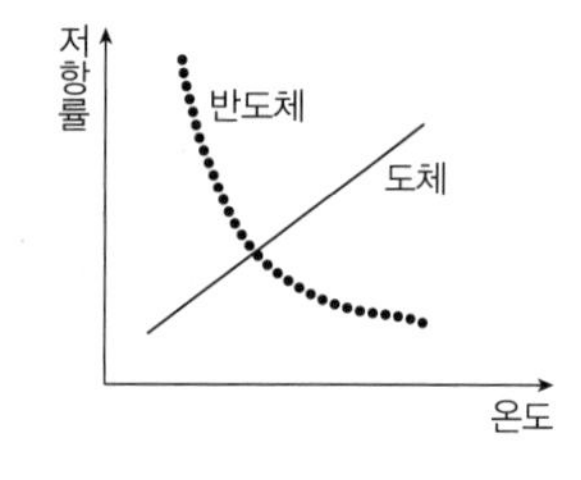

(2) 저항의 온도계수(α)

① 초기온도 t_0를 기준으로 온도가 1[℃] 상승할 때 변화되는 저항(R_0)의 비율이다.

② t_0에서의 저항 온도계수(α_t)

$$\alpha_t=\frac{1}{234.5+t_0}[1/℃]$$

③ 온도 변화에 따른 도체의 저항(R_T)

$$R_T=R_0[1+\alpha_t(t-t_0)]$$

R_0: t_0에서의 도체의 저항[Ω], α_t: 저항의 온도계수[1/℃], t: 변화된 온도[℃]

예 20[℃]에서 60[℃]로 온도가 변한 경우

$$R_{60}=R_{20}\left[1+\frac{1}{234.5+20}(60-20)\right]=1.16R_{20}$$

1. 전지의 특성

(1) 분극 현상

① 양극에 생긴 수소 이온이 전자를 얻어 수소 기체로 환원되고, 일부 수소 기체가 양극과 용액의 접촉을 막아 전하의 흐름을 방해하여 전압(기전력)이 급격히 떨어지는 현상이다.

② 분극 작용을 억제하기 위해서는 이산화망간, 과산화수소와 같은 감극제를 첨가하여 양극에 붙은 수소를 산화시켜 물로 만든다.

③ 분극 현상 방지 대책: 감극제 사용, 염다리 사용

(2) 국부 작용(국부 방전)

① 전지의 전극에 사용되는 아연판이 불순물에 의해 자기 방전하는 현상이다.

② 전지를 쓰지 않고 오래 두면 못 쓰게 되는 현상이다.

③ 국부 작용 방지 대책: 고순도의 전극 재료 사용, 전극에 수은 도금

(3) 패러데이 전기분해 법칙

① 전기분해에 의해 생성되는 생성물과 소모되는 물질의 양은 물질의 종류와 관계없이 전해액을 통과하는 총전하량에 비례한다. 즉, 전류량이 많을수록 석출되는 물질의 양이 많아진다.

② 총전하량이 일정할 때 석출되는 물질의 양은 화학당량에 비례한다.

$$W = kQ = kIt$$

W: 석출되는 물질의 양[g], k: 화학당량(원자량/원자가)[g/C], Q: 총 전하량[C], I: 전류[A], t: 시간[s]

+기초 전기분해

1. (+)극에서는 전자를 잃는 산화 반응이, (−)극에서는 전자를 얻는 환원 반응이 일어난다.
2. 전기분해는 금속의 표면에 다른 금속의 막을 씌우는 전기도금 등에 이용한다.

2. 전지의 접속

(1) 직렬접속

① 전지의 기전력이 각각 E_1, E_2, E_3이고, 내부 저항이 각각 r_1, r_2, r_3인 전지를 직렬로 연결하고 R[Ω]의 외부 저항을 접속할 때 흐르는 전류 I는 다음과 같다.

$$E_0 = E_1 + E_2 + E_3 = Ir_1 + Ir_2 + Ir_3 + IR$$
$$= I(r_1 + r_2 + r_3 + R) \rightarrow I = \frac{E_1 + E_2 + E_3}{r_1 + r_2 + r_3 + R}$$

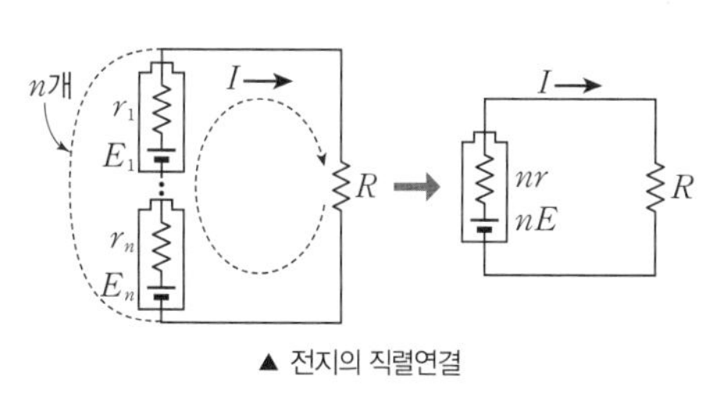

▲ 전지의 직렬연결

② 크기가 같은 전지 n개를 직렬로 접속하면 전류 I는 다음과 같다.

$$I = \frac{nE}{nr + R}[\mathrm{A}]$$

③ 크기가 같은 전지 n개를 직렬로 접속하면 기전력은 n배 증가하고, 용량(전류)은 동일하다.

(2) 병렬접속

① 전지의 기전력이 각각 E이고, 전지의 내부 저항이 각각 r인 전지 n개를 병렬로 연결하고 $R[\Omega]$의 외부 저항을 접속할 때 흐르는 전류 I는 다음과 같다.

$$E=I\left(\frac{r}{n}+R\right) \rightarrow I=\frac{E}{\frac{r}{n}+R}=\frac{nE}{r+nR}[\mathrm{A}]$$

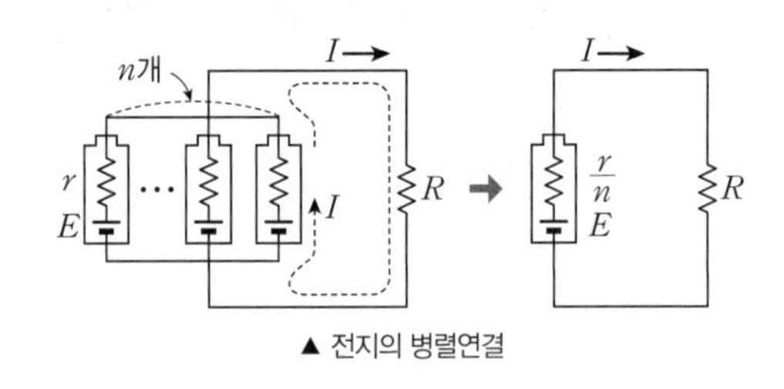

▲ 전지의 병렬연결

② 크기가 같은 전지 n개를 병렬로 접속하면 기전력은 동일하고, 용량(전류)은 n배 증가한다.

3. 충전방식

(1) 보통충전방식

필요할 때마다 표준 시간율로 충전하는 방식이다.

(2) 급속충전방식

단시간에 필요한 기준 충전 전류의 2~3배로 충전하는 방식이다. 정격전압을 높여 전압차가 클수록 이온이 빠르게 움직이기 때문에 빠른 충전이 가능하다.

(3) 부동충전방식 실기

① 축전지와 부하를 병렬로 연결한다.

② 축전지의 자기방전을 보충함과 동시에 상용부하에 대한 전력 공급은 충전기가 부담하고 충전기가 부담하기 어려운 일시적인 대전류는 축전지가 부담하는 방식이다.

③ 부동충전방식의 회로 계통 순서

▲ 부동충전방식

교류 → 변압기 → 정류회로 → 필터 → 부하보상 → 부하 └→ 전지

(4) 균등충전방식

각 전해조에서 일어나는 전위 차이를 보정하기 위하여 1~3개월마다 1회씩 정전압으로 10~12시간 충전하여 각 전해조의 용량을 균일화시키는 방식이다.

(5) 세류충전방식

부동충전방식의 일종으로 자기 방전량만큼 충전하는 방식이다.

(6) 축전지의 용량 실기

$$C=\frac{1}{L}KI[\mathrm{Ah}]$$

C: 축전지의 용량[Ah], L: 보수율, K: 용량환산시간계수[h], I: 방전전류[A]

1. 정전계의 발생

(1) 정전계의 기초

① 정지해 있는 전하는 전기적인 위치 에너지(전위)를 갖는다.

② 정전계: 정지해 있는 전하에 의해 발생하는 전기력이 작용하는 공간으로, 정전에너지가 최소로 되는 전하분포의 전계이다.

③ 대전: 전기적 중성 상태에 있던 물체가 외부의 힘에 의해 전하량의 평형이 깨져 (+) 혹은 (−) 전기를 띠게 되는 현상이다.

④ 대전체: 대전된 물체를 대전체라고 한다.

(2) 정전기와 정전기력

① 정전기: 대전으로 얻어진 전하는 전선 속을 흐르는 전기와 달리 물체에 머물러 있는데, 이러한 전기를 정전기라고 한다.

② 정전기력: 정전기를 띤 물체 사이에 밀거나 당기는 힘으로 전기력 또는 정전력이라고도 한다.

③ 정전기력의 종류: 인력과 척력이 있다. 두 전하 사이에 작용하는 전기력의 극성이 같으면 서로 밀어내려는 성질(반발력)을 갖고, 극성이 다르면 서로 끌어당기려는 성질(흡인력)을 갖게 된다.

같은 전하 사이	다른 전하 사이
반발력(척력)	흡인력(인력)
← F Q_1(+) ——— r ——— Q_2(+) F →	Q_1(+) → F ← Q_2(−), 거리 r

(3) 정전 유도

① 전기적으로 중성인 도체에 대전체를 가까이하면 대전체와 가까운 쪽에는 대전체와 반대 종류의 전하가, 먼 쪽에는 동일한 종류의 전하가 유도된다.

② 도체에 (+) 대전체를 가까이 하면, 원래 무질서하게 있던 전자가 대전체 쪽으로 움직이고, (−) 대전체를 가까이하면 대전체와 먼 쪽으로 움직인다.

③ 전자들이 도체 내에서만 이동하므로 정전 유도가 일어나기 전과 비교하여 전하량 변화는 없다.

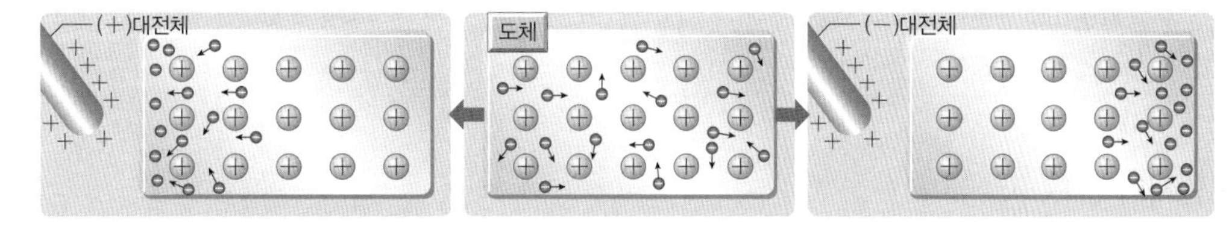

2. 콘덴서와 정전용량

(1) 콘덴서의 정의

① 도체 사이에 절연물을 넣어 만든 장치 소자로 정전 유도 원리를 이용하여 전하를 축적한다.

② 커패시터(capacitor)라고도 하며, 전력 설비 중에 역률 저하를 방지하는 장치로 주로 사용된다.

+ 기초 커패시턴스와 콘덴서

커패시턴스는 전극이 전하를 축적하는 능력의 정도를 나타내는 상수로서 전극의 형상 및 전극 사이를 채운 유전체의 종류에 따라 결정된다. 콘덴서는 2개의 도체 사이에 유전체를 끼워 넣어 커패시턴스 작용을 하도록 만들어진 장치이다.

* 정전용량의 단위: 일반적으로 [μF]이나 [pF]을 많이 사용한다.

(2) 정전용량(electrostatic capacity)

① 전기 회로에서 콘덴서가 전하를 축적할 수 있는 능력으로 기호는 C, 단위는 패럿(Farad, [F])을 사용한다.

$$C=\frac{Q}{V}$$

C: 정전용량[F], Q: 전하량[C], V: 전압[V]

② 평행판 콘덴서의 정전용량

$$C=\varepsilon\cdot\frac{A}{d}=\frac{\varepsilon_0\varepsilon_s A}{d}$$

C: 정전용량[F], ε: 유전체의 유전율[F/m], A: 극판의 면적[m^2], d: 극판 사이의 간격[m], ε_0: 진공중의 유전율[F/m], ε_s: 비유전율

③ 정전용량을 크게 하는 방법

㉠ 극판의 면적 A를 넓힌다.

㉡ 극판 간의 간격 d를 좁게 한다.

㉢ 비유전율 ε_s이 큰 유전체를 사용한다.

+ 기초 유전율

1. 전기력선이 통과하는 비율로 기호는 ε, 단위는 [F/m]를 사용한다.
2. 유전체의 유전율 $\varepsilon=\varepsilon_0\varepsilon_s$ (ε_0: 진공중의 유전율, ε_s 비유전율)
3. 비유전율(전체 유전율과 공기(진공) 중에서의 유전율 비) $\varepsilon_s=\frac{\varepsilon}{\varepsilon_0}$
4. 공기 중이나 진공 중의 비유전율 $\varepsilon_s=1$
5. 진공중의 유전율 $\varepsilon_0=8.855\times10^{-12}$[F/m]

3. 콘덴서의 접속

(1) 직렬 접속 (전하량 일정, 전압 분배)

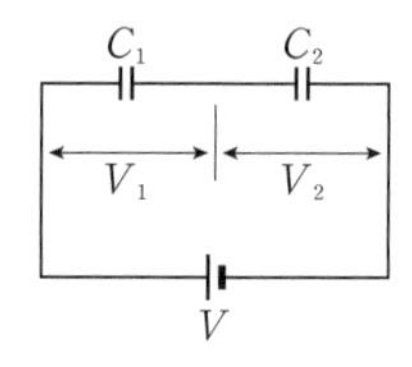

① 콘덴서를 직렬 연결하면 각 콘덴서에 흐르는 전류와 흐르는 시간이 같으므로 전하량은 같다.

$Q=Q_1=Q_2=It$

② 콘덴서에 저장되는 전하량을 전압에 관련한 식으로 나타내면 다음과 같다. ← 전하량은 정전용량에 비례하므로 각 콘덴서에 흐르는 전하량은 해당 콘덴서의 정전용량에 비례한다.

$$Q=CV \rightarrow C=\frac{Q}{V}$$

③ 각각의 콘덴서에 걸리는 전압의 합은 전체 전압과 같다.

$$V=V_1+V_2=\frac{Q_1}{C_1}+\frac{Q_2}{C_2}=Q\left(\frac{1}{C_1}+\frac{1}{C_2}\right)\ (\because Q_1=Q_2=Q)$$

④ 전체 합성 용량

$$C=\frac{Q}{V}=\frac{Q}{\left(\frac{1}{C_1}+\frac{1}{C_2}\right)Q}=\frac{1}{\frac{1}{C_1}+\frac{1}{C_2}}=\frac{C_1C_2}{C_1+C_2}$$

$$\rightarrow Q=\frac{C_1C_2}{C_1+C_2}V$$

⑤ 콘덴서 n개를 직렬 접속했을 때 합성 용량

$$C=\frac{1}{\frac{1}{C_1}+\frac{1}{C_2}+\frac{1}{C_3}+\cdots\frac{1}{C_n}}$$

⑥ 전압 분배: 직렬 접속된 콘덴서에 각각 걸리는 전압은 다른 콘덴서의 크기에 비례한다.

$$\rightarrow V_1=\frac{Q}{C_1}=\frac{C_2}{C_1+C_2}V\ \left(\because Q=\frac{C_1C_2}{C_1+C_2}V\right)$$

$$\rightarrow V_2=\frac{Q}{C_2}=\frac{C_1}{C_1+C_2}V\ \left(\because Q=\frac{C_1C_2}{C_1+C_2}V\right)$$

(2) 병렬 접속 (전하량 분배, 전압 일정)

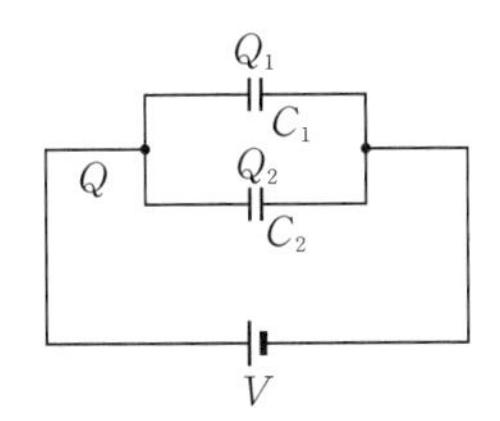

① 각각의 콘덴서에 걸리는 전압은 전체 전압과 같다.

$$V=V_1=V_2$$

② 전체 전하량은 각 콘덴서에 흐르는 전하량의 합과 같다.

$$Q=Q_1+Q_2=C_1V+C_2V=(C_1+C_2)V$$

$$\therefore C=C_1+C_2 \rightarrow V=\frac{Q}{C}=\frac{Q}{C_1+C_2}$$

③ 콘덴서 n개를 병렬 접속했을 때 합성 용량

$$C=C_1+C_2+C_3+\cdots+C_n$$

④ 전하량 분배

$$\rightarrow Q_1=C_1V=\frac{C_1}{C_1+C_2}Q\ \left(\because V=\frac{Q}{C_1+C_2}\right)$$

$$\rightarrow Q_2=C_2V=\frac{C_2}{C_1+C_2}Q\ \left(\because V=\frac{Q}{C_1+C_2}\right)$$

(3) 동일한 용량의 정전용량 n개를 연결했을 때 합성 용량

① 용량이 C인 콘덴서 n개의 직렬 접속 $C_0=\frac{C}{n}$

② 용량이 C인 콘덴서 n개의 병렬 접속 $C_0=nC$

③ $\frac{\text{병렬 접속}}{\text{직렬 접속}}=\frac{nC}{\frac{C}{n}}=n^2$배

1. 전계와 전기력선

(1) 전계(Electric field)

정전력의 영향을 받는 영역(field)을 뜻하며 전기장 또는 전장이라고 한다.

(2) 전기력선(Line of electric field)

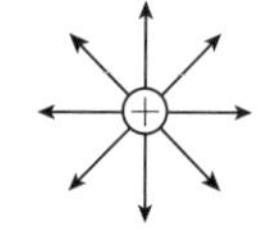

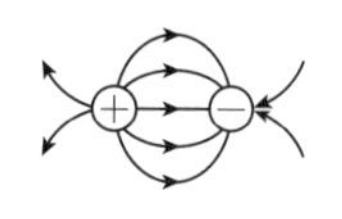

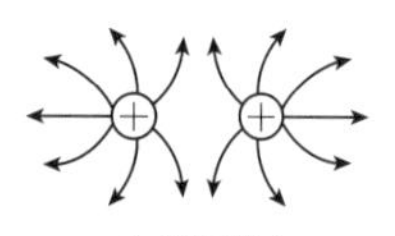

▲ 전기력선

① 공간 상의 전계의 세기와 방향을 가상으로 나타낸 선이다.

② 전기장은 눈에 보이지 않으므로 이를 시각화하여 나타낸 것을 전기력선이라고 하며, 전기력의 방향을 연결한 선을 의미한다.

③ 전기력선의 특징

㉠ 전기력선은 (+)전하에서 출발하여 (−)전하에서 끝나거나 또는 무한대로 퍼진다.

㉡ 임의의 점에서 전계의 방향은 전기력선의 접선 방향과 같다.

㉢ 전기력선의 간격이 좁을수록 전기장이 센 곳이다. 따라서 임의의 점에서 전계의 세기는 전기력선의 밀도와 같다.

㉣ 전기력선은 전위가 높은 점에서 낮은 점으로 향한다.

㉤ 전기력선은 그 자신만으로 폐곡선을 이루지 않는다.

㉥ 전기력선은 서로 반발하여 교차하지 않는다.

㉦ 전하가 없는 곳에서는 전기력선의 발생과 소멸이 없고 연속적이다.

㉧ 도체 내부의 전위와 표면 전위는 같다.

㉨ 전기력선은 도체 내부를 통과하지 않으므로 도체 내부 전하는 0이다.

㉩ 전기력선은 도체 표면과 수직으로 교차한다.

㉪ 전기력선은 등전위면과 직교한다.

㉫ 전하량이 클수록 전기력선의 수가 증가한다.

㉬ Q[C]에서 발생하는 전기력선의 총수는 $\dfrac{Q}{\varepsilon}$개이다. ← 가우스 정리

2. 전계의 세기

(1) 쿨롱의 법칙

① 두 점전하 사이에 작용하는 전기력의 크기 F는 두 점전하가 띤 전하량 Q_1, Q_2의 곱에 비례하고, 두 점전하 사이의 거리 r의 제곱에 반비례한다.

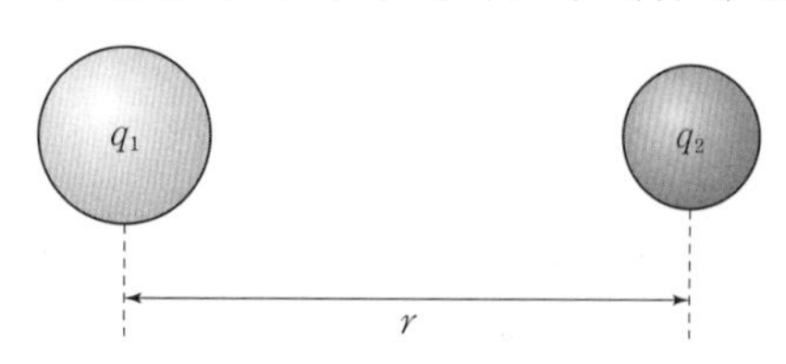

$$F = k\frac{Q_1 \cdot Q_2}{r^2} = \frac{1}{4\pi\varepsilon_0} \cdot \frac{Q_1 \cdot Q_2}{r^2}$$

F: 전기력의 크기[N], k: 쿨롱상수(9×10^9[N·m²/C²]),
Q: 전하량[C], r: 점전하 사이의 거리[m]

② 같은 전하 사이에는 밀어내는 힘(척력)이, 다른 전하 사이에는 당기는 힘(인력)이 작용한다.

③ 힘의 방향은 두 점전하를 연결하는 직선의 방향이다.

(2) 전계의 세기(intensity of electric field)

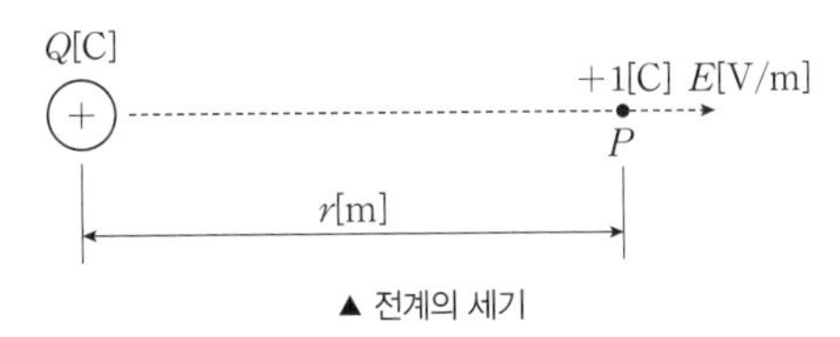

▲ 전계의 세기

① 전계 속에 단위 양전하(+1[C])를 놓았을 때 단위 양전하 Q에 작용하는 정전력의 크기로 기호는 E, 단위는 [V/m] 또는 [N/C]을 사용한다.

② $F=\frac{1}{4\pi\varepsilon}\cdot\frac{Q_1\cdot Q_2}{r^2}$에서 단위 양전하의 크기가 1이므로 전계의 세기 E는 다음과 같다.

$$E=\frac{1}{4\pi\varepsilon}\cdot\frac{Q\times 1}{r^2}\rightarrow E=\frac{1}{4\pi\varepsilon}\cdot\frac{Q}{r^2}[\text{V/m}]$$

+기초 쿨롱상수

- 진공 중일 때 $\varepsilon_s=1$이므로 $k=\frac{1}{4\pi\varepsilon_0}=9\times 10^9$
- 진공이 아닐 때 $k=\frac{1}{4\pi\varepsilon}=\frac{1}{4\pi\varepsilon_0\varepsilon_s}$

③ 쿨롱의 법칙에서 전기력 $F=\frac{1}{4\pi\varepsilon}\cdot\frac{Q_1\cdot Q_2}{r^2}$을 전계의 세기 E로 표현하면 다음과 같다.

$$F=QE[\text{N}]\rightarrow E=\frac{F}{Q}[\text{N/C}]$$

④ 전계 내에 양성자 전하가 놓여 있는 경우 힘의 방향은 전기력선과 동일하고, 전자가 놓여 있는 경우 힘의 방향은 전기력선과 반대 방향이다.

(3) 전계에서의 전위(전기적인 위치 에너지)

① 전계 속에서 단위 양전하 $q(+1[\text{C}])$가 갖는 에너지로, 위치 에너지의 개념에서 정의된다.

② 정전계에서 무한대만큼 떨어져 있는 1[C]의 점전하(q)를 Q로부터 r[m]까지 떨어진 위치까지 운반하는 데 필요한 일(W) 또는 소비되는 에너지이다.

$$V_P=W=Fr\leftarrow W(\text{일})=F(\text{힘})\times r(\text{이동거리})$$

$$\rightarrow Fr=qEr=Er\ (\because F=qE,\ q=1)$$

$$\therefore V_P=Er=\frac{Q}{4\pi\varepsilon r^2}\cdot r=\frac{Q}{4\pi\varepsilon r}[\text{V}]$$

3. 전속과 전속밀도

(1) 전속

① 전계의 상태를 나타내주는 가상의 선으로 기호는 ψ, 단위는 [C]를 사용한다.

② 전하 Q[C]로부터 발산되어 나가는 전기력선의 총 수는 $\frac{Q}{\varepsilon}$개 이다. 이처럼 전계의 세기는 유전율(매질)의 종류에 따라 크기가 달라지는데 유전율과 관계없이 전하의 크기와 동일한 전기력선이 출입한다고 가정한 것을 전속이라고 한다.

③ 전계에 금속판을 넣으면 한 쪽에는 $+Q$의 전하가 다른 한 쪽에는 $-Q$의 전하가 유도되는데 매질에 관계없이 항상 $+Q$[C]의 전하에서 $+Q$[C]의 전속이 나온다.

(2) 전속밀도

① 단위 면적(1[m^2]) 당 지나는 전속을 전속밀도라고 한다.

② 기호는 D, 단위는 [C/m^2]을 사용한다.

③ 점전하(도체 구)에서의 전속밀도는 다음과 같다.

$$D=\frac{Q}{A}=\frac{Q}{4\pi r^2}[\mathrm{C/m^2}] \rightarrow D=\frac{Q}{4\pi r^2}=\frac{\varepsilon Q}{4\pi\varepsilon r^2}=\varepsilon E=\varepsilon_0\varepsilon_s E[\mathrm{C/m^2}]$$

4. 유전체 내의 에너지

(1) 정전 에너지

① 콘덴서를 충전할 때 발생하는 에너지이다.

② 콘덴서에 전압을 가하여 충전할 때 유전체 내에 축적되는 에너지로 축적 에너지라고도 한다.

③ 콘덴서를 충전시키는 데 필요한 전체 일(W)과 축전기에 저장되는 정전기적 위치 에너지(V)는 같다.

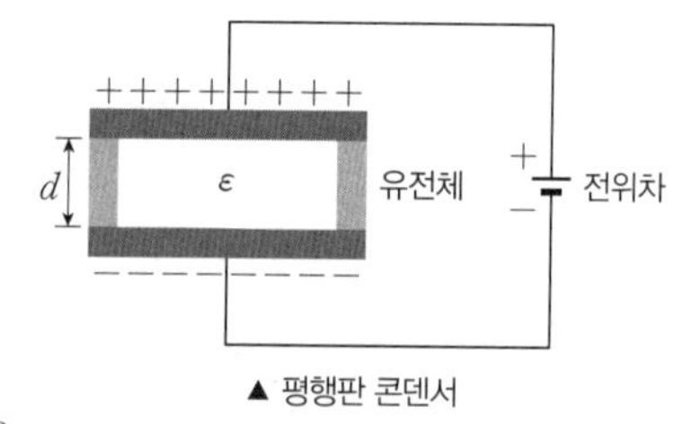

▲ 평행판 콘덴서

$$W=\int_0^Q V\,dq=\int_0^Q \frac{q}{C}dq=\frac{1}{C}\int_0^Q q\,dq=\frac{1}{C}\cdot\left[\frac{q^2}{2}\right]_0^Q=\frac{Q^2}{2C}$$

$$\therefore W=\frac{Q^2}{2C}=\frac{1}{2}CV^2=\frac{1}{2}QV[\mathrm{J}]\left(\because Q=CV,\ C=\frac{Q}{V}\right)$$

(2) 에너지 밀도

① 단위 체적당 축적되는 에너지이다.

② 에너지 밀도의 단위는 에너지를 체적으로 나눈 [J/m^3]을 사용한다. 이때, [J]=[N·m]이므로 [N/m^2]도 함께 사용한다.

> **+기초 유전체**
> 절연체와 같은 전자구조를 갖고 있으나, 외부에서 전계를 가하면 분극을 일으키는 물질이다.

③ 전체 에너지

$$W_{전체}=\frac{1}{2}CV^2=\frac{1}{2}\times\varepsilon\cdot\frac{A}{d}\times(E\cdot d)^2=\frac{1}{2}\varepsilon E^2 Ad[\mathrm{J}]$$

④ 전체 에너지 식에서 면적 A[m^2]와 길이 d[m]의 곱이 체적이고, 에너지 밀도는 단위 체적 1[m^3] 당 축적되는 에너지이므로 전체 에너지를 Ad로 나눈 값이 에너지 밀도 W_0가 된다.

$$W_0=\frac{1}{2}\varepsilon E^2[\mathrm{J/m^3}]=\frac{1}{2}ED[\mathrm{J/m^3}]\ (\because \text{전속 밀도 } D=\varepsilon E)=\frac{D^2}{2\varepsilon}[\mathrm{J/m^3}]\ \left(\because E=\frac{D}{\varepsilon}\right)$$

5. 자극의 세기

(1) 자극의 세기

① 막대자석에서 양극을 자극이라 하며, 자극은 N극과 S극의 두 종류가 있다.

② 자극의 힘을 자하(magnetic charge, 자하량) 또는 자극의 세기라고 하며, 자극의 세기는 자극에서 가장 크다.

③ 자극의 세기의 기호는 m, 단위는 [Wb]를 사용한다.

(2) 쿨롱의 법칙

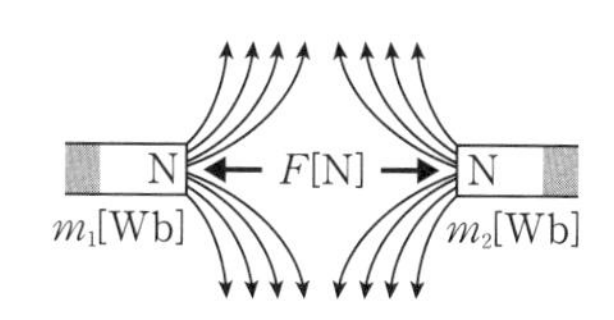

▲ 같은 극성의 자하 → 반발력

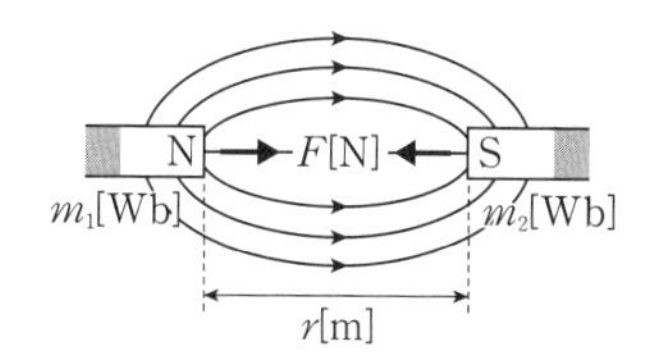

▲ 다른 극성의 자하 → 흡인력

① 위 그림과 같이 동일한 극 사이에서는 반발력, 다른 극 사이에서는 흡인력이 발생하고, 힘은 정전계와 같이 쿨롱의 법칙으로 해석한다.

② 두 자극 사이에 작용하는 자기력의 크기 F는 두 자극의 세기 m_1, m_2의 곱에 비례하고, 두 자극 사이의 거리 r의 제곱에 반비례한다.

$$F=\frac{m_1 \cdot m_2}{4\pi\mu r^2}$$

F: 자기력의 크기[N], m: 자극의 세기[Wb], μ: 투자율[H/m], r: 자극 사이의 거리[m]

③ 투자율(μ)

㉠ 물질이 자속을 통과하는 능력으로 기호는 μ, 단위는 [H/m]을 사용한다.

㉡ 투자율은 진공에서의 투자율(μ_0)과 비투자율(μ_s)의 곱이다.

$$\mu=\mu_0\mu_s[\mathrm{H/m}] \rightarrow \mu_s=\frac{\mu}{\mu_0}$$

㉢ 진공 중에서의 투자율

$$\mu_0=4\pi\times10^{-7} \rightarrow \frac{1}{4\pi\mu_0}=6.33\times10^{4}$$

㉣ 진공에서의 비투자율 $\mu_s=1$이다.

+기초 관련 용어

- 자극: 자석의 양끝 (N극, S극)
- 자기: 자석이 금속을 당기는 힘
- 자화: 자성체를 자석으로 만드는 것
- 자력: 자석이 당기거나 미는 힘
- 자계: 자력이 미치는 공간
- 자속: 자기력선을 묶은 다발

6. 자계와 자기력선

(1) 자계

자력이 작용하는 공간. 전류나 전기장의 변화에 의해 생성되며, 자기장 또는 자장이라고도 한다.

(2) 자기력선

① 보이지 않는 자계의 모양을 알기 쉽게 표현하기 위해 만든 가상의 선이다.

② 자기력선의 특징

㉠ 항상 N극에서 나와 S극으로 들어온다.

㉡ 도중에 교차하거나 갈라지지 않는다.

㉢ 자기력선이 조밀할수록 자기장의 세기가 크다.

㉣ 자계 내 임의의 한 점에서 자기력선의 밀도는 그 점에서의 자계의 세기와 같다.

㉤ 자기력선 위의 한 점에서의 접선의 방향이 그 점에서의 자계의 방향이다.

㉥ 자기력선은 서로 반발한다.

㉦ 자극이 존재하지 않는 곳에서는 자기력선의 발생 또는 소멸이 없다.

㉧ 자하 m[Wb]는 $\frac{m}{\mu}$개의 자기력선을 진공 속에서 발산한다.

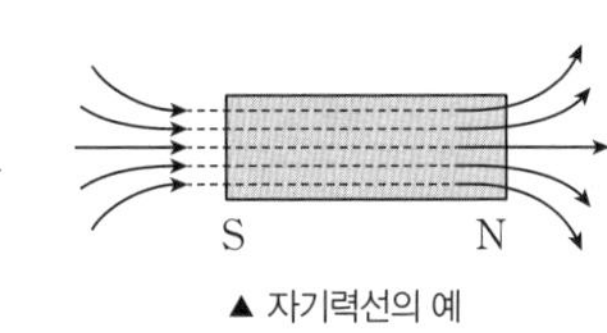

▲ 자기력선의 예

(3) 자계의 세기 ← 자계의 세기 내용은 전계의 세기와 비교하며 학습한다.

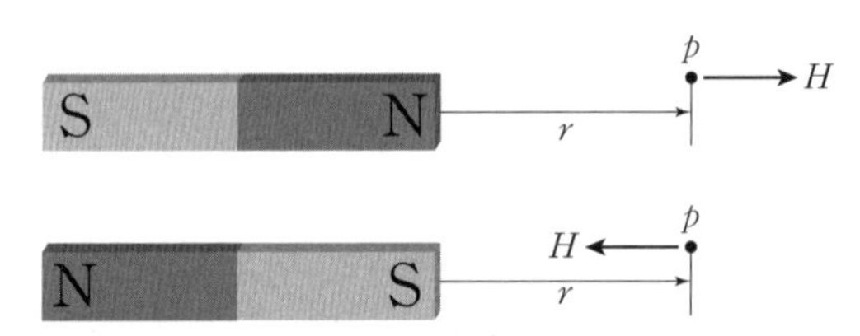

① 자계 속의 어떤 점 P에 1[Wb]의 자극을 놓았을 때 이 자극 m에 작용하는 힘의 크기로 기호는 H, 단위는 [AT/m]을 사용한다.

② 자기력 $F=\frac{m_1 \cdot m_2}{4\pi\mu r^2}$에서 자극의 크기가 1이므로 자계의 세기 H는 다음과 같다.

$$H=\frac{1}{4\pi\mu}\cdot\frac{m\times 1}{r^2} \rightarrow H=\frac{1}{4\pi\mu}\cdot\frac{m}{r^2}[\text{A/m}]$$

③ 자기력 $F=\frac{m_1 \cdot m_2}{4\pi\mu r^2}$을 자계의 세기 H로 표현하면 다음과 같다.

$$F=mH[\text{N}] \rightarrow H=\frac{F}{m}[\text{A/m}]$$

④ 자위(자기적인 위치 에너지)

자계 속에서 자극 m[Wb]가 갖는 에너지로 단위는 [AT], [A], [J/Wb]을 사용한다.

$$U_m=\frac{m}{4\pi\mu r}[\text{AT}]$$

7. 자속과 자속밀도

(1) 자속(자기력선속)

① 자계에 수직인 단면을 지나는 자기력선의 총 수이다.

② 기호는 ϕ, 단위는 [Wb]를 사용한다.

(2) 자속밀도

① 단위면적당 자속으로 자계에 수직인 단위 면적(1[m^2])을 지나는 자기력선의 수이다.

$$B = \frac{\phi}{A} = \frac{\phi}{4\pi r^2}[\mathrm{Wb/m^2}]$$

② 자속밀도를 자계의 세기 H에 대해 표현하면 다음과 같다.

$$B = \frac{\mu m}{4\pi \mu r^2} = \mu H = \mu_0 \mu_s H$$

(3) 자기 쌍극자

① 자석을 쪼개면 그 조각들은 다시 N극과 S극이 있는 자석이 된다. 이를 되풀이하여 원자 단위까지 쪼개어도 고립된 자기 홀극은 생기지 않는다.

② 자연에 존재하는 가장 간단한 형태의 자기 구조는 자기 쌍극자이다.

(4) 자기 쌍극자 모멘트

① 그림과 같이 자계 내에 막대자석을 놓으면 자기 쌍극자 모멘트에 의하여 회전력 T가 발생하게 된다.

$$T = MH\sin\theta = mlH\sin\theta[\mathrm{N \cdot m}]$$

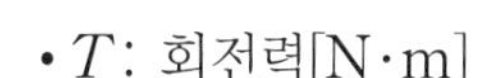

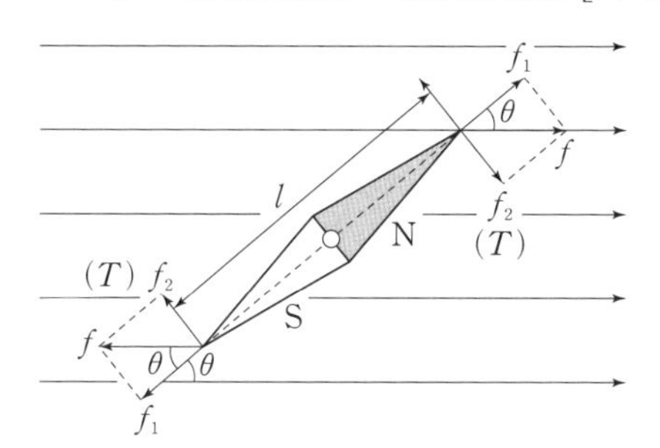

- T: 회전력[N·m]
- M: 자기 쌍극자 모멘트[Wb·m]
- H: 자계의 세기[AT/m]
- m: 자극의 세기[Wb]
- l: 자석의 길이[m]

② 여기서 M을 자기 쌍극자 모멘트라 하며, $M = ml$ [Wb·m]이다.

+심화 전계와 자계

전계	자계
두 전하 사이에 작용하는 힘 ① 쿨롱상수 $k=\frac{1}{4\pi\varepsilon_0}=9\times10^9$ ② 전기력: $F=\frac{Q_1\cdot Q_2}{4\pi\varepsilon r^2}$[N] ③ 유전율: $\varepsilon=\varepsilon_0\varepsilon_s$[F/m] • 진공 중의 유전율 $\varepsilon_0=8.855\times10^{-12}$[F/m]	두 자극(자하) 사이에 작용하는 힘 ① 쿨롱상수: $k=\frac{1}{4\pi\mu_0}=6.33\times10^4$ ② 자기력: $F=\frac{m_1\cdot m_2}{4\pi\mu r^2}$[N] ③ 투자율: $\mu=\mu_0\mu_s$[H/m] • 진공 중의 투자율: $\mu_0=4\pi\times10^{-7}$[H/m]
전계의 세기 $E=\frac{1}{4\pi\varepsilon}\cdot\frac{Q}{r^2}$[V/m]	자계의 세기 $H=\frac{1}{4\pi\mu}\cdot\frac{m}{r^2}$[A/m]
점전하의 전위 $V_P=\frac{Q}{4\pi\varepsilon r}$[V]	점자하의 자위 $U_m=\frac{m}{4\pi\mu r}$[AT]
전속밀도 $D=\frac{Q}{A}=\frac{Q}{4\pi r^2}$[C/m²]	자속밀도 $B=\frac{\phi}{A}=\frac{\phi}{4\pi r^2}$[Wb/m²]
전계와의 관계 $F=QE$[N], $V_P=rE$[V], $D=\varepsilon E$[C/m²]	자계와의 관계 $F=mH$, $U_m=rH$[AT], $B=\mu H$[Wb/m²]

PHASE 08 | 자기회로

1. 전류에 의한 자계

(1) 전류의 자기 작용

① 전류에 의해 자계가 생기는 것을 전류의 자기 작용이라고 한다.

② 오른쪽 그림과 같이 전류가 흐르는 도선을 중심으로 하는 동심원 모양의 자기력선이 생기며, 자기력선의 밀도는 도선에 가까울수록 높아진다.

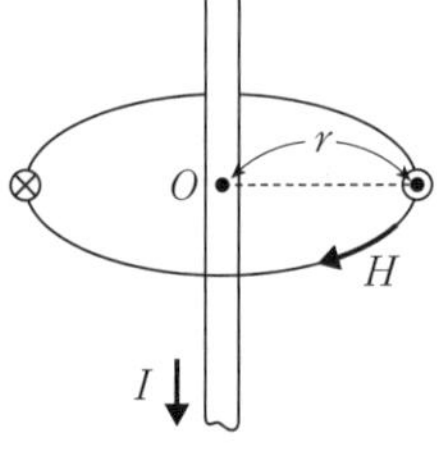

▲ 전류에 의한 자기장

(2) 자계의 방향(암페어의 오른나사 법칙)

① 직선 모양의 도선, 원형 도선, 솔레노이드 등에서 전류가 만드는 자계의 방향은 암페어의 오른나사 법칙을 통해 알 수 있다.

② 직선 전류에서 자기장의 방향은 아래와 같이 나사가 진행하는 방향을 전류의 방향으로 놓으면, 나사가 회전하는 방향이 자계의 방향이다.

③ 오른손 엄지손가락을 전류의 방향으로 맞추어 도선을 오른손으로 감싸 쥐었을 때 나머지 네 손가락이 감아 쥐는 방향이 자계의 방향이다.

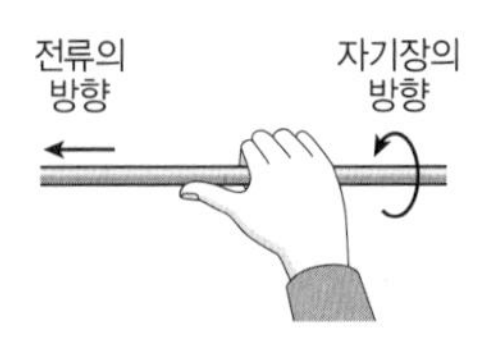

> **+기초 자기력선의 방향**
>
> 직선 전류에 의한 자기력선의 방향을 나타날 때 기호 ⊗은 지면으로 들어가는 방향을 표시하고, 기호 ⊙는 지면에서 나오는 방향을 뜻한다.
>
> 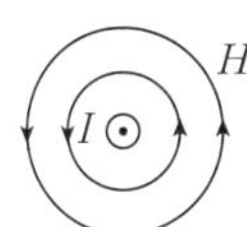
>
> 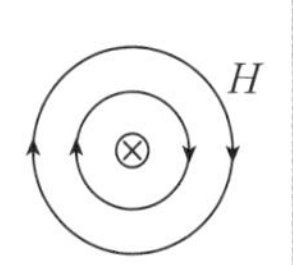
>

2. 자계의 세기(비오－사바르 법칙)

(1) 전류에 의한 자계의 세기(비오－사바르 법칙)

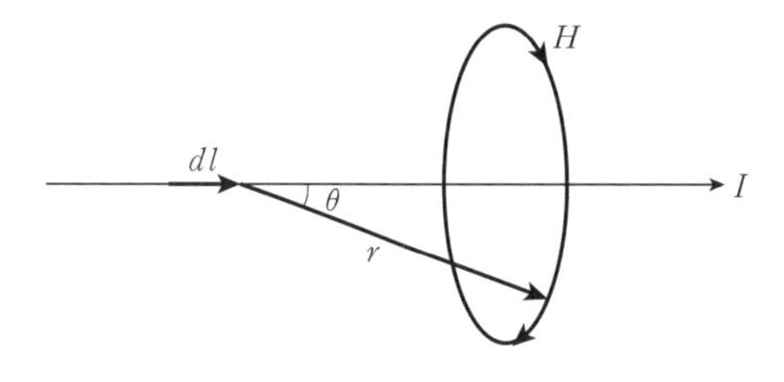

① 전류가 만드는 자기장은 전류의 방향에 수직이고, 크기는 전류로부터의 거리의 제곱에 반비례한다.

② 전류가 흐르는 도선의 미소 길이 dl에 의해 발생되는 주위의 임의의 점에서 자계의 세기 H는 다음과 같다.

$$H=\frac{Idl}{4\pi r^2}\sin\theta[\mathrm{AT/m}]$$

(2) 원형 코일 중심에서의 자계

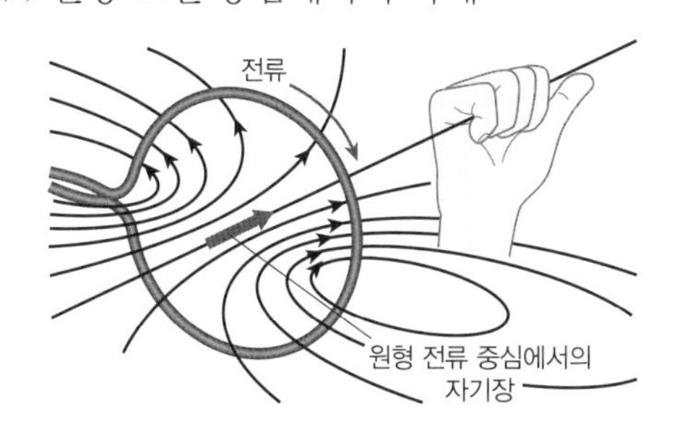

① 자계의 방향: 오른손의 네 손가락을 전류가 흐르는 방향으로 감아 쥐었을 때 엄지손가락이 가리키는 방향

② 자계의 세기(H): 원형 도선의 반지름 r에 반비례하고 전류의 세기 I에 비례한다.(N: 코일의 감긴 횟수)

$$H=\frac{NI}{2r}\rightarrow H=\frac{I}{2r}[\mathrm{AT/m}]$$ (단, N은 1일 때)

3. 자계의 세기(암페어의 주회적분 법칙)

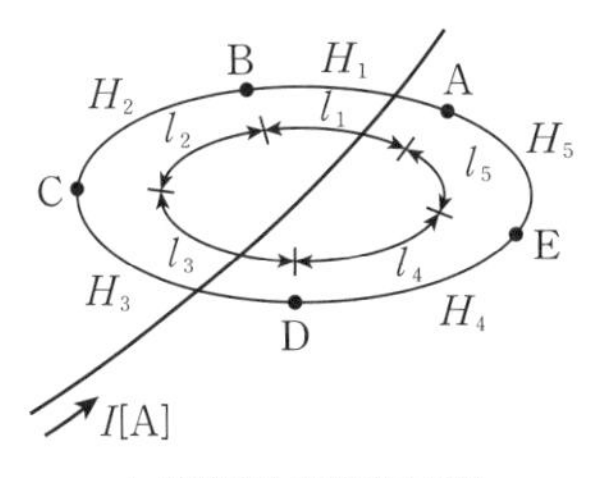

▲ 암페어의 주회적분 법칙

(1) 전류에 의한 자계의 세기(암페어의 주회적분 법칙)

전류 I에 의해 발생하는 자계의 세기 H와 전류 I 주위를 일주하는 거리 l의 곱의 합은 전류 I와 코인의 권수 N을 곱한 것과 같다.

$$H_1l_1+H_2l_2+H_3l_3+\cdots=NI$$

$$\rightarrow \sum Hl=NI$$

$$\rightarrow Hl=NI \qquad \therefore H=\frac{NI}{l}$$

> **+기초 앙페르의 주회적분 법칙**
>
> 1. 무한 전류에서의 자계의 세기를 결정한다.
> 2. 적용: 무한장 직선 도체, 무한장 원주형 도체, 무한장 솔레노이드, 환상 솔레노이드

(2) 무한장 직선 전류에서의 자계

① 자계의 방향: 오른손의 엄지손가락이 전류의 방향을 향하게 할 때, 나머지 네 손가락이 감아 쥐는 방향

② 자계의 세기(H): I에 비례하고 도선으로부터의 수직 거리 r에 반비례한다.

$$H=\frac{NI}{l}=\frac{NI}{2\pi r}\rightarrow H=\frac{I}{2\pi r}[\mathrm{AT/m}]\ (\text{단, } N\text{은 1일 때})$$

▲ 무한 직선

(3) 무한장 솔레노이드에서의 자계

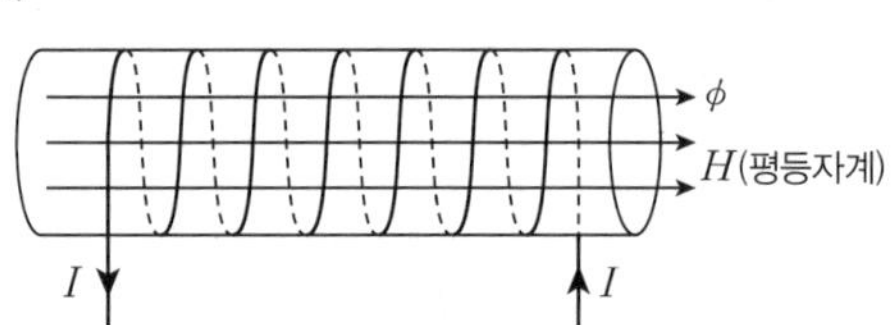

① 내부 자계 $H_i=\frac{NI}{l}=n_0I[\mathrm{AT/m}]$ (n_0: 단위 미터(1[m]) 당 감긴 코일의 횟수)

② 외부 자계 $H_o=0$

(4) 환상 솔레노이드에서의 자계

① 내부 자계 $H_i=\frac{NI}{l}=\frac{NI}{2\pi r}[\mathrm{AT/m}]$

② 외부 자계 $H_o=0$

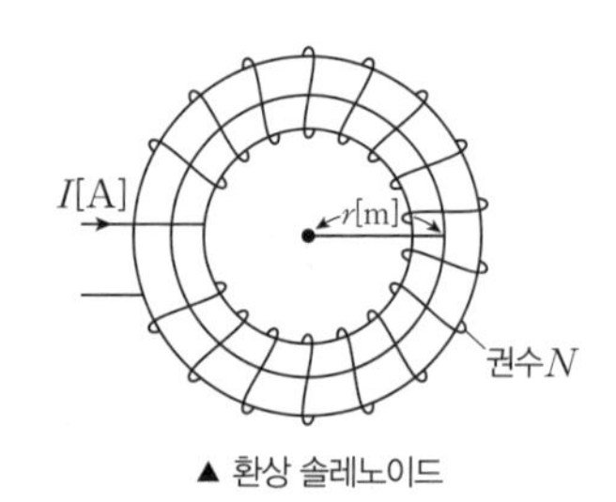

▲ 환상 솔레노이드

4. 자성체와 자화

(1) 자성과 자화

① 자성: 물체가 가지는 자기적 성질이다.

② 자화: 물체를 자계 내에 놓았을 때 물체가 자성을 띠게 되는 현상이다. 외부 자기장에 의해 물체 내부 원자의 자기장 배열이 바뀌어 자석의 성질을 갖게 된다.

③ 자성체: 자석의 성질을 가지고 있는 물체이다.

(2) 자성체의 종류

① 강자성체: 외부 자기장을 제거하여도 자성을 오래 유지한다. 비투자율이 1보다 매우 크다. $\mu_s \gg 1$

예 철, 니켈, 코발트, 망간 등

② 상자성체: 외부 자기장을 제거하면 자성을 잃어버리며, 비투자율이 1보다 약간 크다. $\mu_s > 1$

예 백금, 종이, 알루미늄, 마그네슘, 산소, 주석 등

③ 반자성체(역자성체): 외부 자기장에 의한 자기화의 방향이 외부 자기장에 반대 방향인 물체로, 비투자율이 1보다 약간 작다. $\mu_s < 1$

예 은, 구리, 유리, 플라스틱, 물, 수소 등

(3) 자화의 세기(자성체 내부의 현상)

① 단위 면적당 자기 모멘트로 기호는 J, 단위는 [Wb/m²]을 사용한다.

$$J = \frac{M}{V} = \frac{m \cdot l}{V}$$

J : 자화의 세기[Wb/m²], M : 자기 쌍극자 모멘트[Wb·m], V : 체적[m³]

② 자화의 세기는 분극 현상과 마찬가지로 자속 B를 이용하여 다음과 같이 표현할 수 있다.

$$J = B - B_0 = \mu_0\mu_s H - \mu_0 H$$
$$= \mu_0(\mu_s - 1)H = \chi H \text{ (자화율 } \chi = \mu_0(\mu_s - 1))$$

③ 이때 $B = \mu_0\mu_s H \rightarrow \mu_0 H = \frac{B}{\mu_s}$이므로

$$J = \mu_0(\mu_s - 1)H \rightarrow J = B/\mu_s(\mu_s - 1) = B\left(1 - \frac{1}{\mu_s}\right)$$

$$\therefore B = \mu_0 H + J$$

(4) 히스테리시스 곡선

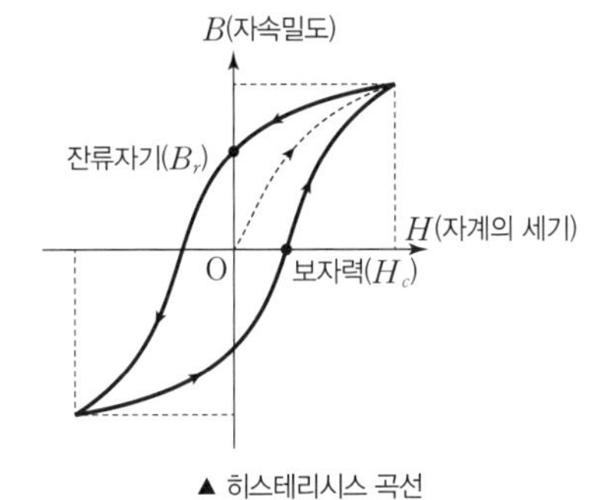

▲ 히스테리시스 곡선

- 종축: 자속밀도 B
- 횡축: 자계의 세기 H
- 곡선과 종축이 만나는 점: 잔류자기 B_r
- 곡선과 횡축이 만나는 점: 보자력 H_c
- 폐곡선의 면적: 히스테리시스 손실

① 물체에 가해주는 자계의 세기 H의 증감에 따라 물체가 얻는 자속밀도 B의 이력현상(hysteresis)을 나타내는 곡선으로 종축은 자속밀도, 횡축은 자계의 세기에 해당한다.

② 잔류자기B_r: 한번 자화된 물체는 외부 자계를 제거해도 일정 시간동안 자속밀도가 남아 있는데 이를 잔류자기라 하며, 히스테리시스 곡선에서 종축과 만나는 점을 의미한다.

③ 보자력H_c: 자화된 자성체 내부의 자속밀도를 0으로 하기 위해 외부에서 자화와 반대 방향으로 가하는 자계의 세기를 보자력이라 하며, 히스테리시스 곡선에서 횡축과 만나는 점을 의미한다.

④ 히스테리시스 손실 P_h: 히스테리시스에 의해 발생하는 열 손실로 폐곡선을 이루는 면적에 해당한다.

$$P_h = \eta_h f B_m^{1.6}$$

P_h: 히스테리시스 손실[W/m³], η_h: 히스테리시스 계수, f: 주파수[Hz], B_m: 최대 자속밀도[Wb/m²]

5. 자기회로

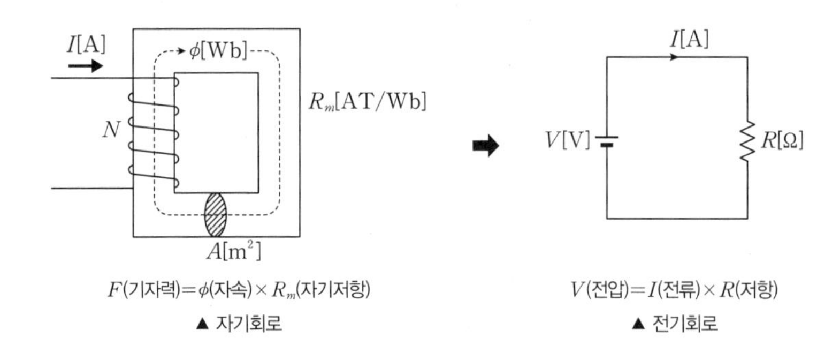

F(기자력)$=\phi$(자속)$\times R_m$(자기저항) ▲ 자기회로

V(전압)$=I$(전류)$\times R$(저항) ▲ 전기회로

(1) 기자력 F

자계를 발생시키는 힘으로 코일의 감은 횟수 N과 전류I의 곱으로 나타낸다.

기자력 $F=NI=Hl$ [AT] → 자계의 세기 $H=\frac{F}{l}=\frac{NI}{l}$[AT/m]

(2) 자기저항 R_m

① 자속 $\phi=BA=\mu HA=\frac{\mu NIA}{l}=\frac{NI}{\frac{l}{\mu A}}$ (B: 자속밀도, H: 자계의 세기)

② 여기서 $\frac{l}{\mu A}$[AT/Wb]를 자기저항 R_m으로 표현한다.

③ 따라서 자속 $\phi=\frac{NI}{\frac{l}{\mu A}}=\frac{NI}{R_m}$[Wb]

(3) 자기회로에서의 옴의 법칙

$F=NI=R_m\phi \rightarrow \phi=\frac{F}{R_m}=\frac{NI}{R_m}$

+심화 전기회로와 자기회로의 비교

전기회로	자기회로
기전력 $E=IR$[V]	기자력 $F=NI$[AT]
전류 $I=\frac{V}{R}$[A]	자속 $\phi=\frac{F}{R_m}$[Wb]
전기저항 $R=\rho\frac{l}{A}$[Ω]	자기저항 $R_m=\frac{l}{\mu A}$[AT/Wb]
도전율 $\sigma=\frac{l}{\rho}$[℧/m]	투자율 μ [H/m]
전계의 세기 $E=\frac{V}{d}$[V/m]	자계의 세기 $H=\frac{F}{l}$[AT/m]
전속밀도(단위면적당 전하량) $D=\frac{Q}{A}$[C/m²]	자속밀도(단위면적당 자속) $B=\frac{\phi}{A}$[Wb/m²]

1. 전자력

(1) 의미

① 자계 내에 있는 전류가 흐르는 도체가 받는 힘

② 자계 내에 도체를 놓고 전류를 흘리면 도체 주위로 전류에 의한 동심원 모양의 자계가 형성된다.

③ 전류에 의해 발생한 자계가 외부 자계와 동일한 곳에서의 자기력선은 더 많아지게 되고, 자기장이 반대로 흐르는 곳에서는 자기력선이 더 적어지게 된다. 이때 도체는 자기력선이 더 적어진 곳으로 밀려나가게 되는 힘을 받게 되는데 이 힘을 전자력(F)이라고 한다.

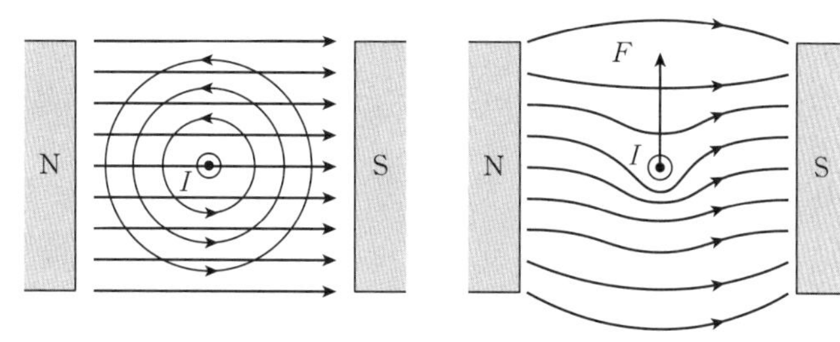

▲ 외부 자계와 전류 도체의 합성 자기력선

(2) 플레밍의 왼손법칙(전자력의 방향)

왼손 엄지, 검지, 중지를 모두 직각으로 세웠을 때,

→ 검지가 가리키는 방향(원인)이 자계 B의 방향이고,

→ 중지가 가리키는 방향(원인)이 전류 I의 방향이라면

→ 엄지가 가리키는 방향(결과)이 전자력 F의 방향이다.

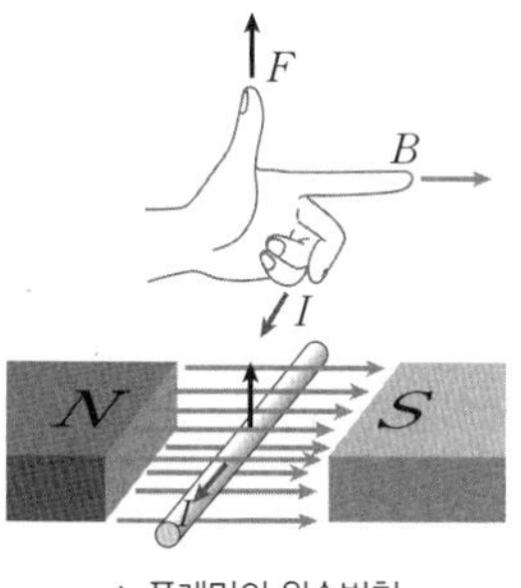

▲ 플레밍의 왼손법칙

① 전류와 자계 사이에 작용하는 힘의 방향을 결정한다.

② 자계 내에서 전류가 흐르는 도체가 받는 힘의 방향을 결정한다.

③ 자계 내에서 전류가 흐르는 도체의 회전력 방향(자계의 방향)을 결정한다.

④ 전동기(모터)의 원리가 된다.

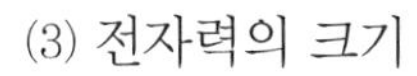

(3) 전자력의 크기

① 자속밀도 B[Wb/m^2]인 자계 내에 전류 I[A]가 흐르고, 길이 l[m]인 도체와 자계의 방향이 각 θ를 이루는 경우 받는 힘의 크기 F는 다음과 같다.

$$F = I \times B \cdot l = IB\sin\theta l = IBl\sin\theta[\text{N}]$$

② 도체와 자계가 수직이면 $\sin 90^\circ = 1$이므로 $F = IBl$, 도체와 자계가 평행하면 $\sin 0^\circ = 0$이므로 $F = 0$이 된다.

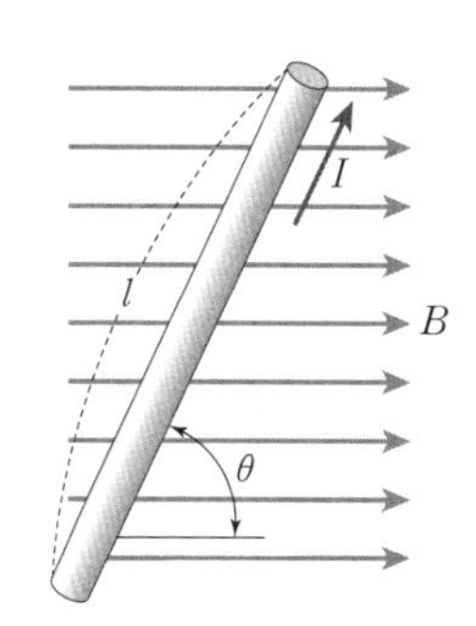

(4) 평행도체 사이에 작용하는 힘

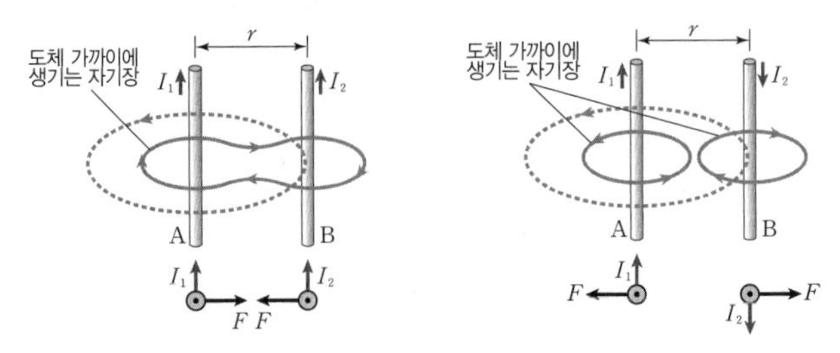

① 2개의 무한장 직선 도체가 평행을 이루며 전류가 흐를 때 도체 1에서 발생된 자기장 H_1이 도체 2를 통과하면 도체 2는 자계 내에 놓인 전류가 흐르는 도체가 되므로 플레밍 왼손법칙이 적용된다.

② 두 도체에서 전류가 같은 방향으로 흐를 경우 두 도체사이에는 흡인력이 발생하고, 전류가 반대 방향으로 흐를 경우 두 도체 사이에는 반발력이 작용한다.

③ 발생하는 힘의 크기: 두 도체 사이의 거리에 반비례하고, 흐르는 전류의 곱에 비례한다.

$$F=2\times10^{-7}\times\frac{I_1\cdot I_2}{r}[\text{N/m}]\rightarrow F\propto\frac{1}{r}$$

2. 전자기유도

(1) 전자기유도 현상

① 폐회로를 지나는 자속을 변화시킬 때 폐회로에 전류가 유도되는 현상이다.

② 코일 근처에서 자석을 가까이 또는 멀리하면 코일을 지나는 자속이 변화하고 코일에는 자속의 변화를 방해하는 방향으로 유도 전압이 생겨나 전류가 흐르게 된다.

③ 전자기유도에 의해 흐르는 전류를 유도전류, 유도된 전압을 유도기전력이라고 한다.

(2) 패러데이 법칙 ← 유도기전력의 크기를 결정

유도기전력 e의 크기는 폐회로를 지나는 자속의 시간 변화율 $\frac{d\phi}{dt}$과 코일의 권수 N에 비례한다.

$$e=N\frac{d\phi}{dt}=N\frac{\phi_2-\phi_1}{t_2-t_1}$$

(3) 렌츠의 법칙 ← 유도전류의 방향을 결정

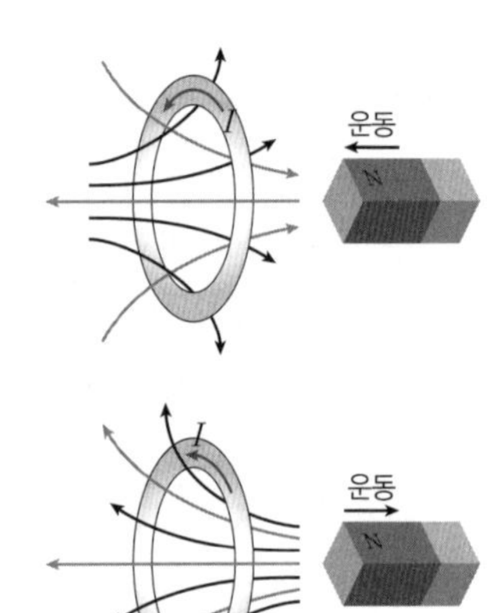

① 유도전류는 자속의 변화를 방해하는 방향으로 흐른다.

② 자석의 N극을 고정된 코일에 가까이할 경우: 자석의 운동에 따라 코일 방향으로 자속이 증가하게 되고, 이를 방해하는 반대 방향으로 자속이 생기도록 유도전류가 흐르게 된다.

③ 자석의 N극을 고정된 코일에 멀리할 경우: 자석의 운동에 따라 코일 방향으로 자속이 감소하게 되고, 이를 방해하는 반대 방향으로 자속이 생기도록 유도전류가 흐르게 된다.

(4) 노이만의 법칙

패러데이 렌츠 법칙을 따라 유도기전력은 자속의 변화를 방해하는 방향

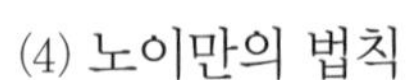
으로 $N\frac{d\phi}{dt}$의 크기로 발생한다.

$$e=-N\frac{d\phi}{dt}$$ ← 여기서 (-)는 음의 값이 아니라 반대 방향을 의미한다.

3. 움직이는 도체에 의한 유도기전력

(1) 움직이는 도체에 의한 유도기전력의 크기

① 일정한 자계 내에 있는 도체를 v[m/s]로 운동시키면 도체에는 유도기전력이 발생한다.

$$e=N\frac{d\phi}{dt}$$

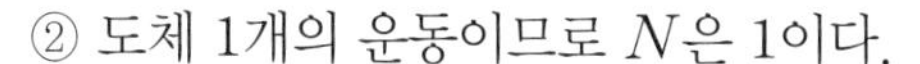

② 도체 1개의 운동이므로 N은 1이다.

$$e=\frac{d\phi}{dt}=\frac{d}{dt}BA \qquad \because \phi=BA\ (B\text{: 자속밀도[Wb/m}^2\text{]},\ A\text{: 자속이 쇄교하는 면적[m}^2\text{]})$$

③ 미소 시간 dt에 대하여 자속과 쇄교하는 면적 A는 도체의 길이 l과 이동거리 x의 곱이고, 자속밀도 및 도체의 길이는 일정하므로 결국 시간에 대해 변화하는 것은 이동거리 x이다.

$$e=\frac{d}{dt}BA=\frac{d}{dt}Bxl=\frac{dx}{dt}Bl=vBl\text{[V]}$$

$$\therefore e=vBl\text{[V]}$$

④ 도체와 자계가 이루는 각도 θ라면 유도기전력은 다음과 같다.

$$e=vBl\sin\theta\text{[V]}$$

(2) 플레밍의 오른손법칙(유도기전력의 방향)

오른손 엄지, 검지, 중지를 모두 직각으로 세웠을 때,

→ 엄지가 가리키는 방향(원인)이 도체의 운동 방향(v)이고,

→ 검지가 가리키는 방향(원인)이 자계 B의 방향이라면

→ 중지가 가리키는 방향(결과)이 유도기전력 e의 방향이다.

① 자계 내에서 도선이 움직일 때, 유도되는 기전력의 방향(발전기의 전류 방향)을 결정한다.

② 자계 내에서 도선의 운동 에너지가 전기 에너지로 변환된다.

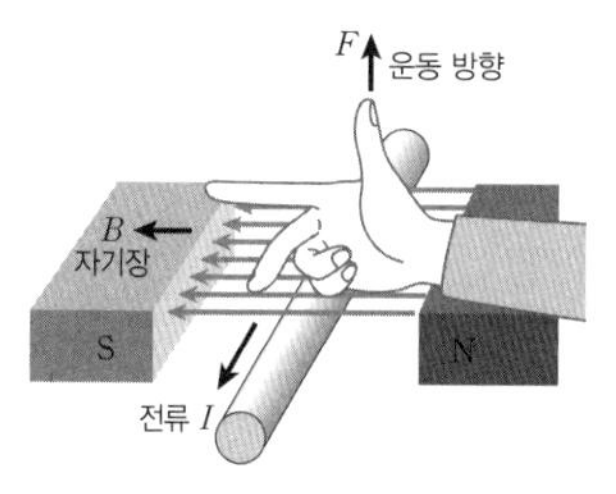

▲ 플레밍의 오른손법칙

+ 기초

유도기전력과 유기기전력은 같은 의미이다.

PHASE 10 | 자기인덕턴스

1. 자기유도

(1) 유도기전력

① 코일에 흐르는 전류가 변화하면 코일에 쇄교하는 자속도 변화하여 코일에 기전력이 유도되는 현상을 자기유도 현상이라고 한다.

② 코일에 자속의 변화를 방해하는 방향으로 유도기전력 e가 발생하며, 이때 자속의 변화는 전류에 의해 만들어진 것이므로 회로에 흐르는 전류가 시간에 따라 변화하여 유도기전력이 발생한다.

유도기전력 $e=-N\dfrac{d\phi}{dt}=-L\dfrac{di}{dt}$[V]

③ 이때 비례상수 L을 자기인덕턴스라고 한다.

(2) 자기인덕턴스

① 인덕턴스는 전류 I가 흐를 때 이 전류를 자속으로 환산하는 코일의 능력을 의미하며 기호는 L, 단위는 헨리[H] 또는 [Wb/A]를 사용한다.

② 인덕턴스는 코일의 크기, 모양에 따라 달라진다.

$$LI=N\phi \rightarrow L=\frac{N\phi}{I}[\mathrm{H}]$$ (전류에 대한 자속의 비율)

③ 환상솔레노이드의 자기인덕턴스

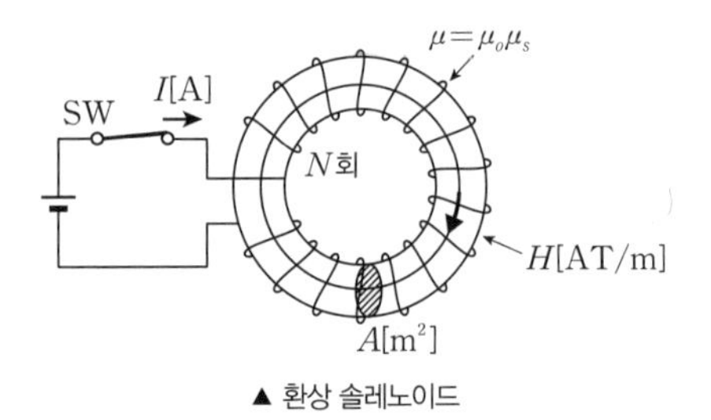

▲ 환상 솔레노이드

$$L=\frac{N\phi}{I}=\frac{N\cdot\left(\frac{NI}{R_m}\right)}{I}=\frac{N^2}{R_m}=\frac{N^2}{\frac{l}{\mu A}}=\frac{\mu AN^2}{l}$$

$$\left(\because \phi=\frac{F}{R_m}=\frac{NI}{R_m}\right)$$

$$\therefore L=\frac{\mu AN^2}{l} \rightarrow L\propto N^2$$

(3) 상호유도와 상호인덕턴스

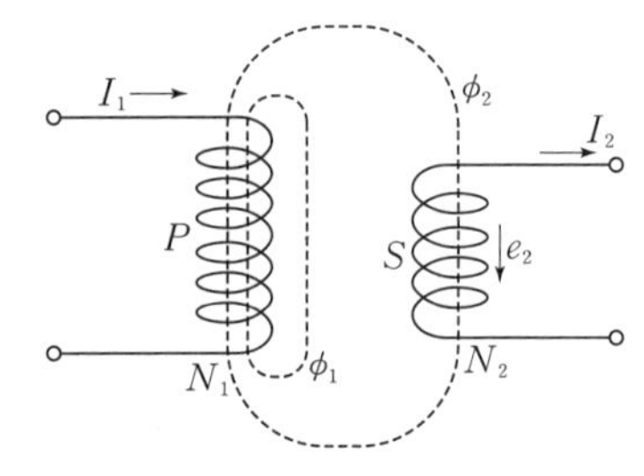

① 상호유도: 1차 코일에 변화하는 전류가 흐르면 2차 코일에 이 전류에 의한 유도기전력이 발생하는 현상을 상호유도 현상이라고 한다.

$$e_2=-N_2\frac{d\phi_2}{dt}$$

② 1차 코일에 전류가 흐르면 이 전류에 의하여 2차 코일에 발생하는 자속에 변화가 생기고, 2차 코일에 발생하는 자속은 1차 코일에 흐르는 전류에 비례한다.

$$\phi_2=MI_1 \rightarrow e=-M\frac{dI_1}{dt}$$

M: 상호인덕턴스[H], I_1: 1차 코일에 흐르는 전류[A], e_2: 2차 코일에 유도되는 기전력[V]

③ 결합계수(k): 1, 2차 코일의 쇄교 자속의 비율 즉, 자기적 결합 정도를 나타낸다.

$$k=\frac{M}{\sqrt{L_1L_2}} \rightarrow M=k\sqrt{L_1L_2}$$

㉠ $k=0$: 무유도 결합($M=0$)
㉡ $0<k<1$: 일반적인 유도결합($M=k\sqrt{L_1L_2}$)
㉢ $k=1$: 완전 결합($M=\sqrt{L_1L_2}$)

2. 코일의 접속

(1) 직렬 접속

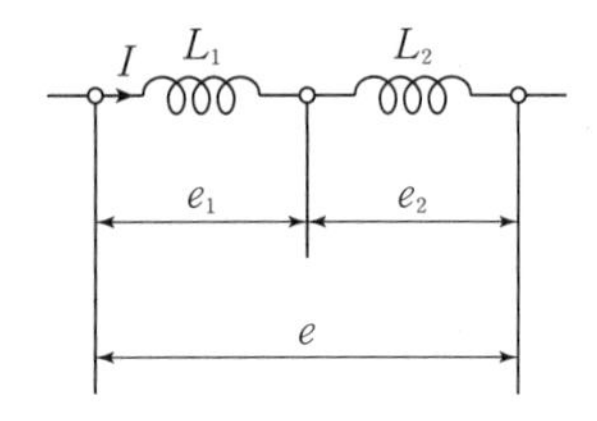

① 코일을 직렬로 접속하면 흐르는 전류의 크기는 같으므로 각 코일의 기전력은 $e_1=-L_1\frac{dI}{dt}$, $e_2=-L_2\frac{dI}{dt}$이고, 전체 기전력 e는 다음과 같다.

$$e=e_1+e_2=-(L_1+L_2)\frac{dI}{dt}=-L\frac{dI}{dt} \qquad \therefore L=L_1+L_2[\mathrm{H}]$$

② 직렬접속한 두 코일 사이에 상호 인덕턴스가 존재할 때 상호 자속이 서로 동일한 방향이면 가동접속(가극성), 서로 반대방향이면 차동접속(감극성)이라 한다.

㉠ 가동접속 합성 인덕턴스 $L_0=L_1+L_2+2M$[H]

㉡ 차동접속 합성 인덕턴스 $L_0=L_1+L_2-2M$[H]

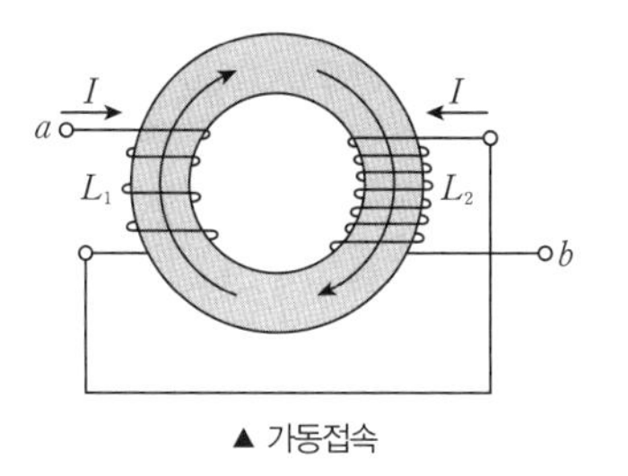

▲ 가동접속

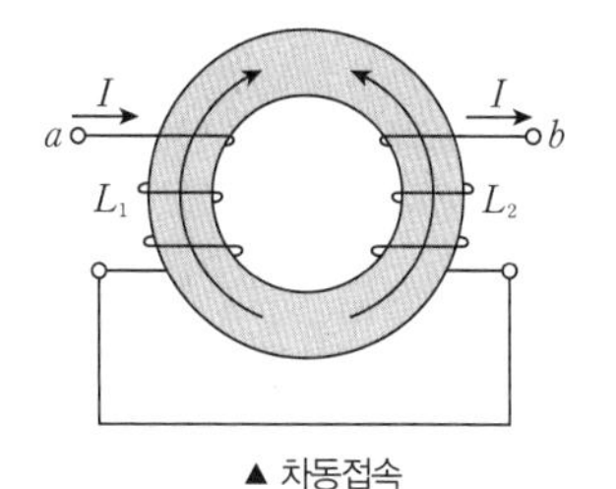

▲ 차동접속

+기초 가동접속과 차동접속

1. 가동접속: 상호 자속이 서로 동일한 방향

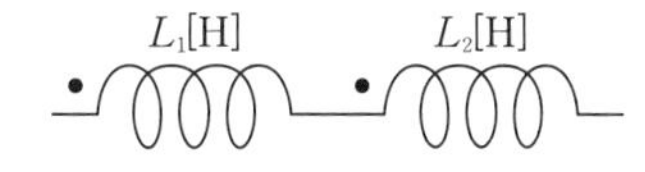

2. 차동접속: 상호 자속이 서로 반대 방향

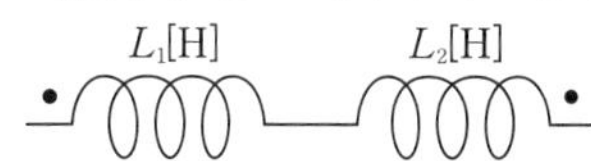

(2) 병렬 접속

$I=I_1+I_2$[A]이고, $e=-L_1\frac{dI_1}{dt}=-L_2\frac{dI_2}{dt}$이므로 각 코일의 기전력은 다음과 같다.

$$\frac{1}{L}=\frac{1}{L_1}+\frac{1}{L_2}\rightarrow L=\frac{1}{\frac{1}{L_1}+\frac{1}{L_2}}+\frac{1}{L_2}=\frac{L_1\cdot L_2}{L_1+L_2}$$

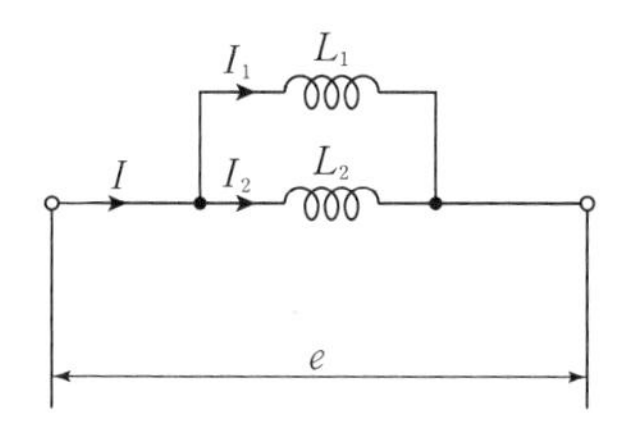

3. 전자에너지

(1) 코일에 축적되는 에너지

인덕턴스 L[H]인 회로에 전류 I[A]가 흐를 때 축적되는 에너지 W는 다음과 같다.

$$W=\frac{1}{2}CV^2\rightarrow W=\frac{1}{2}LI^2=\frac{1}{2}\times\left(\frac{N\phi}{I}\right)\times I^2=\frac{1}{2}N\phi I$$

L: 자기인덕턴스[H], I: 전류[A], N: 권수, ϕ: 자속[Wb]

(2) 단위 체적당 축적되는 에너지

자계에 저장되는 단위 면적당 축적되는 에너지 W_m은 다음과 같다.

$$W_m=\frac{1}{2}BH\rightarrow W_m=\frac{1}{2}\times(\mu H)\times H=\frac{1}{2}\mu H^2$$

$$W_m=\frac{1}{2}\times B\times\left(\frac{B}{\mu}\right)=\frac{B^2}{2\mu}$$

B: 자속밀도[Wb/m²], H: 자계의 세기[AT/m], μ: 투자율[H/m]

(3) 전자석의 흡입력

단면적이 A[m²]인 전자석에 자속밀도 B[Wb/m²]인 자속이 발생했을 때 철편을 흡입하는 힘 F는 다음과 같다.

$$F=\frac{B^2A}{2\mu_0}[\text{N}]$$

CHAPTER

03 전기회로

PHASE 11 | 교류회로 일반

1. 직류와 교류

(1) 직류(Direct Current, DC)

① 시간이 흐름에 따라 극성(+, −)이 변하지 않는다.

② 전압과 전류가 일정한 값을 유지하고, 전류의 방향이 일정하다.

(2) 교류(Alternating Current, AC)

① 시간이 흐름에 따라 극성(+, −)이 변화한다.

② 시간의 흐름에 따라 전압과 전류 파형의 크기 및 방향이 주기적으로 변화하는 파형이다.

③ 시간의 흐름에 따라 정현파의 형태를 가지고 크기와 방향이 주기적으로 변하는 전압과 전류를 정현파 교류라고 한다.

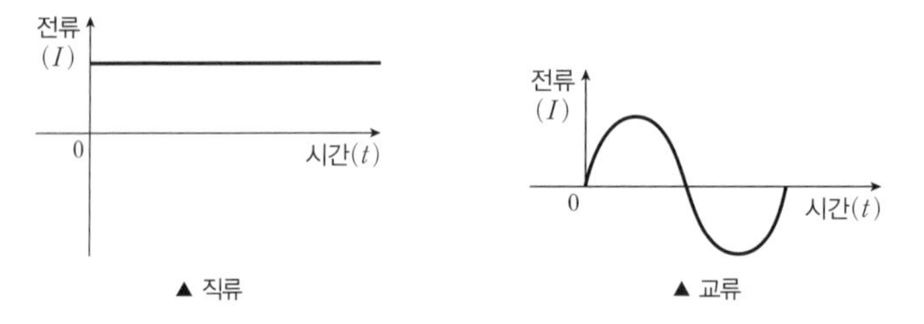

▲ 직류 ▲ 교류

(3) 교류의 발생

① 우리가 사용하는 교류 전기는 발전기로 만들 수 있다.

② 평등자계 내에 도체가 외부에서 힘을 받아 회전(운동)하게 되면 도체의 운동에 따라 자속이 변화하면서 기전력(전압)이 발생한다.

③ 발생한 교류 전기는 사인파 형태를 가지므로 사인파 교류라고도 한다.

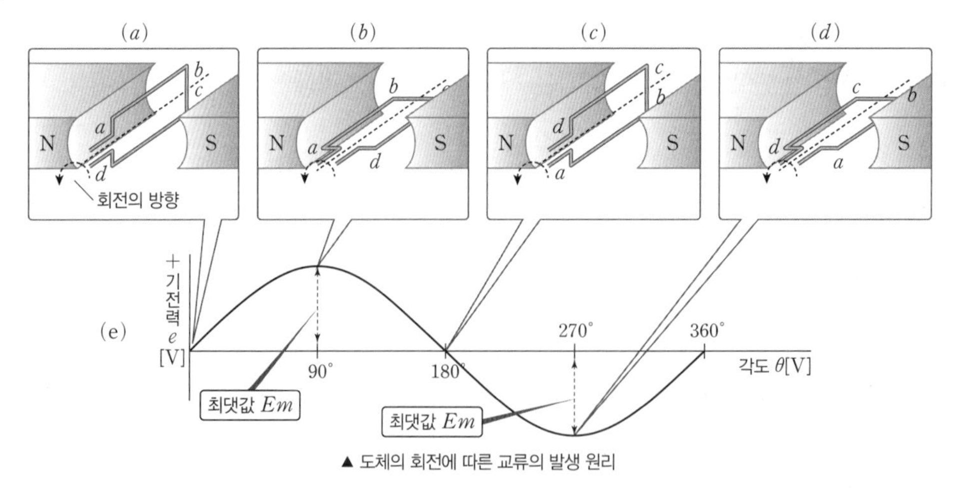

▲ 도체의 회전에 따른 교류의 발생 원리

2. 주기, 주파수, 각속도

(1) 주기

① 같은 파형이 반복되는 하나의 사이클을 주기(period)라고 한다.

② 주기의 기호는 T, 단위는 초(second, [s])를 사용한다.

(2) 주파수

① 단위 시간(1초) 동안 파형의 주기가 반복되는 횟수를 뜻하며, 주기(T)의 역수로 표현한다.

$$f=\frac{1}{T}[\text{Hz}] \rightarrow T=\frac{1}{f}[\text{s}]$$

② 주파수의 기호는 f, 단위는 헤르츠(Hertz, [Hz])를 사용한다.

③ 1초 동안 파형이 60번 반복되면 60[Hz]이다.

(3) 각속도(각주파수)

① 회전 운동하는 물체의 속도를 알기 위해 단위 시간당 회전하는 각도를 나타내는 값으로 기호는 ω(omega), 단위는 [rad/s]를 사용한다.

② 단위 시간 동안 원주 상의 두 점 A와 B 사이를 이동한 각도이다.

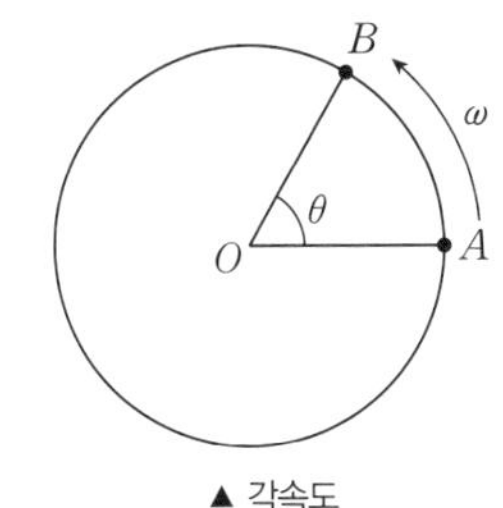

▲ 각속도

t[초] 동안 θ[rad]만큼 이동한 경우 각속도 ω는 다음과 같다.

$$\omega=\frac{\theta}{t}[\text{rad/s}] \rightarrow \theta=\omega t$$

③ 원의 한 바퀴는 360°이며, 2π[rad]이다. 따라서 교류 파형이 한 바퀴를 회전하였을 때 각속도는 다음과 같이 나타낼 수 있다.

$$\omega=\frac{2\pi}{T} \rightarrow \omega=2\pi f[\text{rad/s}] \qquad \therefore\ \theta=\omega t=2\pi ft$$

+심화 호도법

1. 부채꼴의 반지름과 호의 길이가 같아질 때의 중심각의 크기를 1호도 또는 1[rad]이라고 한다. (1[rad]=약 57.3°)
2. 도수법은 원둘레를 360°로 나타낸 것이고, 호도법은 원둘레를 2π[rad]으로 나타낸 것이다.

도수법	0°	1°	30°	45°	60°	90°	180°	270°	360°
호도법	0	$\frac{\pi}{180}$	$\frac{\pi}{6}$	$\frac{\pi}{4}$	$\frac{\pi}{3}$	$\frac{\pi}{2}$	π	$\frac{3}{2}\pi$	2π

3. 교류의 표시

(1) 순싯값

① 시간의 흐름에 따라 순간순간 나타나는 정현파의 값을 의미한다.

② 순싯값과 위상: 아래 그림과 같이 전기자를 회전시키면 전기자 내에 있는 3개의 도체에 모두 기전력이 유도된다. 이때 도체 1에 위치한 지점의 유도되는 기전력은 0($t=0$, $\theta=0$, $v_1=0$)이고, 이때의 상을 초기위상 또는 위상이라고 한다.

㉠ 전압 파형 v_2는 v_1보다 $\theta=\alpha$만큼 뒤지므로 위상이 뒤진다(lag)라고 말할 수 있고, 이와 같이 뒤지는 상을 지상(lagging phase)이라고 한다.

㉡ 전압 파형 v_3는 v_1보다 $\theta=\beta$만큼 앞서므로 위상이 앞선다(lead)라고 말할 수 있고, 이와 같이 앞서는 상을 진상(leading phase)이라고 한다.

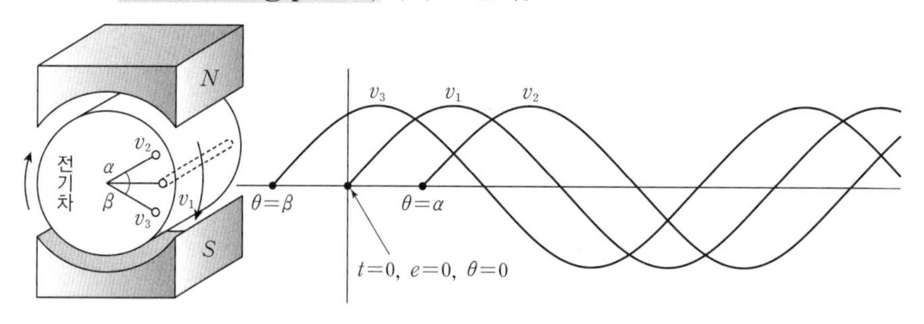

③ 그림에서 각 도체의 순싯값을 식으로 표현하면 다음과 같다.

$$v_1=V_m\sin\omega t$$
$$v_2=V_m\sin(\omega t-\alpha)$$
$$v_3=V_m\sin(\omega t+\beta)$$

v: 순싯값, V_m: 최댓값, ω: 각속도, t: 시간

(2) 최댓값(V_m)

① 교류 파형의 순싯값에서 진폭이 최대인 값을 최댓값이라고 한다.

② $v=V_m\sin\omega t$에서 sin의 최댓값은 1이므로, v의 최댓값은 V_m이 된다.

(3) 평균값(V_{av})

순싯값의 반주기$\left(\dfrac{T}{2}\right)$에 대한 산술적인 평균값을 의미한다.

$$V_{av}=\frac{2}{\pi}V_m=0.637V_m$$

(3) 실횻값(V)

① 시간에 따라 변화하는 교류의 크기를 표현하기 위하여 실횻값을 사용한다.

② 정현파의 실횻값은 최댓값의 $\dfrac{1}{\sqrt{2}}$배이다.

$$V=\frac{V_m}{\sqrt{2}}=0.707V_m$$

+기초 용어

1. 동상(in-phase)과 위상차
   ① 동상: 두 개의 사인파 교류가 시간적으로 같은 경우 동상이라고 한다.
   ② 위상차: 두 개의 파형이 시간적으로 다를 경우 위상차가 있다고 표현한다.

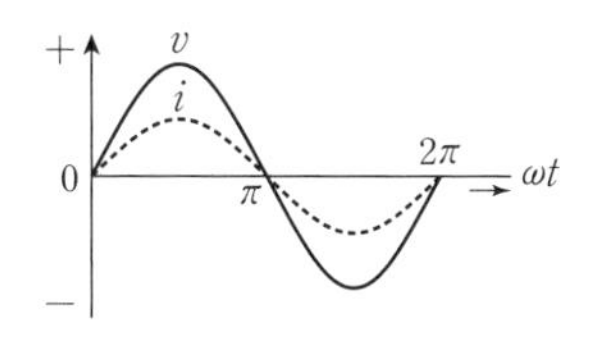

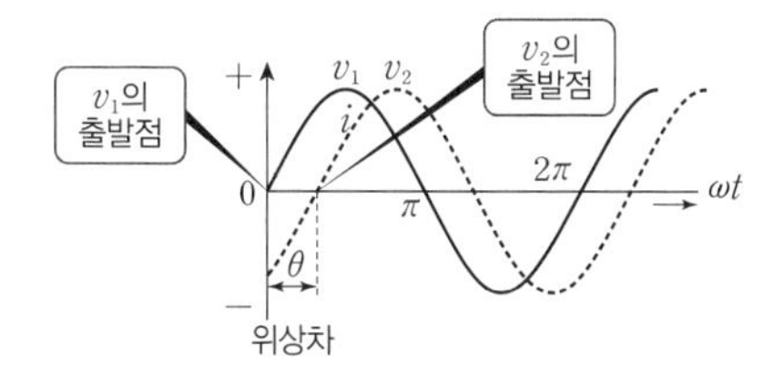

2. 뒤진다와 앞선다
   v_2는 v_1보다 뒤진다라고 표현할 수 있는 이유는 시간적으로 v_2 출발점이 v_1보다 뒤에 있기 때문이다.
   반대로, v_1은 v_2보다 앞선다라고 표현할 수 있는 이유는 시간적으로 v_1의 출발점이 v_2보다 앞에 있기 때문이다.

+기초 교류의 벡터 표시법

1. 복소수의 연산
   ① 임의의 실수 a, b와 허수단위 j를 써서 $a+jb$꼴로 나타낸 수를 복소수라하며, 이때 a를 실수부분, b를 허수부분이라고 한다.
   ② 허수단위 $j=\sqrt{-1}$이며, $j^2=-1$이다.
   ③ 실수 a, b, c, d에 대하여 사칙연산은 다음과 같이 한다.
      ㉠ 덧셈 $(a+jb)+(c+jd)=(a+c)+j(b+d)$
      ㉡ 뺄셈 $(a+jb)-(c+jd)=(a-c)+j(b-d)$
      ㉢ 곱셈 $(a+jb)(c+jd)=(ac-bd)+j(ad+bc)$
      ㉣ 나눗셈 $\dfrac{a+jb}{c+jd}=\dfrac{(a+jb)(c-jd)}{(c+jd)(c-jd)}=\dfrac{(ac+bd)+j(bc-ad)}{c^2+d^2}$

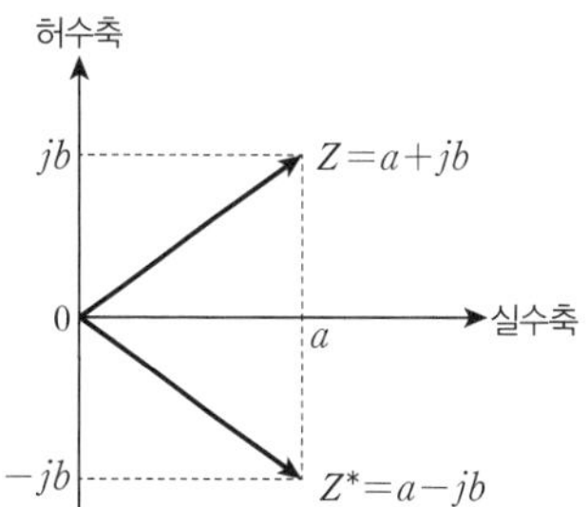

2. 교류의 벡터 표시
   ① 직각좌표법(복소수): 실수 측에 해당하는 값을 a라 하고, 허수 측에 해당하는 값을 b라고 하면, 교류 Z는 다음과 같이 표시한다.
      $Z=a+jb$
   ② 극좌표법: 교류를 크기와 위상으로 표시한다.
      − Z=크기∠위상 → $Z=|Z|\angle\theta$
        → $|Z|$(실횻값)$=\sqrt{a^2+b^2}$
        → 위상 $\theta=\tan^{-1}\left(\dfrac{b}{a}\right)$
      − $Z_1=a\angle\theta_1$, $Z_2=b\angle\theta_2$일 경우
        • 두 벡터의 곱: $Z_1 \cdot Z_2=ab\angle\theta_1+\theta_2$
        • 두 벡터의 비: $\dfrac{Z_1}{Z_2}=\dfrac{a}{b}\angle\theta_1-\theta_2$

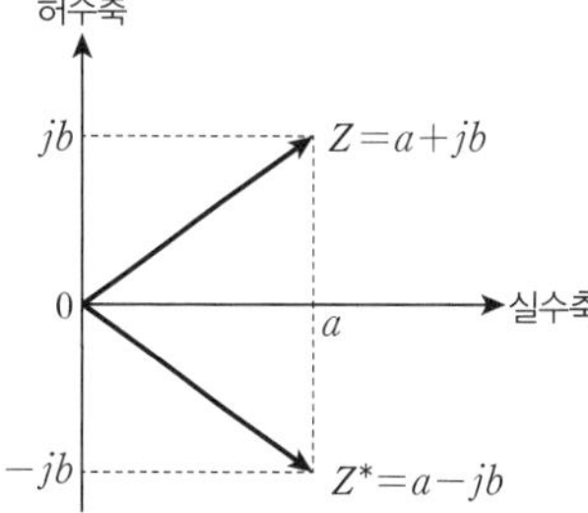

   ③ 삼각함수법: 그림에서 $\cos\theta=\dfrac{a}{|Z|}$, $\sin\theta=\dfrac{b}{|Z|}$이므로 다음과 같이 표시하는 것을 삼각함수법이라고 한다.
      $Z=a+jb=|Z|(\cos\theta+j\sin\theta)$

1. 단일 회로 소자

(1) 저항 R만의 회로

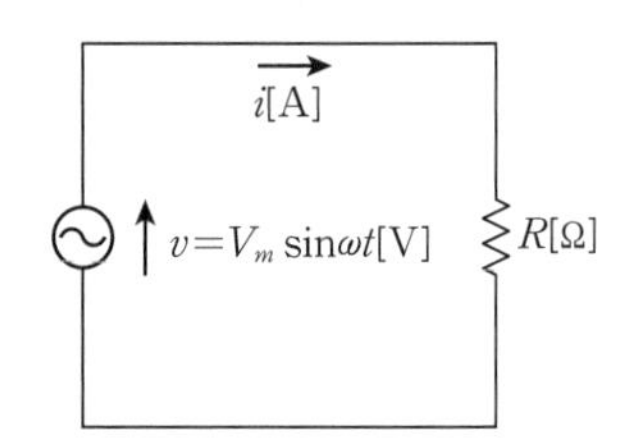

① $v(t)=V_m\sin\omega t$

② $i(t)=\dfrac{v(t)}{R}=\dfrac{V_m\sin\omega t}{R}=I_m\sin\omega t$

③ 전압과 전류의 크기 차이는 있지만 위상이 같다. 즉, 동상이다.

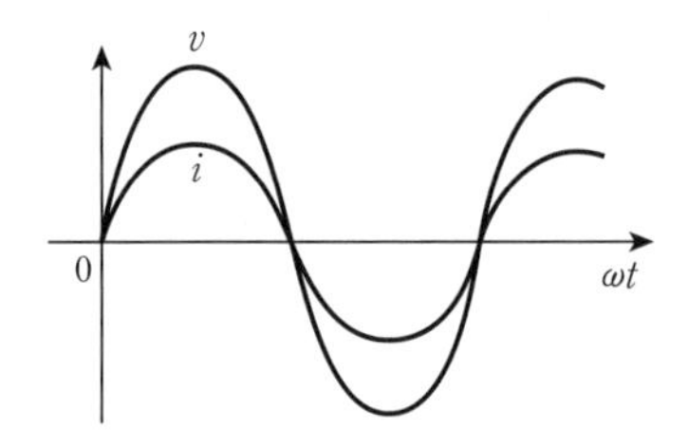

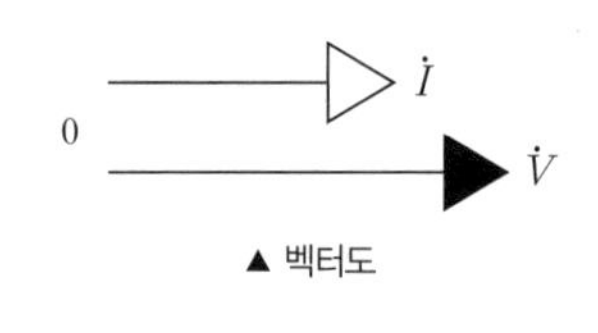

▲ 벡터도

(2) 인덕턴스 L만의 회로

① $v(t)=V_m\sin\omega t$

② $i(t)=I_m\sin\left(\omega t-\dfrac{\pi}{2}\right)$

㉠ L 양단에 발생하는 기전력 $e_L=-L\dfrac{di(t)}{dt}$이므로 $v(t)$는 다음과 같다.

$v(t)=-e_L=L\dfrac{di(t)}{dt} \rightarrow L\dfrac{di(t)}{dt}(=V_m\sin\omega t)$

㉡ 따라서, $i(t)=\dfrac{V_m}{L}\int\sin\omega t\,dt=-\dfrac{V_m}{\omega L}\cos\omega t$

$\rightarrow i(t)=\dfrac{V_m}{\omega L}\sin\left(\omega t-\dfrac{\pi}{2}\right)$

$\left(\because -\cos\omega t=\sin\left(\omega t-\dfrac{\pi}{2}\right)\right)$

㉢ 즉, $\dfrac{V_m}{\omega L}=I_m$이 되고 여기에서 저항 역할을 하는 ωL을 X_L로 표시하며 유도성 리액턴스라고 한다.

$\therefore X_L=\omega L=2\pi fL[\Omega]$

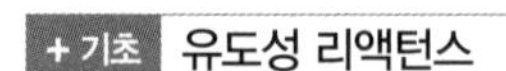

시간에 따라 변화하는 교류 전류가 흐르면 회로에는 이에 반대방향으로 기전력 $e=-L\dfrac{di}{dt}$가 유도되고, 이는 저항으로서 작용한다. 이러한 저항을 유도성 리액턴스라 하며, 직류에서는 유도기전력이 없으므로 발생하지 않는다.

③ 전류의 위상이 전압보다 $90°\left(=\dfrac{\pi}{2}\right)$만큼 뒤진다. 전류가 전압보다 뒤지므로 지상이다.

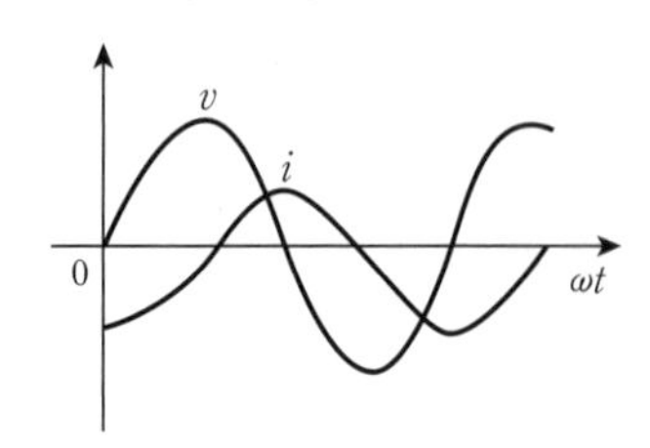

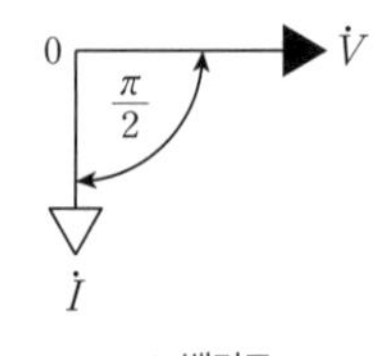

▲ 벡터도

(3) 콘덴서 C만의 회로

① $v(t)=V_m\sin\omega t$

② $i(t)=I_m\sin\left(\omega t+\dfrac{\pi}{2}\right)$

㉠ $i(t)=\dfrac{dq(t)}{dt}$에서, $q(t)=Cv(t)$이므로 전류 $i(t)$는 다음과 같다.

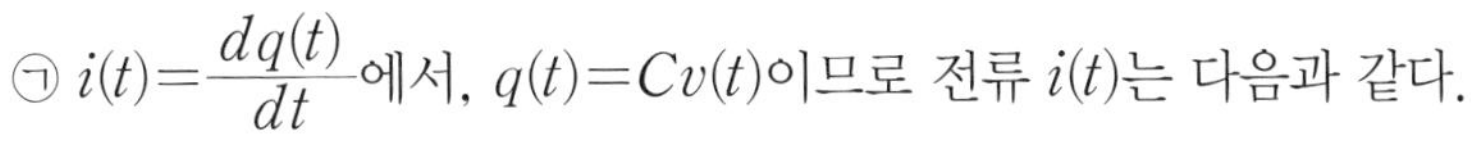

$$i(t)=\frac{dCv(t)}{dt}=\omega CV_m\cos\omega t=\omega CV_m\sin\left(\omega t+\frac{\pi}{2}\right)$$

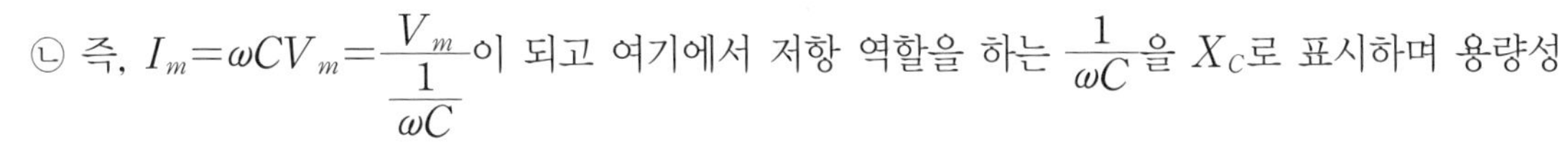

㉡ 즉, $I_m=\omega CV_m=\dfrac{V_m}{\dfrac{1}{\omega C}}$이 되고 여기에서 저항 역할을 하는 $\dfrac{1}{\omega C}$을 X_C로 표시하며 용량성 리액턴스라고 한다.

$\therefore$ 용량성 리액턴스 $X_C=\dfrac{1}{\omega C}=\dfrac{1}{2\pi fC}[\Omega]$

③ 전류의 위상이 전압보다 $90^\circ\left(=\dfrac{\pi}{2}\right)$만큼 앞선다. 전류가 전압보다 앞서므로 진상이다.

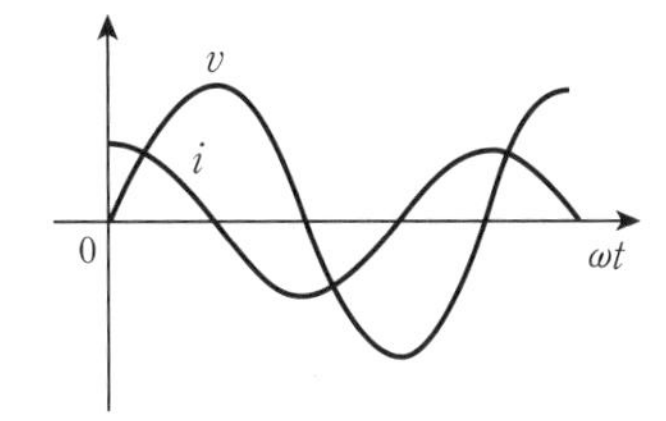

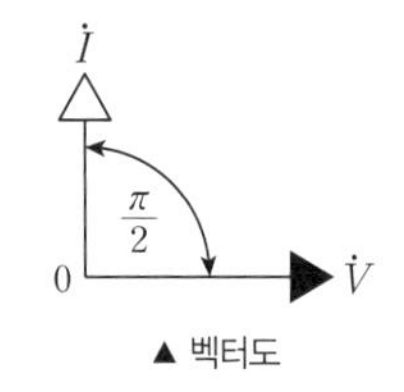

▲ 벡터도

2. 임피던스

(1) 기호는 Z, 단위는 $[\Omega]$을 사용한다.

(2) 의미

직류에서는 저항만이 전류를 방해하지만 교류에서는 전류의 방향이 주기적으로 바뀌기 때문에 코일, 축전기도 전류를 방해한다. 이처럼 교류 전류가 흐를 경우 전류를 방해하는 전체 값을 임피던스라고 하며 저항(R), 인덕턴스(L), 콘덴서(C)의 벡터적인 합으로 나타낸다.

(3) 임피던스 Z

저항이 R, 코일의 인덕턴스를 L, 콘덴서의 전기용량을 C라고 하면 총 임피던스 Z는 다음과 같다.(j는 복소수의 허수를 나타내는 표현이다.)

$$Z=R+jX=\sqrt{R^2+X^2}=\sqrt{R^2+(X_L-X_C)^2}[\Omega]$$

$$\rightarrow I=\frac{V}{Z}=\frac{V}{\sqrt{R^2+X^2}}=\frac{V}{\sqrt{R^2+(X_L-X_C)^2}}[\text{A}]$$

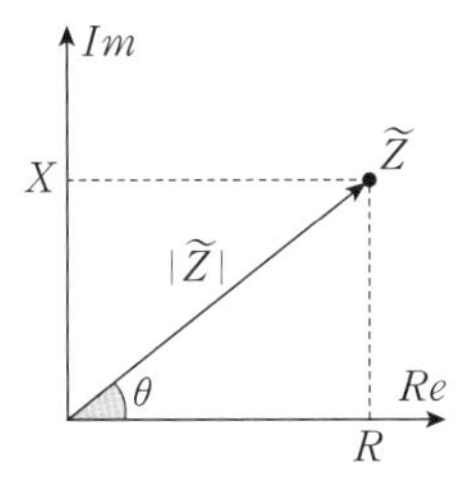

▲ 임피던스의 복소평면

(4) 임피던스는 실수부인 저항과 허수부인 리액턴스의 합인 복소수의 개념으로 정의할 수 있어 크기와 위상이 함께 나타난다.

3. 임피던스 직렬회로

(1) RL 직렬회로

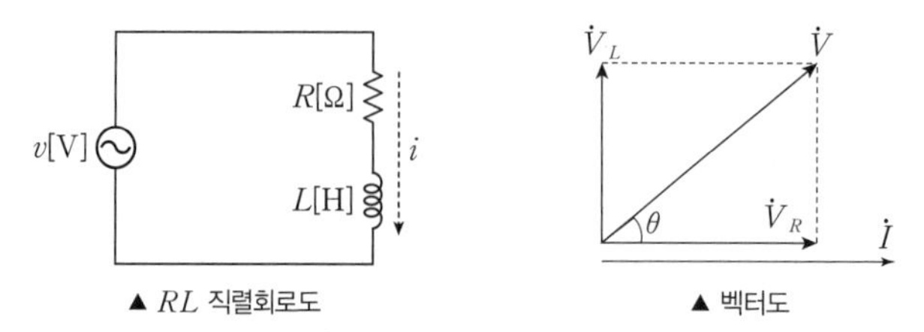

▲ RL 직렬회로도 ▲ 벡터도

① 임피던스: 회로에서 저항 $R[\Omega]$과 유도 리액턴스 $X_L[\Omega]$는 전류의 흐름을 방해하는 성분이다. 이때, 두 성분의 위상이 다르므로 성분 합(임피던스)은 다음과 같이 벡터합으로 구한다.

$$Z=\sqrt{R^2+X_L^2}=\sqrt{R^2+(\omega L)^2}[\Omega]$$

② 전류 $I=\dfrac{V}{Z}=\dfrac{V}{\sqrt{R^2+X_L^2}}[A]$ ③ 전압 $V=\sqrt{V_R^2+V_L^2}[V]$

④ 위상차 $\theta=\tan^{-1}\dfrac{\omega L}{R}[rad]$

$$\rightarrow \theta=\tan^{-1}\frac{V_L}{V_R}=\tan^{-1}\frac{IX_L}{IR}=\tan^{-1}\frac{X_L}{R}=\tan^{-1}\frac{\omega L}{R}$$

⑤ 역률 $\cos\theta=\dfrac{V_R}{V}=\dfrac{IR}{IZ}=\dfrac{R}{Z}=\dfrac{R}{\sqrt{R^2+X_L^2}}$

⑥ 무효율 $\sin\theta=\dfrac{X_L}{Z}=\dfrac{X_L}{\sqrt{R^2+X_L^2}}$

(2) RC 직렬회로

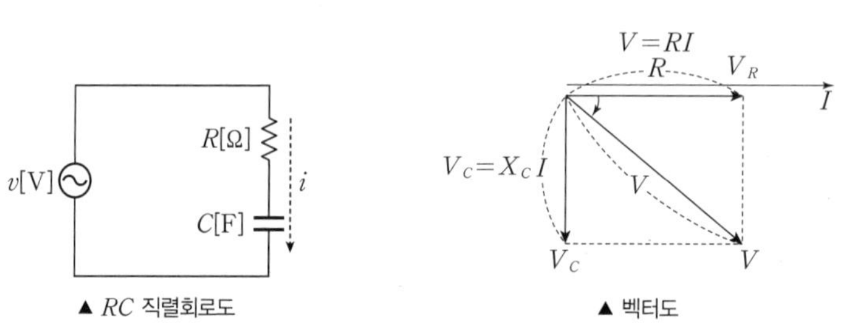

▲ RC 직렬회로도 ▲ 벡터도

① 임피던스: RL 직렬회로와 같이 두 성분의 위상이 다르므로 다음과 같이 벡터합으로 구한다.

$$Z=\sqrt{R^2+X_C^2}=\sqrt{R^2+\left(\frac{1}{\omega C}\right)^2}[\Omega]$$

② 전류 $I=\dfrac{V}{Z}=\dfrac{V}{\sqrt{R^2+X_C^2}}[A]$ ③ 전압 $V=\sqrt{V_R^2+V_C^2}[V]$

④ 위상차 $\theta=\tan^{-1}\dfrac{1}{\omega CR}[rad]$

$$\rightarrow \theta=\tan^{-1}\frac{V_C}{V_R}=\tan^{-1}\frac{IX_C}{IR}=\tan^{-1}\frac{X_C}{R}=\tan^{-1}\frac{1}{\omega CR}[rad]$$

⑤ 역률 $\cos\theta=\dfrac{V_R}{V}=\dfrac{IR}{IZ}=\dfrac{R}{Z}=\dfrac{R}{\sqrt{R^2+X_C^2}}$

⑥ 무효율 $\sin\theta=\dfrac{X_C}{Z}=\dfrac{X_C}{\sqrt{R^2+X_C^2}}$

(3) RLC 직렬회로

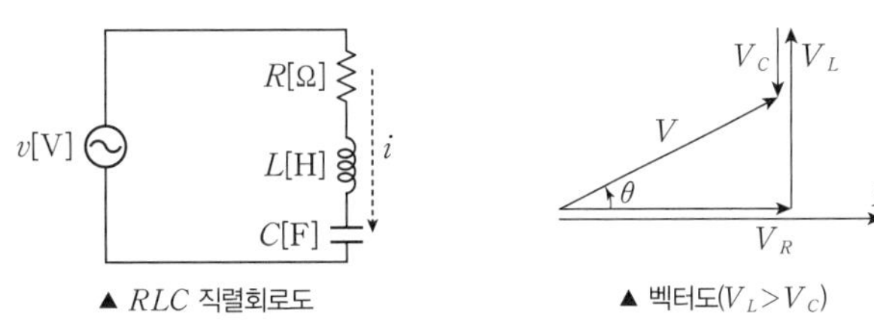

▲ RLC 직렬회로도　　▲ 벡터도($V_L>V_C$)

① 임피던스 $Z=\sqrt{R^2+X^2}=\sqrt{R^2+(X_L-X_C)^2}=\sqrt{R^2+\left(\omega L-\frac{1}{\omega C}\right)^2}[\Omega]$

② 전류 $I=\frac{V}{Z}=\frac{V}{\sqrt{R^2+X^2}}=\frac{V}{\sqrt{R^2+(X_L-X_C)^2}}[A]$

③ 전압 $V=\sqrt{V_R{}^2+(V_L-V_C)^2}$

④ 위상차 $\theta=\tan^{-1}\frac{X_L-X_C}{R} \rightarrow \theta=\tan^{-1}\frac{V_L-V_C}{V_R}=\tan^{-1}\frac{I(X_L-X_C)}{IR}=\tan^{-1}\frac{X_L-X_C}{R}$

㉠ $X_L>X_C$ 유도성 회로가 되어 전류는 전압보다 θ만큼 뒤진다.(지상)

㉡ $X_L<X_C$ 용량성 회로기 되어 전류는 전압보다 θ만큼 앞선다.(진상)

㉢ $X_L=X_C$ 직렬 공진상태가 되어 전류와 전압이 동상이다.

⑤ 역률 $\cos\theta=\frac{V_R}{V}=\frac{IR}{IZ}=\frac{R}{Z}=\frac{R}{\sqrt{R^2+(X_L-X_C)^2}}$

⑥ 무효율 $\sin\theta=\frac{X_L-X_C}{\sqrt{R^2+(X_L-X_C)^2}}$

+심화 직렬공진

1. 의미: 임피던스 식에서 임피던스가 최소가 되는 $Z=R$과 같은 상태를 직렬공진이라고 한다.
2. 공진조건: $Z=R+j(X_L-X_C)$에서 허수부는 $X_L-X_C=0$이 되어야 한다.

$$X_L=X_C \rightarrow \omega L=\frac{1}{\omega C}$$

3. 공진주파수 f: RLC 직렬 공진회로에서 $\omega L=\frac{1}{\omega C}$이 되는 주파수를 공진주파수라고 한다.

$$\omega L=\frac{1}{\omega C} \rightarrow 2\pi fL=\frac{1}{2\pi fC} \quad \therefore \text{공진주파수 } f=\frac{1}{2\pi\sqrt{LC}}$$

4. 선택도 Q: 전원 전압 V에 대하여 L에 걸리는 전압 V_L과 C에 걸리는 전압 V_C의 비율이다.

$$Q=\frac{V_L}{V}=\frac{I\omega L}{IR}=\frac{\omega L}{R} \qquad Q=\frac{V_C}{V}=\frac{1}{\omega CR}$$

$$Q^2=\frac{\omega L}{R}\cdot\frac{1}{\omega CR}=\frac{1}{R^2}\cdot\frac{L}{C}$$

$\therefore$ 선택도 $Q=\frac{1}{R}\sqrt{\frac{L}{C}}$

4. 임피던스 병렬회로

(1) 어드미턴스 Y

① 임피던스의 역수를 어드미턴스라고 한다.

② 어드미턴스는 전력을 소모하는 컨덕턴스(G)와 에너지를 저장하는 서셉턴스(B) 성분으로 구성된다.

$$Y=\frac{1}{Z}=G-jB\ [℧]$$

③ 어드미턴스는 병렬회로에서 회로해석을 더 쉽게 하기 위해 사용된다.

$$I=\frac{V}{Z}=YV$$

+심화 임피던스와 어드미턴스 비교

임피던스	어드미턴스
$Z=R+X_C+X_L=R+\frac{1}{j\omega C}+j\omega L$ $=R+j\left(\omega L-\frac{1}{\omega C}\right)$ * 저항: R * 리액턴스: $\omega L-\frac{1}{\omega C}$	$Y=G+B_C+B_L=G+j\omega C+\frac{1}{j\omega L}$ $=G+j\left(\omega C-\frac{1}{\omega L}\right)$ * 콘덕턴스(저항의 역수): G * 서셉턴스(리액턴스의 역수): $\omega C-\frac{1}{\omega L}$

(2) RL 병렬회로

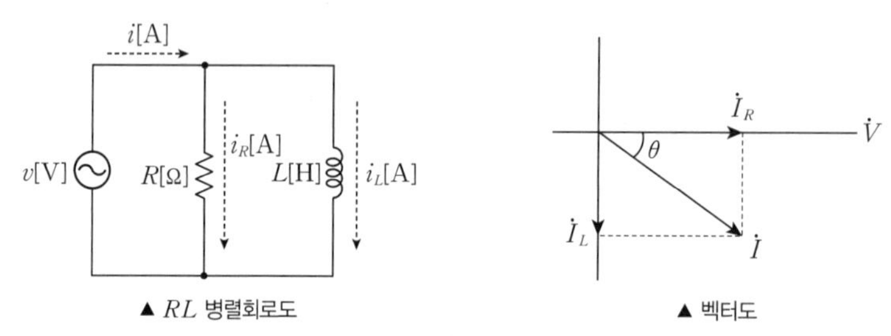

▲ RL 병렬회로도　　▲ 벡터도

① 어드미턴스 $Y=\frac{\sqrt{R^2+X_L^2}}{R\cdot X_L}[℧] \rightarrow Y=\frac{1}{Z}=\frac{1}{R}-j\frac{1}{X_L}=\sqrt{\left(\frac{1}{R}\right)^2+\left(\frac{1}{X_L}\right)^2}=\sqrt{\frac{R^2+X_L^2}{R^2\cdot X_L^2}}$

② 전류 $I=\sqrt{I_R^2+I_L^2}[A]$

③ 위상차 $\theta=\tan^{-1}\frac{R}{\omega L}[rad]$

④ 역률 $\cos\theta=\frac{X_L}{Z}=\frac{X_L}{\sqrt{R^2+X_L^2}}$

⑤ 무효율 $\sin\theta=\frac{R}{\sqrt{R^2+X_L^2}}$

(3) RC 병렬회로

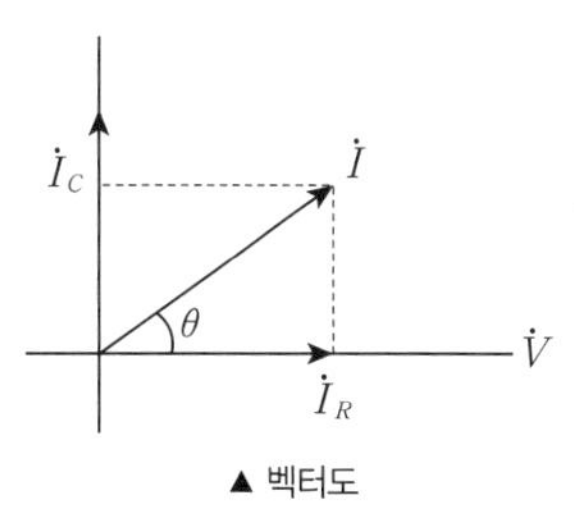

▲ RC 병렬회로도　　▲ 벡터도

① 어드미턴스 $Y=\dfrac{\sqrt{R^2+X_C^{\,2}}}{R\cdot X_C}$[℧] $\rightarrow Y=\dfrac{1}{Z}=\dfrac{1}{R}+j\dfrac{1}{X_C}=\sqrt{\left(\dfrac{1}{R}\right)^2+\left(\dfrac{1}{X_C}\right)^2}=\sqrt{\dfrac{R^2+X_C^{\,2}}{R^2\cdot X_C^{\,2}}}$

② 전류 $I=\sqrt{I_R^2+I_C^2}$[A]

③ 위상차 $\theta=\tan^{-1}\omega CR$[rad]

④ 역률 $\cos\theta=\dfrac{X_C}{Z}=\dfrac{X_C}{\sqrt{R^2+X_C^{\,2}}}$

⑤ 무효율 $\sin\theta=\dfrac{R}{\sqrt{R^2+X_C^{\,2}}}$

(4) RLC 병렬회로

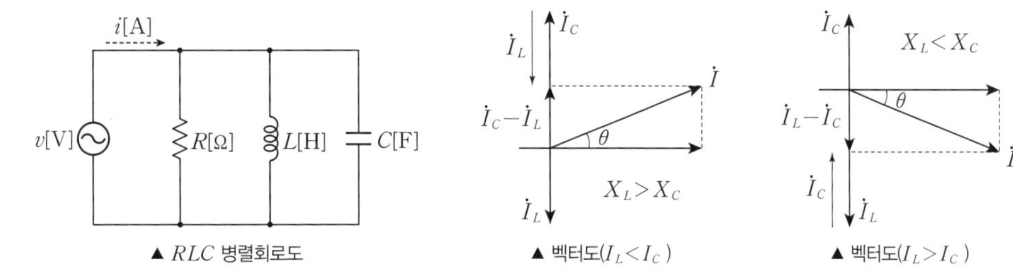

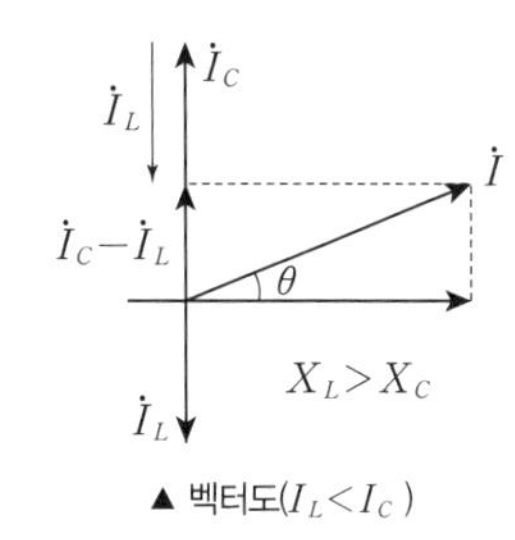

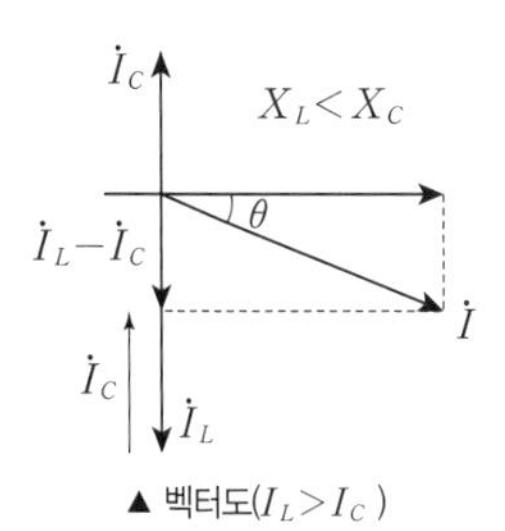

▲ RLC 병렬회로도　　▲ 벡터도($I_L<I_C$)　　▲ 벡터도($I_L>I_C$)

① 어드미턴스 $Y=\dfrac{1}{Z}=\dfrac{1}{R}+j\left(\dfrac{1}{X_C}-\dfrac{1}{X_L}\right)=\sqrt{\left(\dfrac{1}{R}\right)^2+\left(\dfrac{1}{X_C}-\dfrac{1}{X_L}\right)^2}$

② 전류 $I=\sqrt{I_R^{\,2}+(I_C-I_L)^2}$[A]

③ 위상차 $\theta=\tan^{-1}R\left(\dfrac{1}{X_C}-\dfrac{1}{X_L}\right)$[rad]

㉠ $I_L>I_C$ $(X_L<X_C)$ 유도성 회로가 되어 전류는 전압보다 θ만큼 뒤진다.

㉡ $I_L<I_C$ $(X_L>X_C)$ 용량성 회로가 되어 전류는 전압보다 θ만큼 앞선다.

㉢ $I_L=I_C$ $(X_L=X_C)$ 병렬 공진상태가 되어 전류와 전압이 동상이다.

④ 역률 $\cos\theta=\dfrac{Z}{R}=\dfrac{1}{RY}=\dfrac{1}{R\sqrt{\left(\dfrac{1}{R}\right)^2+\left(\dfrac{1}{X_C}-\dfrac{1}{X_L}\right)^2}}$

⑤ 무효율 $\sin\theta=\dfrac{\dfrac{1}{X_C}-\dfrac{1}{X_L}}{\sqrt{\left(\dfrac{1}{R}\right)^2+\left(\dfrac{1}{X_C}-\dfrac{1}{X_L}\right)^2}}$

+심화 병렬공진

1. 의미: 직렬공진과 같이 어드미턴스 식에서 어드미턴스가 최소가 되는 $Y=\frac{1}{R}$과 같은 상태를 병렬공진이라고 한다.

2. 공진조건: $Y=\frac{1}{R}+j\left(\frac{1}{X_C}-\frac{1}{X_L}\right)$에서 허수부는 $\frac{1}{X_C}-\frac{1}{X_L}=0$이 되어야 한다.

$$\frac{1}{X_C}=\frac{1}{X_L} \rightarrow \omega C=\frac{1}{\omega L}$$

3. 공진주파수 f: 직렬공진과 같다.

$$\omega C=\frac{1}{\omega L} \rightarrow 2\pi fC=\frac{1}{2\pi fL} \quad \therefore \text{공진주파수 } f=\frac{1}{2\pi\sqrt{LC}}$$

4. 선택도 $Q=R\sqrt{\frac{L}{C}}$

+심화 직병렬 공진회로의 비교

구분	직렬공진	병렬공진
조건	$X_L=X_C,\ \omega L=\frac{1}{\omega C}$	$\frac{1}{X_C}=\frac{1}{X_L},\ \omega C=\frac{1}{\omega L}$
전류	$I=\frac{V}{Z}$	$I=YV$
선택도	$Q=\frac{1}{R}\sqrt{\frac{L}{C}}$	$Q=R\sqrt{\frac{C}{L}}$
의미(차이점)	• 임피던스가 최소이다. • 흐르는 전류가 최대이다.	• 어드미턴스가 최소이다. • 흐르는 전류가 최소이다.
의미(공통점)	• 전압과 전류가 동상이다. • 허수부가 0이다. • 역률($\cos\theta$)이 1이다.	

5. 교류전력

(1) 유효전력(평균전력, 소비전력) P[W]

① 저항 R에서 발생하는 전력으로 실제 소비되는 전력이다.

② 전압 V와 유효전류 $I\cos\theta$의 곱으로 표현하며, 단위는 [W]를 사용한다.

$$P=VI\cos\theta[\text{W}] \rightarrow P=I^2R=\frac{V^2}{R}[\text{W}]$$

(2) 무효전력 P_r[Var]

① 인덕턴스 L이나 콘덴서 C에서 발생되는 전력으로 에너지 저장만을 할 뿐 소비되지 않는 전력이다.

② 전압 V와 무효전류 $I\sin\theta$의 곱으로 표현하며, 단위는 [Var]를 사용한다.

$$P_r=VI\sin\theta[\text{Var}] \rightarrow P_r=I^2X=\frac{V^2}{X}[\text{Var}]$$

(3) 피상전력(공급전력) P_a[VA]

① 전원에서 공급되는 전력으로 유효전력 P[W]와 무효전력 P_r[Var]의 합이다.

② 단자 전압과 전류 실횻값의 곱으로 표현하며, 단위는 [VA]를 사용한다.

$$P_a=P+jP_r=\sqrt{P^2+P_r^2}=VI\sqrt{\cos^2\theta+\sin^2\theta}=VI \rightarrow P_a=VI=I^2Z=\frac{V^2}{Z}[\text{VA}]$$

(4) 전력 삼각도

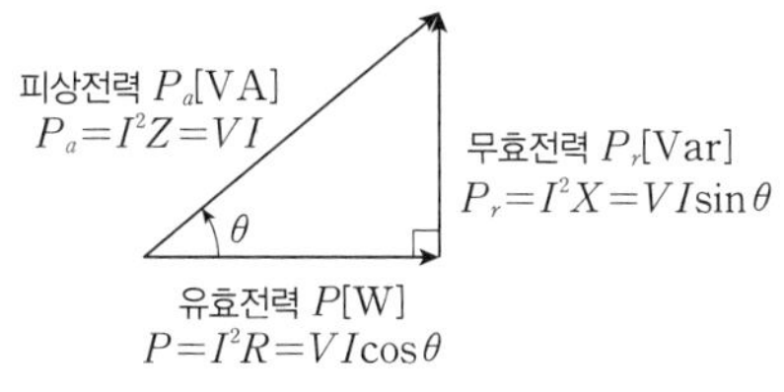

▲ 단상 교류전력 삼각도

① $P=I^2R=I^2Z\cos\theta=P_a\cos\theta$[W]

② $P_r=I^2X=I^2Z\sin\theta=P_a\sin\theta$[Var]

③ $P_a=I^2Z=\dfrac{P}{\cos\theta}=\dfrac{P_r}{\sin\theta}$[VA]

(5) 역률

① 교류 전원에서 공급된 전력이 부하에서 유효하게 이용되는 비율이다.

② 피상전력 중 유효전력으로 사용되는 비율로서 $\cos\theta$로 표현한다.

$$\cos\theta=\frac{P}{P_a}=\frac{P}{VI}=\frac{R}{Z}$$

(6) 무효율

피상전력 중 무효전력으로 사용되는 비율이다.

$$\sin\theta=\frac{P_r}{P_a}=\frac{P_r}{VI}=\frac{X}{Z}$$

6. 복소전력 S

(1) 전압과 전류가 복소수 형태로 표현되어 있을 때 복소전력을 이용하면 피상전력, 유효전력, 무효전력, 역률 등을 쉽게 구할 수 있다.

$$S=P+jP_r$$

(P (실수부): 유효전력, P_r (허수부): 무효전력)

(2) 복소전력을 구할 때에는 전압 또는 전류에 공액을 취해 피상전력을 구한다.

① 전류가 $\dot{I}=a+jb$인 경우 전류의 크기 $|\dot{I}|=\sqrt{a^2+b^2}$이므로 $I^2=a^2+b^2$이 된다.

② 이때 $\dot{I}$의 공액 복소수 $\dot{I}^*$을 적용하면 $\dot{I}\cdot\dot{I}^*=(a+jb)\cdot(a-jb)=a^2+b^2=I^2$임을 알 수 있다. 따라서, 이를 이용하여 피상 전력 P_a를 구하면 다음과 같다.

$$P_a=I^2Z=\dot{I}\cdot\dot{I}^*\cdot Z=\dot{V}\dot{I}^*[\text{VA}]$$

③ $P_a=\dot{V}\dot{I}^*=P\pm jP_r$와 같이 전류에 공액 복소수를 적용한 경우 $P_r>0$이면 유도성 회로이고, $P_r<0$이면 용량성 회로이다.

④ $P_a=\dot{V}^*\dot{I}=P\pm jP_r$와 같이 전압에 공액 복소수를 적용한 경우 $P_r>0$이면 용량성 회로이고, $P_r<0$이면 유도성 회로이다.

구분	$+jP_r$	$-jP_r$
전류에 공액 $P_a=\dot{V}\dot{I}^*$	유도성	용량성
전압에 공액 $P_a=\dot{V}^*\dot{I}$	용량성	유도성

+기초 공액 복소수

어떤 복소수에서 허수부의 부호가 반대인 복소수를 그 복소수의 공액 복소수라고 한다.

1. $a+jb$의 공액 복소수: $a-jb$
2. $a-jb$의 공액 복소수: $a+jb$

7. 전력용 콘덴서

(1) 의미

부하의 역률을 개선하는 목적으로 부하와 병렬로 전력용 콘덴서를 설치하며, 진상용 콘덴서라고도 한다.

(2) 전력용 콘덴서 용량

역률 $\cos\theta = \frac{P}{P_a}$에서 유효전력 P는 일정하다고 했을 때 피상전력 P_a의 값이 작아질수록 역률 $\cos\theta$의 값이 높아진다. 따라서 전력용 콘덴서를 연결하여 그림과 같이 Q_c만큼 낮춰준다.

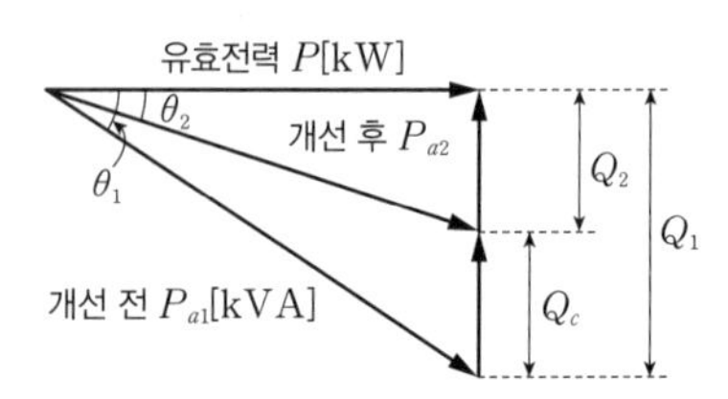

$$Q_c = Q_1 - Q_2 = P_{a1}\sin\theta_1 - P_{a2}\sin\theta_2$$
$$= P\left(\frac{\sin\theta_1}{\cos\theta_1} - \frac{\sin\theta_2}{\cos\theta_2}\right)$$
$$= P(\tan\theta_1 - \tan\theta_2)$$

$$Q_c = P\left(\frac{\sqrt{1-\cos^2\theta_1}}{\cos\theta_1} - \frac{\sqrt{1-\cos^2\theta_2}}{\cos\theta_2}\right)$$

Q_c: 콘덴서 용량[kVA], P: 유효전력[kW], $\cos\theta_1$: 개선 전 역률, $\sin\theta_1$: 개선 전 무효율,
$\cos\theta_2$: 개선 후 역률, $\sin\theta_2$: 개선 후 무효율

8. 최대전력 전달조건 실기

(1) 의미

전원에서 부하로 전력을 전달할 때 전원의 임피던스와 부하의 임피던스에 따라 전달되는 전력이 달라지게 되는데, 이때 내부저항과 부하저항이 같은 경우 부하에 최대 전력이 전달된다.

$r = R$ (내부저항=부하저항)

(2) 전류 I

그림과 같이 기전력이 E인 회로에서 전원의 임피던스를 r, 부하의 임피던스를 R이라고 하면 부하에 흐르는 전류 I는 다음과 같다.

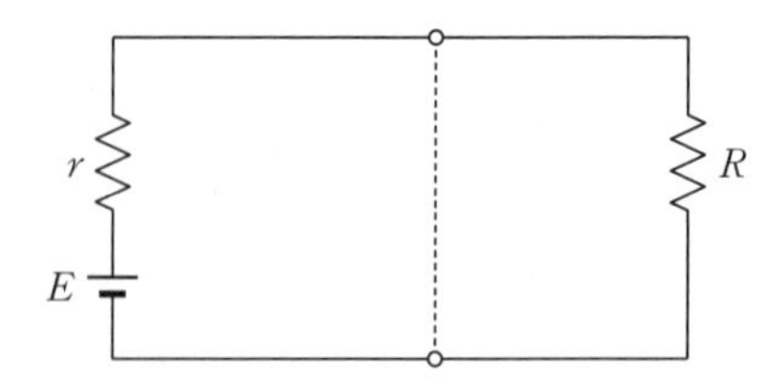

$$I = \frac{E}{r+R}$$

(3) 소비전력 P

$$P = I^2R = \frac{E^2}{(r+R)^2} \times R$$

(4) 최대전력 $P_{\max}$

$$P_{\max} = \frac{E^2}{(R+R)^2} \times R = \frac{E^2}{4R}[\text{W}]$$

1. 대칭 3상 교류

(1) 의미

발전기의 전기자에 도체 a, b, c를 각각 120° 간격으로 설치하고 전기자를 회전시키면 3개의 상이 발생한다. 이와 같이 3개 상의 크기와 위상차가 모두 동일한 파형을 대칭 3상 교류라고 한다.

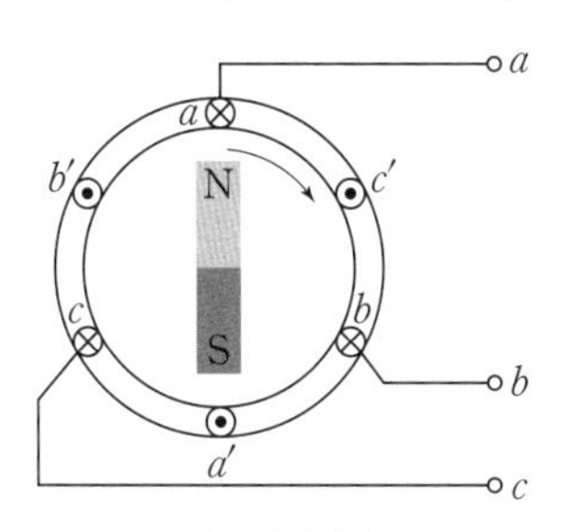

▲ 3상 동기 발전기 구조

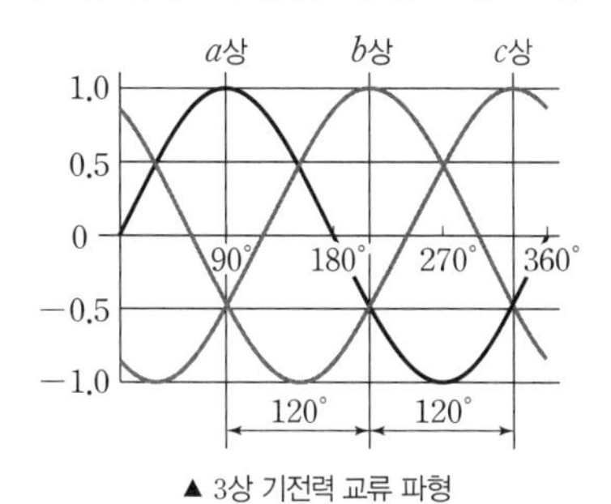

▲ 3상 기전력 교류 파형

(2) 대칭 3상 교류의 순싯값(V : 실횻값[V])

① $V_a = V_m \sin\omega t = V\angle 0°$

② $V_b = V_m \sin\left(\omega t - \frac{2}{3}\pi\right) = V\angle -\frac{2}{3}\pi$

③ $V_c = V_m \sin\left(\omega t - \frac{4}{3}\pi\right) = V\angle -\frac{4}{3}\pi$

④ 전압의 벡터합: 각 값을 벡터합하면 0이 된다.

$$V_b + V_c = -V_a \rightarrow V_a + V_b + V_c = 0$$

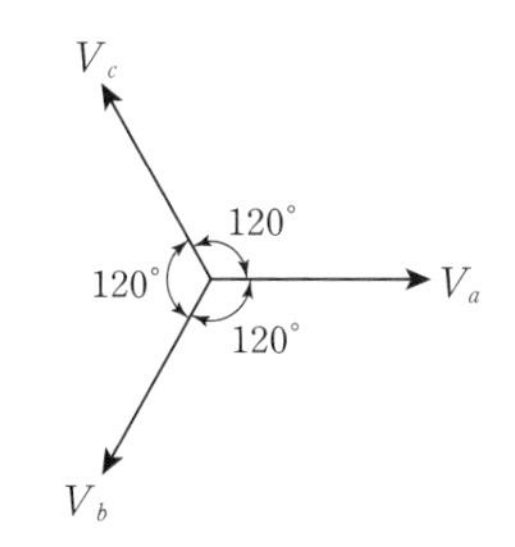

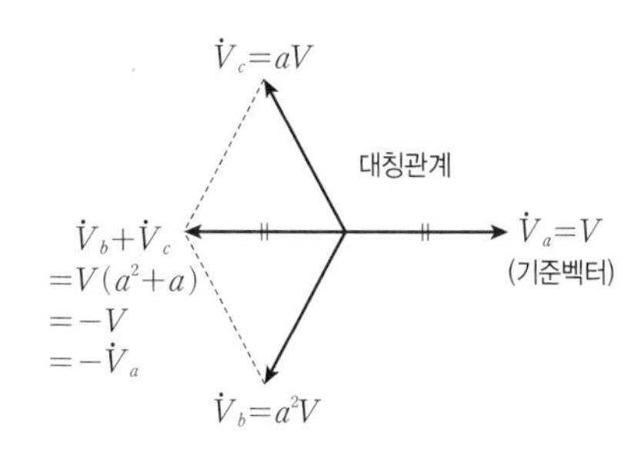

⑤ 3상을 단상과 같이 직렬로 연결하면 전압의 벡터합이 0[V]가 되므로 3상을 연결할 때에는 Y결선이나 △결선을 이용한다.

2. Y결선

(1) 의미

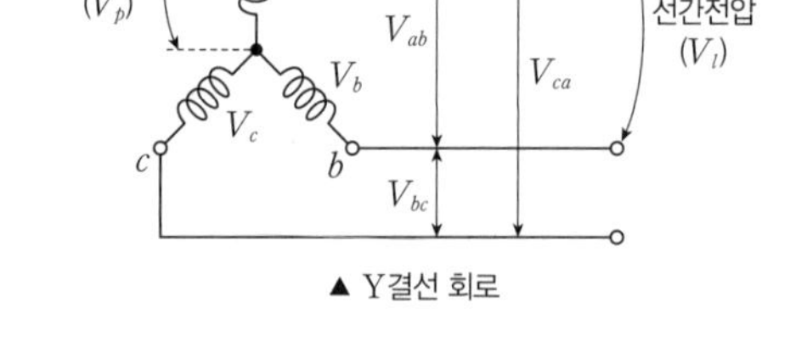

▲ Y결선 회로

그림과 같이 각 상의 (－) 단자를 모두 연결하는 방식을 성형결선 또는 Y결선이라고 한다.

(2) Y결선의 전압

① 상전압 V_P: 각 상에 걸리는 전압 → V_a, V_b, V_c

② 선간전압 V_l: 단자간에 걸리는 선과 선 사이의 전압 → V_{ab}, V_{bc}, V_{ca}

③ 상전압과 선간전압의 관계: 벡터도에서 알 수 있듯이 각각의 선간전압은 상전압보다 30°만큼 앞서고, 크기는 $\sqrt{3}$배 크다.

$$V_l = \sqrt{3}V_P \angle 30°[V]$$

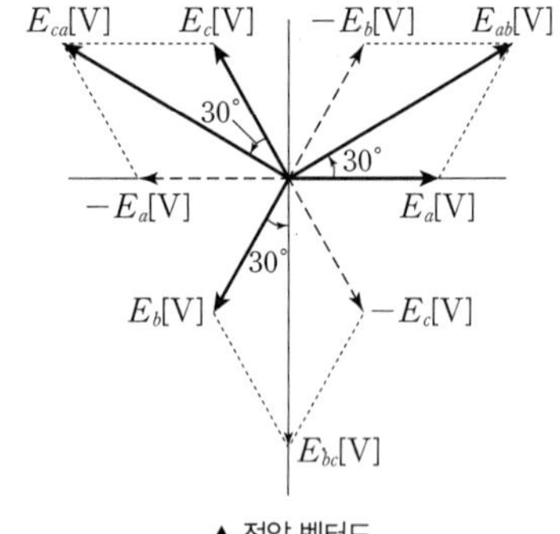

▲ 전압 벡터도

$$E_{ab} = E_a - E_b$$
$$E_{bc} = E_b - E_c$$
$$E_{ca} = E_c - E_a$$

(3) Y결선의 전류

① 상전류 I_P: 각 상에 흐르는 전류 → I_a, I_b, I_c

② 선전류 I_l: 각 상과 부하를 연결하는 선에 흐르는 전류로, 단자로부터 유입 또는 유출되는 전류이다.

③ 상전류와 선전류의 관계: 상전류와 선전류의 크기와 위상이 모두 같다.

$$I_l = I_p \angle 0°[A]$$

3. △결선

(1) 의미

그림과 같이 각 상에서 (+) 단자와 (−) 단자의 순으로 고리형태를 만드는 결선을 환상결선 또는 △결선이라고 한다.

▲ △결선 회로

(2) △결선의 전압

상전압과 선간전압의 크기와 위상이 모두 같다.

$V_l = V_P \angle 0°$[V]

(3) △결선의 전류

① 상전류 I_P: 두 상을 흐르는 전류 → I_{ab}, I_{bc}, I_{ca}

② 선전류 I_l: 각 상과 부하를 연결하는 선에 흐르는 전류로, 단자로부터 유입 또는 유출되는 전류이다. → I_a, I_b, I_c

③ 상전류와 선전류의 관계: 벡터도에서 알 수 있듯이 각각의 선전류 I_l는 상전류 I_P보다 30°만큼 뒤지고, 크기는 $\sqrt{3}$배 커진다.

$I_l = \sqrt{3} I_P \angle -30°$[A]

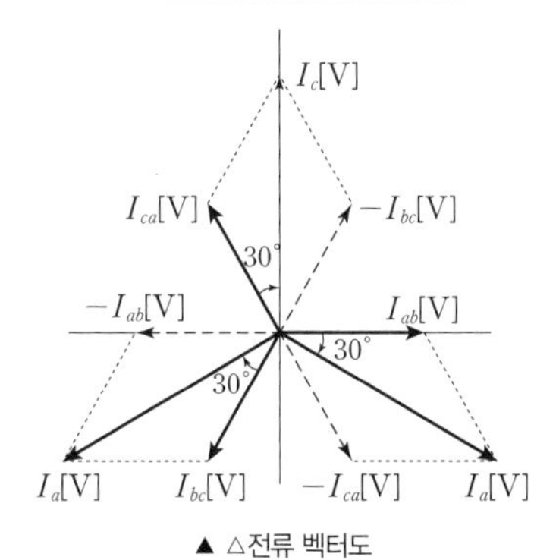

▲ △전류 벡터도

$$I_a = I_{ab} - I_{ca}$$
$$I_b = I_{bc} - I_{ab}$$
$$I_c = I_{ca} - I_{bc}$$

+심화 Y결선과 △결선

구분	전압		전류	
	상전압	선간 전압	상전류	선전류
Y결선	V_P	$V_l = \sqrt{3} V_P$	I_P	I_l
△결선	V_P	V_l	I_P	$I_l = \sqrt{3} I_P$

4. Y－△ 회로 등가변환 (Y부하와 △부하의 변환) 실기

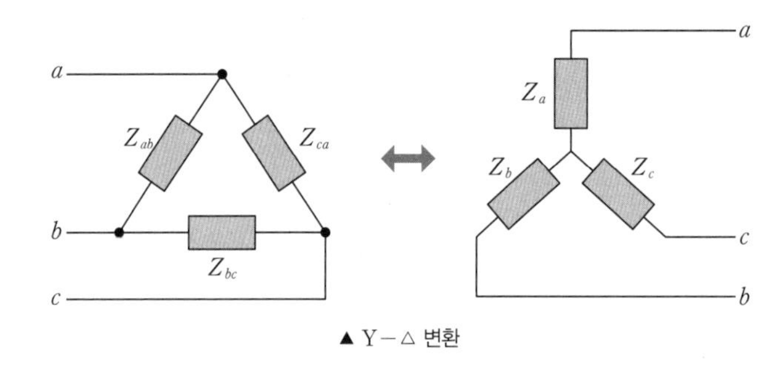

▲ Y－△ 변환

(1) 의미

Y결선과 △결선이 서로 결선된 회로에 같은 단자전압을 인가했을 때 선에 흐르는 전류의 크기가 같다면 두 회로는 등가회로라고 할 수 있다.

(2) 공식

△결선에서 Y결선으로 등가변환	Y결선에서 △결선으로 등가변환
$Z_a=\frac{Z_{ab}\cdot Z_{ca}}{Z_{ab}+Z_{bc}+Z_{ca}}[\Omega]$	$Z_{ab}=\frac{Z_aZ_b+Z_bZ_c+Z_cZ_a}{Z_c}[\Omega]$
$Z_b=\frac{Z_{ab}\cdot Z_{bc}}{Z_{ab}+Z_{bc}+Z_{ca}}[\Omega]$	$Z_{bc}=\frac{Z_aZ_b+Z_bZ_c+Z_cZ_a}{Z_a}[\Omega]$
$Z_c=\frac{Z_{bc}\cdot Z_{ca}}{Z_{ab}+Z_{bc}+Z_{ca}}[\Omega]$	$Z_{ca}=\frac{Z_aZ_b+Z_bZ_c+Z_cZ_a}{Z_b}[\Omega]$

(3) 평형부하일 때 임피던스

$Z_{ab}=Z_{bc}=Z_{ca}=a$로 3개의 부하값이 모두 같은 평형부하라면 Z_a는 다음과 같다.

$$Z_a=\frac{Z_{ab}\cdot Z_{ca}}{Z_{ab}+Z_{bc}+Z_{ca}}=\frac{a^2}{3a}=\frac{1}{3}a[\Omega]$$

즉, Y결선으로 변환하면 △결선 때보다 저항이 $\frac{1}{3}$배 낮아진다.

$Z_Y=\frac{1}{3}Z_\triangle[\Omega]$ → $Z_\triangle=3Z_Y[\Omega]$

5. V결선 실기

(1) 의미

△결선에서 고장이나 보수 등을 이유로 1개의 상이 제거된 상태에서 나머지 2상으로 3상을 공급하는 방식을 V결선이라고 한다.

(2) 출력 P_V

V결선에서 출력은 단상 용량의 $\sqrt{3}$배이다.

$P_V=\sqrt{3}P_1$[VA]

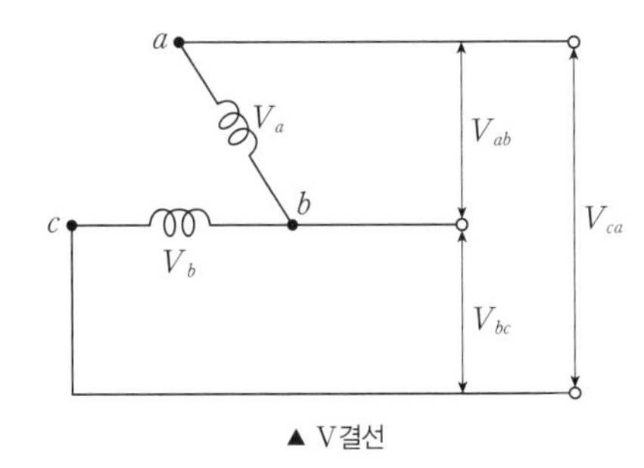

▲ V결선

(3) 이용률

변압기 2대의 출력량과 V결선 했을 때의 출력량의 비이다.

$$\frac{\text{V결선 허용용량}}{\text{2대 허용용량}}=\frac{\sqrt{3}P_1}{2P_1}=0.866=86.6[\%]$$

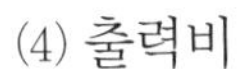

(4) 출력비

△결선 했을 때와 V결선 했을 때의 비이다.

$$\frac{\text{V결선 출력}}{\text{△결선 출력}}=\frac{P_V}{P_\triangle}=\frac{\sqrt{3}P_1}{3P_1}=0.577=57.7[\%]$$

6. 3상 전력

(1) 유효전력 P[W]

$$P=P_a\cos\theta=3V_PI_P\cos\theta=\sqrt{3}V_lI_l\cos\theta\left(\because V_l=\sqrt{3}V_P \rightarrow V_P=\frac{V_l}{\sqrt{3}}\right)$$

$$=3I_P^2R[\text{W}]$$

(2) 무효전력 P_r[Var]

$$P_r=P_a\sin\theta=3V_PI_P\sin\theta=\sqrt{3}V_lI_l\sin\theta$$

$$=3I_P^2X[\text{Var}]$$

(3) 피상전력 P_a[VA]

$$P_a=3V_PI_P=\sqrt{3}V_lI_l=3I_P^2Z[\text{VA}]$$

피상전력=유효전력+무효전력

$$P_a=\sqrt{P^2+P_r^2}$$

+기초 소자별 전력의 구분

R	L	C
유효전력 P[W]	무효전력 P_r[Var]	
피상전력 P_a[VA]		

1. 단상 전력 측정법

(1) 3전압계법

3개의 전압계와 하나의 저항을 연결하여 단상 교류전력을 측정하는 방법이다.

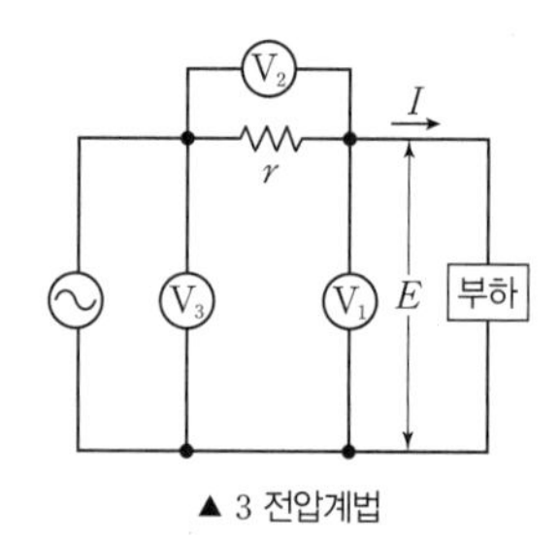

▲ 3 전압계법

$$P=\frac{1}{2R}(V_3^2-V_2^2-V_1^2)[\text{W}]$$

(2) 3전류계법

3개의 전류계와 하나의 저항을 연결하여 단상 교류전력을 측정하는 방법이다.

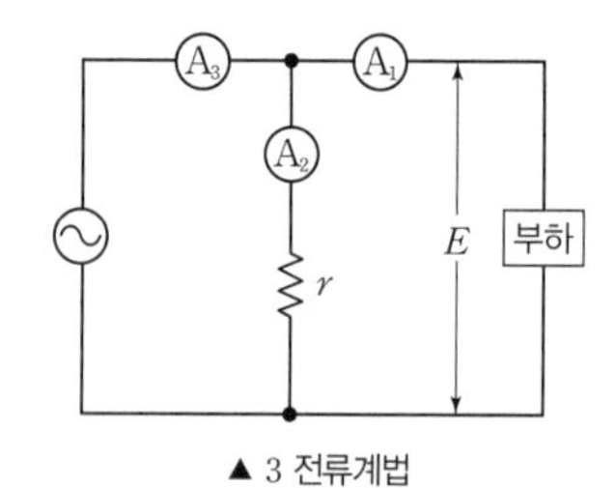

▲ 3 전류계법

$$P=\frac{R}{2}(I_3^2-I_2^2-I_1^2)[\text{W}]$$

2. 3상 전력 측정법 실기

(1) 3전력계법

① 단상 전력계 3대를 접속하여 3상 전력을 측정하는 방법으로 부하 전력을 측정할 수 있다.

② 각 전력계의 지싯값의 대수합이 3상 전력이 되며, Y결선에서 주로 사용한다.

$$W=W_1+W_2+W_3[\text{W}]$$

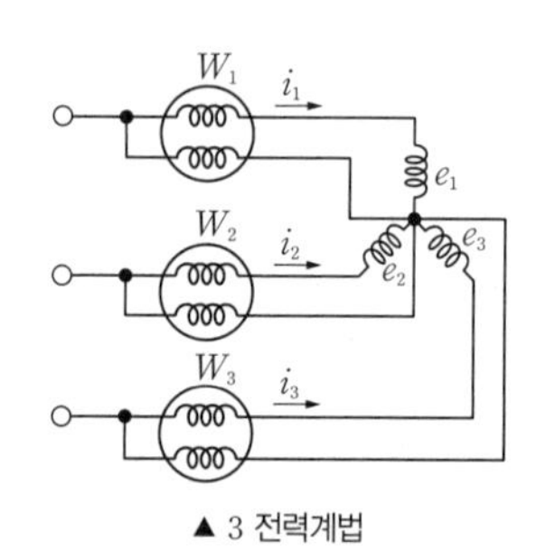

▲ 3 전력계법

(2) 2전력계법

단상 전력계 2대를 접속하여 3상 전력을 측정하는 방법으로 불평형 부하 전력도 측정할 수 있다. 하나의 전력계에서의 측정값을 P_1이라 하고, 다른 하나의 전력계에서의 측정값을 P_2라고 하면

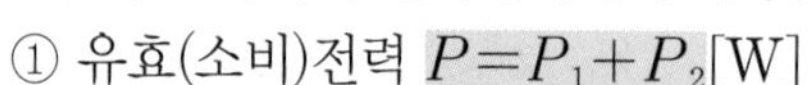

① 유효(소비)전력 $P=P_1+P_2[\text{W}]$

② 무효전력 $P_r=\sqrt{3}(P_1-P_2)[\text{Var}]$

③ 피상전력 $P_a=\sqrt{P^2+P_r^2}=2\sqrt{P_1^2+P_2^2-P_1P_2}[\text{VA}]$

④ 역률 $\cos\theta=\frac{P}{P_a}=\frac{P_1+P_2}{2\sqrt{P_1^2+P_2^2-P_1P_2}}$

단상 전력계

A, B, C, P_1, P_2, 부하

▲ 2 전력계법

3. 기타 요소의 측정

구분	측정
전류 측정	① 후크온 미터: 전선에 흐르는 전류 측정
	② 검류계: 미소전류 측정
저항 측정	① 메거: 절연 저항 측정
	② 코올라우시 브리지: 축전지의 내부 저항 측정
	③ 어스테스터: 접지 저항 측정
	④ 휘트스톤 브리지: 검류계의 내부 저항 측정
인덕턴스 측정	① 맥스웰 브리지법
	② 헤이 브리지법
	③ 헤비사이드 브리지법

4. 전기계기의 오차

(1) 오차

측정값과 참값(실제의 값)이 다른 정도를 나타낸 것으로 측정값에서 참값을 뺀 값으로 나타낸다.

① 오차=측정값(M)−참값(T)

② 오차율$=\dfrac{M-T}{T}\times 100[\%]$

(2) 보정

측정값을 참값과 같게 하기 위해 보정해야 하는 정도를 나타낸 것으로 참값에서 측정값을 뺀 값으로 나타낸다.

① 보정=참값(T)−측정값(M)

② 보정률$=\dfrac{T-M}{M}\times 100[\%]$

5. 지시계기

(1) 지시계기의 특징

① 측정하려는 여러 가지 전기량(전압, 전력, 주파수 등)을 지침으로 직접 눈금판에 지시하는 계기이다.

② 구조가 비교적 간단하고, 취급이 쉽다.

③ 따로 조작할 필요가 없으며, 수명이 길고 값이 싸서 경제적이다.

(2) 지시계기의 구비 조건

① 튼튼하고 취급이 편리하며, 절연 내력이 높다.

② 정확도가 높고, 오차가 적다.

③ 눈금이 균등하거나 대수 눈금이다.

④ 측정값의 변화에 신속히 응답한다.

(3) 지시계기의 구성요소

① 구동장치: 구동 토크를 발생하여 가동부를 움직이게 하는 장치

② 제어장치: 구동 토크로 가동부가 움직일 때, 이와 반대 방향으로 작용하는 제어 토크를 발생시키는 장치

③ 제동장치: 가동부에 제동 토크를 가해 지침의 진동을 멈추게 하는 장치

④ 표시장치: 지침, 눈금

(4) 지시계기의 종류

종류	기호	지싯값	사용회로	동작 원리
가동코일형		평균값	직류	자석으로 발생하는 자기장 내에 놓인 가동코일에 측정하고자 하는 전류를 흘리면 전류와 자기장 사이에 전자력이 발생하는데, 이 전자력을 구동 토크로 이용하는 계기이다.
가동철편형		실횻값	교류	고정코일에 흐르는 전류에 의해 발생한 자기장이 연철편에 작용하는 구동 토크를 이용하는 계기이다. 구동 토크가 발생하는 방법에 따라 흡인식, 반발식, 반발흡인식으로 구분한다.
유도형	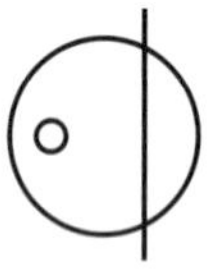	실횻값	교류	회전 자계나 이동 자계의 전자 유도에 의한 유도 전류와의 상호작용을 이용하는 계기이다.
정류형		실횻값	교류	가동코일형 계기 앞에 정류회로를 삽입하여, 측정하고자 하는 교류를 직류로 변환 후 가동코일형 계기로 지시시키는 계기이다.
전류력계형	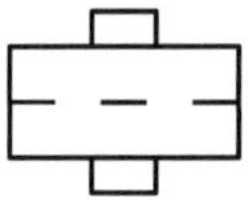	실횻값	직류 교류	고정 코일에 피측정 전류를 흘려 발생하는 자계 내에 가동 코일을 설치하고, 가동 코일에도 피측정 전류를 흘려 이 전류와 자계 사이에 작용하는 전자력을 구동 토크로 이용하는 계기이다. 즉, 코일에서 발생하는 자계에 의해서 동작한다.
정전형	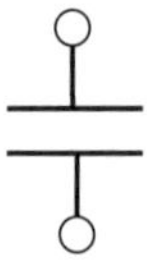	실횻값	직류 교류	2장의 고정 전극 사이에 알루미늄 가동 전극을 장치한 것으로, 양 전극에 걸어 준 전압에 의하여 축적된 정전 에너지의 정전력을 이용하는 계기이다.
열전형		실횻값	직류 교류	전류의 열작용에 의한 금속선의 팽창 또는 종류가 다른 금속의 접합점의 온도차에 의한 열기전력을 이용하는 계기이다.
열선형		실횻값	직류 교류	도선이 열을 받으면 팽창하는 것을 이용하여 전류를 측정하는 열전기형 계기이다.

PHASE 15 | 회로망과 단자망

1. 회로망 해석

(1) 회로망

전기회로의 구조에 따라 달라지는 특성을 해석하기 위한 것으로 저항, 코일 등의 소자들을 임의로 조합하여 구성한 시스템이다.

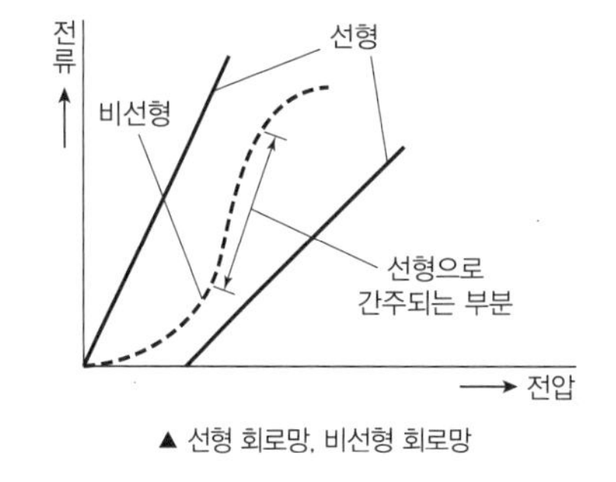

▲ 선형 회로망, 비선형 회로망

(2) 선형 회로망

전압과 전류가 변해도 R, L, C, G와 같이 변하지 않는 것을 선형 소자라 하며, 선형 소자로 이루어진 회로를 선형 회로망이라고 한다.

① 전압과 전류가 비례한다.

② 저항, 인덕턴스, 정전용량 등 수동 소자로만 구성된다.

(3) 비선형 회로망

철심이 있는 코일과 같이 회로 소자에 의해 전압과 전류의 관계가 비례하지 않는 경우를 비선형 회로라 한다.

2. 정전압원, 정전류원

(1) 정전압원

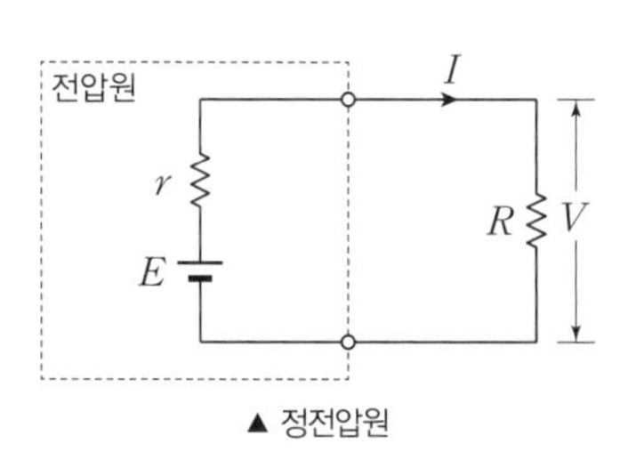

▲ 정전압원

① 부하의 크기와 관계없이 항상 같은 전압을 부하에 일정하게 공급해 주는 전원 장치로 내부 저항 r이 부하 R과 직렬로 연결된다.

② 내부 저항이 작을수록 부하에 걸리는 전압이 높아지므로 내부저항이 작을수록 좋은 회로이다.

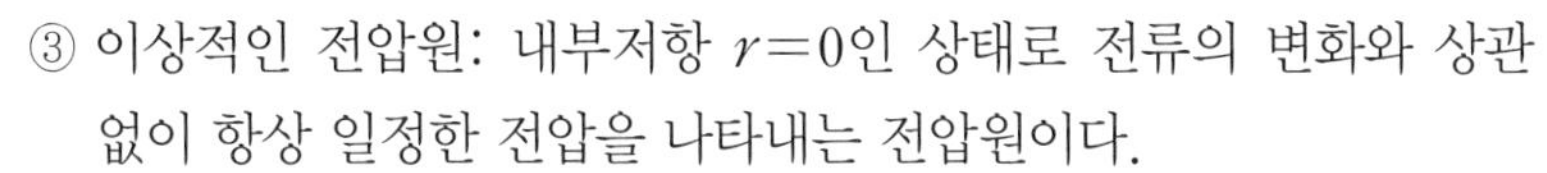

③ 이상적인 전압원: 내부저항 $r=0$인 상태로 전류의 변화와 상관없이 항상 일정한 전압을 나타내는 전압원이다.

④ 회로에서 $r=0$은 단락된 것과 같은 것으로 해석할 수 있다.

(2) 정전류원

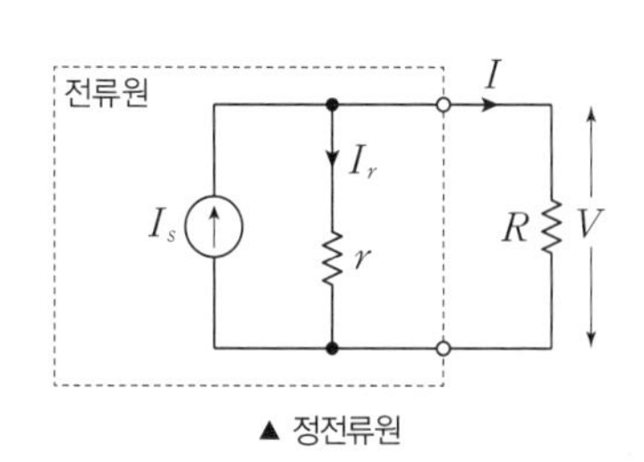

▲ 정전류원

① 부하의 크기와 관계없이 전원에서 발생하는 전류가 부하에 모두 공급되는 전원 장치로 내부 저항 r이 부하 R과 병렬로 연결된다.

② 내부 저항이 클수록 부하에 걸리는 전압이 높아지므로 내부저항이 클수록 좋은 회로이다.

③ 이상적인 전류원: 내부저항 $r=\infty$인 상태로 단자전압의 변화와 상관없이 항상 일정한 전류가 흐른다.

④ 회로에서 $r=\infty$은 개방된 것과 같은 것으로 해석할 수 있다.

3. 중첩의 원리(Principle of superposition)

(1) 회로망 내에 다수의 기전력이 동시에 존재할 때 회로망 내 어떤 점의 전위 또는 전류는 각 기전력이 각각 단독으로 그 위치에 존재할 때, 그 점의 전위 또는 흐르는 전류의 합과 같다.

(2) 선형 회로에서만 적용된다.

(3) 전압원은 단락($r=0$)시키고, 전류원은 개방($r=\infty$)시킨 후 해석한다.

+기초 중첩의 원리

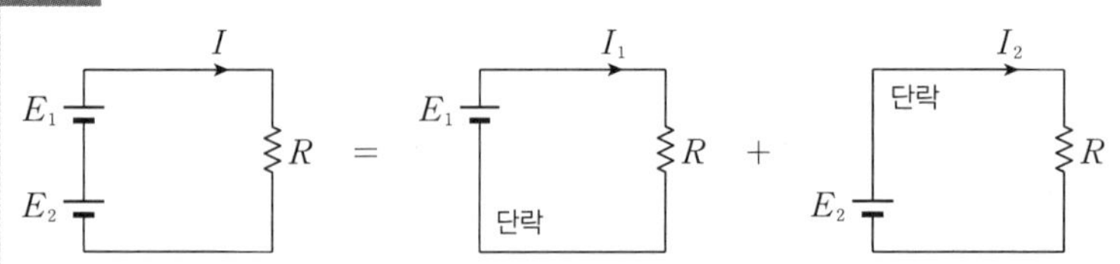

1. 그림에서 전류 I를 구하기 위해 중첩의 원리를 적용하면 E_1과 E_2만의 회로로 분해하여 해석할 수 있다. 즉, E_1만의 회로로 해석할 때는 E_2는 단락($r=0$) 시킨 후 해석한다.

$$I=\frac{E_1+E_2}{R}=\frac{E_1}{R}+\frac{E_2}{R}=I_1+I_2$$

2. 만약, 다른 전원이 전류원일 경우에는 개방($r=\infty$)시킨 후 해석한다.

4. 밀만의 정리, 테브난의 정리, 노튼의 정리

(1) 밀만의 정리

① 내부 임피던스를 갖는 주파수가 동일한 여러 개의 전압원이 병렬로 연결되어 있는 경우 임의의 두 점 간의 전위차를 구할 때 사용한다.

② 단자 사이의 합성 전압은 각각의 전원을 단락하였을 때 흐르는 단락 전류의 총합을 각 전원의 내부 어드미턴스의 총합으로 나눈 것과 같다.

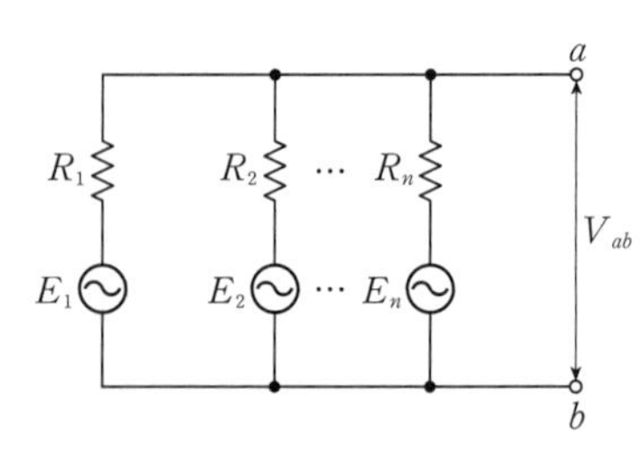

$$V_{ab}=IZ=\frac{I}{Y}=\frac{\frac{E_1}{R_1}+\frac{E_2}{R_2}+\cdots+\frac{E_n}{R_n}}{\frac{1}{R_1}+\frac{1}{R_2}+\cdots+\frac{1}{R_n}}$$

(2) 테브난의 정리(Thevenin's theorem)

어떠한 구조를 갖는 능동 회로망도 하나의 전압원과 하나의 임피던스가 직렬 접속된 것으로 변환할 수 있다.

$$I=\frac{V_{TH}}{Z_{TH}+Z_L}$$

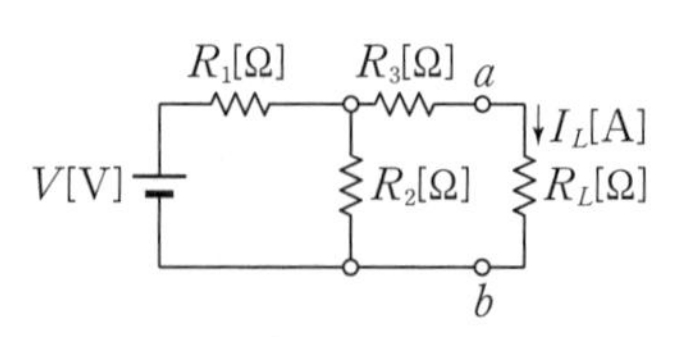

▲ 원래 회로망

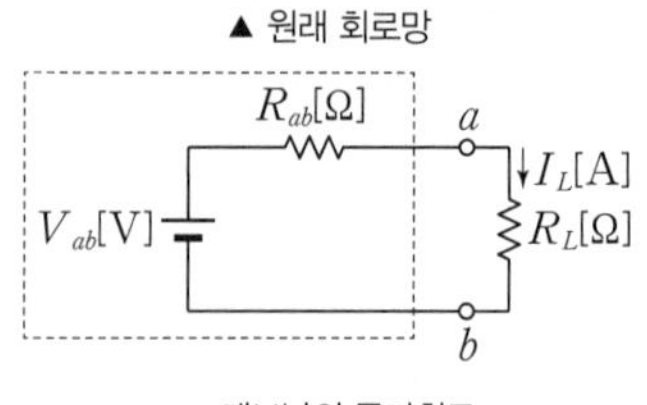

▲ 테브난의 등가회로

① 등가 전압 V_{TH}: Z_L을 개방시킨 상태에서 두 단자 a, b에 걸리는 전압이다.

② 등가 저항 Z_{TH}: Z_L을 개방시킨 상태에서 두 단자 a, b에서 회로 측을 바라본 합성 임피던스이다. 만약, 회로에 전압원과 전류원이 모두 있다면 전압원은 단락, 전류원은 개방하여 해석한다.

(3) 노튼의 정리(Northon's theorem)

어떠한 구조를 갖는 능동 회로망도 하나의 전류원과 하나의 임피던스가 병렬로 접속된 것으로 대치할 수 있다.

$$I=\frac{Z_N}{Z_N+Z_L}\cdot I_N$$

① 등가 전류 I_N: 두 단자 a, b를 단락시켰을 때 흐르는 전류이다.

② 등가 저항 Z_N: 테브난의 등가 저항과 같다.

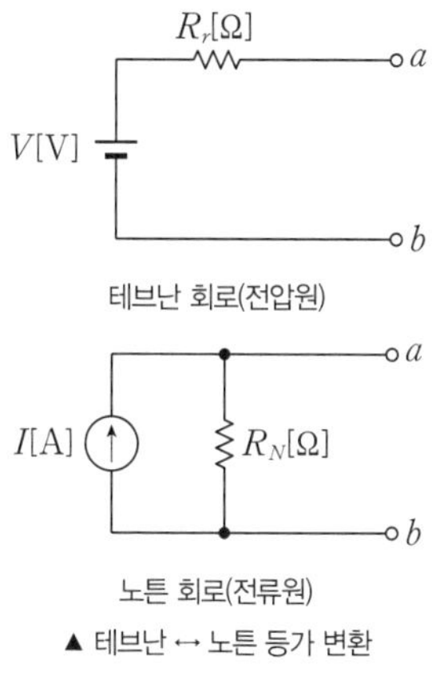

▲ 테브난 ↔ 노튼 등가 변환

+기초 부하전류 구하기 – 테브난과 노튼의 정리

1. 일반적 해석

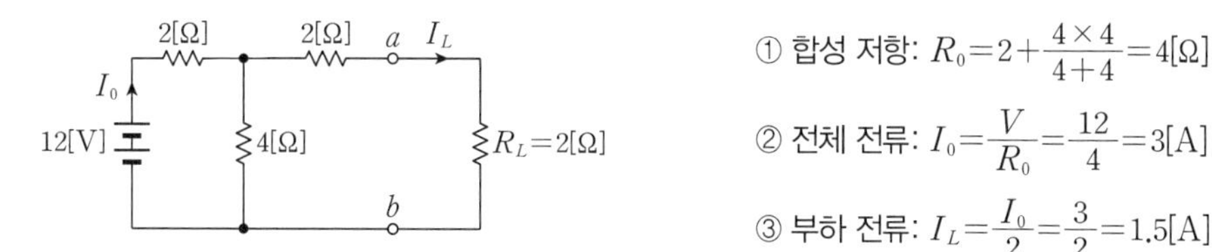

① 합성 저항: $R_0=2+\frac{4\times 4}{4+4}=4[\Omega]$

② 전체 전류: $I_0=\frac{V}{R_0}=\frac{12}{4}=3[\text{A}]$

③ 부하 전류: $I_L=\frac{I_0}{2}=\frac{3}{2}=1.5[\text{A}]$

2. 테브난의 정리에 의한 해석

① 등가 전압 V_{TH}: R_L을 개방시킨 상태에서 두 단자 a, b에 걸리는 전압

$$V_{TH}=IR=\frac{12}{2+4}\times 4=8[\text{V}]$$

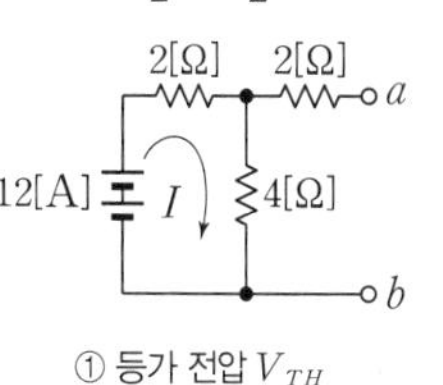

① 등가 전압 V_{TH}

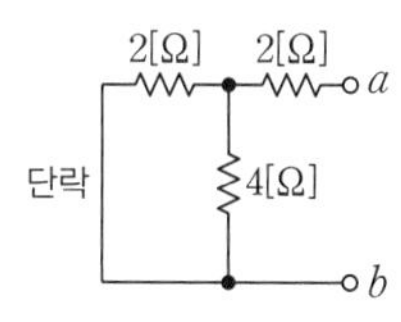

② 등가 저항 R_{TH}

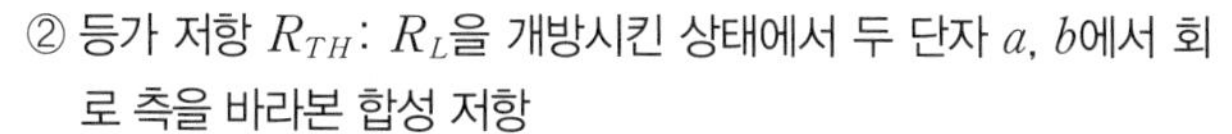

② 등가 저항 R_{TH}: R_L을 개방시킨 상태에서 두 단자 a, b에서 회로 측을 바라본 합성 저항

$$R_{TH}=2+\frac{2\times 4}{2+4}=\frac{10}{3}[\Omega]$$

③ 부하전류 I_L: 그림과 같이 테브난의 등가회로로 변환하여 구할 수 있다.

$$I_L=\frac{V_{TH}}{R_{TH}+R_L}=\frac{8}{\frac{10}{3}+2}=1.5[\text{A}]$$

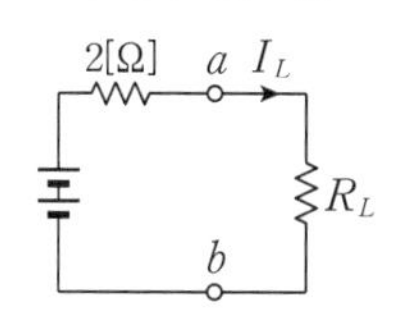

③ 테브난의 등가회로

3. 노튼의 정리에 의한 해석

① 등가 전류 I_N: 두 단자 a, b를 단락시켰을 때 흐르는 전류

$$I_N=I\times\frac{4}{4+2}=\frac{12}{2+\frac{2\times 4}{2+4}}\times\frac{4}{6}=2.4[\text{A}]$$

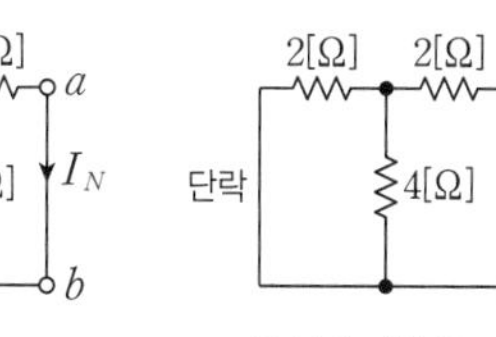

① 등가 전류 I_N

② 등가 저항 R_N

② 등가 저항 R_N: 테브난의 정리에서 구한 것과 같다.

$$R_N=2+\frac{2\times 4}{2+4}=\frac{10}{3}[\Omega]$$

③ 부하전류 I_L: 그림과 같이 노튼의 등가회로로 변환하여 구할 수 있다.

$$I_L=\frac{R_N}{R_N+R_L}\times I_N=\frac{\frac{10}{3}}{\frac{10}{3}+2}\times 2.4=\frac{10}{16}\times\frac{24}{10}=1.5[\text{A}]$$

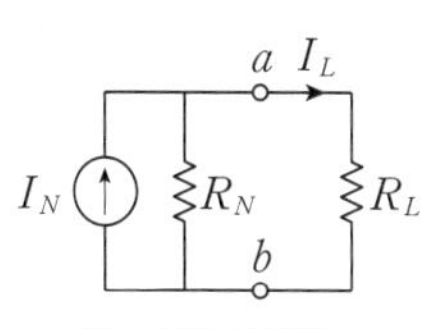

③ 노튼의 등가회로

5. 2단자망

(1) 2단자망

임의의 수동 선형 회로망에서 외부로 나온 단자가 2개인 회로망을 2단자망이라 한다. 입력 2단자 또는 출력 2단자로 구성된다.

(2) 구동점 임피던스

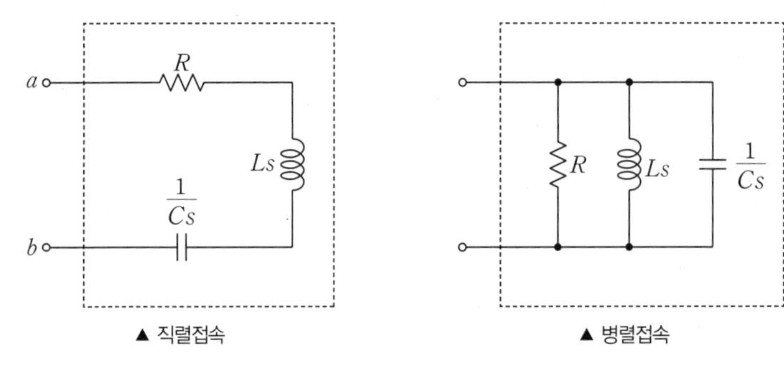

▲ 직렬접속　　▲ 병렬접속

① 두 단자 a, b에서 회로 측을 바라본 합성 임피던스를 의미한다.

② 임피던스는 계산적 편의를 위해 $j\omega$를 s로 변경하여 계산한다.

$$Z(j\omega)=Z(s)$$

③ 직렬접속에서의 임피던스 $Z(s)=R+sL+\dfrac{1}{sC}[\Omega]$

④ 병렬접속에서의 임피던스 $Z(s)=\dfrac{1}{\dfrac{1}{R}+\dfrac{1}{sL}+sC}[\Omega]$

(3) 영점과 극점

$$Z(s)=\frac{q(s):\text{영점}}{p(s):\text{극점}}=\frac{a_0+a_1s+a_2s^2+\cdots+a_{2n}s^{2n}}{b_1s+b_2s^2+b_3s^3+\cdots b_{2n-1}s^{2n-1}}$$

① 영점: $q(s)=0$ 즉, $Z(s)=0$이 되는 s의 해이다.

임피던스가 0이므로 회로에 전류가 잘 흐르며, 영점은 단락상태와 같다.

② 극점: $p(s)=0$ 즉, $Z(s)=\infty$이 되는 s의 해이다.

임피던스가 무한대이므로 회로에 전류가 흐르지 못하며, 극점은 개방 상태와 같다.

6. 4단자망

(1) 4단자망

2개의 입력단자와 2개의 출력단자로 이루어진 회로망을 4단자망이라고 한다.

① 능동 4단자망: 회로망 내부에 기전력을 포함한다.

② 수동 4단자망: 수동소자로만 구성된다.

(2) 4단자 정수(전송 파라미터)

2차 측의 전압과 전류를 이용하여 1차 측의 전압과 전류를 구하기 위한 계수로 4단자 정수($ABCD$ 파라미터)를 이용한다.

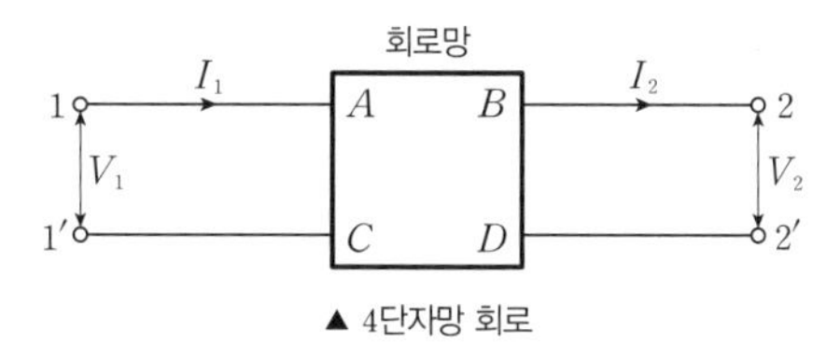

▲ 4단자망 회로

① 전압 V_1, V_2과 전류 I_1, I_2의 관계는 다음과 같으며, 여기에서 A, B, C, D를 4단자 정수라고 한다.

$$\begin{pmatrix} V_1 \\ I_1 \end{pmatrix} = \begin{pmatrix} A & B \\ C & D \end{pmatrix} \begin{pmatrix} V_2 \\ I_2 \end{pmatrix} \rightarrow \begin{matrix} V_1 = AV_2 + BI_2 \\ I_1 = CV_2 + DI_2 \end{matrix}$$

② 파라미터: 출력 측이 개방된 상태에서 I_2는 0이고, 출력 측이 단락된 상태에서는 V_2가 0이다.

출력단 개방 시 $I_2=0$	$A = \left\| \frac{V_1}{V_2} \right\|_{I_2=0}$	전압비 역방향 전압 이득
	$C = \left\| \frac{I_1}{V_2} \right\|_{I_2=0}$	전달 어드미턴스[℧] 역방향 전달 어드미턴스
출력단 단락 시 $V_2=0$	$B = \left\| \frac{V_1}{I_2} \right\|_{V_2=0}$	전달 임피던스[Ω] 역방향 전달 임피던스
	$D = \left\| \frac{I_1}{I_2} \right\|_{V_2=0}$	전류비 역방향 전류 이득

③ 4단자망의 특징 $AD-BC=1$

④ 대칭 4단자망인 경우 $A=D$이다.

7. 영상 임피던스

▲ 영상 임피던스

(1) 단자 외부에 연결되는 임피던스를 고려하여 사용한다.

(2) 4단자망의 입력 측에서 바라본 임피던스를 Z_{01}이라 하고, 출력 측에서 바라본 임피던스를 Z_{02}라고 하는 경우 입력과 출력은 임피던스의 정합이 되는데, 이때 이들의 관계 Z_{01}, Z_{02}를 영상 임피던스(image impedance)라고 한다.

$$Z_{01} = \sqrt{\frac{AB}{CD}},\ Z_{02} = \sqrt{\frac{BD}{AC}} \rightarrow Z_{01}Z_{02} = \frac{B}{C},\ \frac{Z_{01}}{Z_{02}} = \frac{A}{D}$$

(3) 대칭 4단자망인 경우 $A=D$이므로 $Z_{01} = Z_{02} = \sqrt{\frac{B}{C}}$

8. 분포정수회로

(1) 선로정수

R, L, C, G가 선로를 따라 공간적으로 분포되어 있는 회로이다.

(2) 임피던스, 어드미턴스

① 직렬 임피던스 $Z=R+j\omega L[\Omega]$

② 병렬 어드미턴스 $Y=G+j\omega C[\mho]$

(3) 특성 임피던스(고유 임피던스)

송전선로의 길이에 관계없이 어디에서나 항상 일정한 값을 유지하는 전압과 전류의 비이다.

$$Z_0=\sqrt{\frac{Z}{Y}}=\sqrt{\frac{R+j\omega L}{G+j\omega C}}[\Omega]\fallingdotseq\sqrt{\frac{L}{C}}$$

(4) 전파 정수

송전선로에서 전압의 크기 및 위상관계를 나타내는 상수이다.

$$\gamma=\alpha+j\beta=\sqrt{ZY}=\sqrt{(R+j\omega L)(G+j\omega C)}$$
$$\beta=\omega\sqrt{LC}$$

α 감쇠 정수: 무한장 선로에서 단위길이당 전압의 크기가 감쇠하는 비율
β 위상 정수: 무한장 선로에서 단위길이당 전압의 위상이 감쇠하는 비율

(5) 무손실 선로

선로의 길이에 따라 저항과 컨덕턴스가 너무 작아 무시하는 경우로 저항과 컨덕턴스가 0이므로 이에 따라 특성 임피던스, 전파정수, 파장, 속도가 변화한다.

① 무손실 선로의 조건: $R=0$, $G=0$, $\alpha=0$

② 특성 임피던스: $Z_0=\sqrt{\frac{L}{C}}$ ($\because$ $R=0$, $G=0$)

③ 전파 정수: $\gamma=j\beta=j\omega\sqrt{LC}$ ($\because$ $\alpha=0$, $\beta=\omega\sqrt{LC}$)

④ 파장: $\lambda=\frac{2\pi}{\beta}=\frac{2\pi}{\omega\sqrt{LC}}=\frac{1}{f\sqrt{LC}}[\text{m}]$

⑤ 전파 속도: $v=\frac{\lambda}{T}=f\lambda=\frac{1}{\sqrt{LC}}[\text{m/s}]$

(6) 무왜형 선로

발전소에서 보낸 교류전류의 파형이 도착할 때 일그러짐이 없는 선로이다.

① 무왜형 선로의 조건: $\frac{R}{L}=\frac{G}{C}\rightarrow RC=LG$

② 특성 임피던스: $Z_0=\sqrt{\frac{L}{C}}$

③ 전파 정수: $\gamma=\alpha+j\beta=\sqrt{RG}+j\omega\sqrt{LC}$

④ 전파 속도: $v=\frac{\omega}{\beta}=\frac{1}{\sqrt{LC}}$

+기초 용어

1. 집중정수회로: 선로정수 R, L, C, G의 크기가 작아 짧은 거리 내에서 마치 한 곳에 집중되어 있는 것처럼 회로를 등가 변환하여 해석하는 회로이다.
2. 선로정수: 선로에서 발생하는 저항, 인덕턴스, 정전용량 등을 일컫는 말이다.
3. 분포정수회로: 중장거리 송전선로에서 전기적인 에너지나 신호를 임의의 한점에서 다른 한점으로 전송하는 경우 나타난다.

PHASE 16 | 비정현파 교류

1. 비정현파(왜형파) — 정현파(sin파)가 아닌 파

(1) 개요

① 파형이 일그러진 상태로 규칙적으로 반복하는 교류를 비정현파(왜형파) 교류라고 한다.

② 공급 전원이 정현파 형태이더라도 부하단에서 정현파에 고조파가 섞여 파형은 왜곡된다. 기본파에 고조파가 함유되면 왜형파가 된다.

비정현파(왜형파)＝기본파＋직류분＋고조파

(2) 비정현파의 푸리에 급수(Fourier series)

① 비정현파의 해석에 이용되는 급수식이다.

② 무수히 많은 주파수 성분을 갖는 비정현파는 일정한 주기로 같은 파형을 반복하는데 이를 무수히 많은 삼각함수의 집합으로 표현할 수 있다. 이 집합을 비정현파의 푸리에 급수에 의한 전개라고 한다.

$$V=V_0+V_1\sin\omega t+V_2\sin2\omega t+V_3\sin3\omega t+\cdots+V_n\sin n\omega t \rightarrow V=V_0+\sum_{n=1}^{\infty}V_n\sin n\omega t$$

V: 비정현파 교류전압, V_0: 평균값, $V_1\sin\omega t$: 기본파, $V_2\sin2\omega t$: 2고조파, $V_3\sin3\omega t$: 3고조파

(3) 실횻값

직류분, 기본파, 고조파 각각의 실횻값을 제곱한 것들의 합을 제곱근한 값으로 전압과 전류의 실횻값은 다음과 같다.

① 전압의 실횻값

$$V=\sqrt{V_0^2+\left(\frac{V_1}{\sqrt{2}}\right)^2+\left(\frac{V_2}{\sqrt{2}}\right)^2+\cdots+\left(\frac{V_n}{\sqrt{2}}\right)^2}$$

V: 전압의 실횻값, V_0: 직류분 전압, V_1: 기본파 전압, V_n: n 고조파 전압

② 전류의 실횻값

$$I=\sqrt{I_0^2+\left(\frac{I_1}{\sqrt{2}}\right)^2+\left(\frac{I_2}{\sqrt{2}}\right)^2+\cdots+\left(\frac{I_n}{\sqrt{2}}\right)^2}$$

I: 전류의 실횻값, I_0: 직류분 전류, I_1: 기본파 전류, I_n: n 고조파 전류

(4) 비정현파의 전력

① 유효 전력: 주파수가 같은 전압, 전류의 실횻값끼리의 곱

$$P=V_0I_0+V_1I_1\cos\theta_1+V_2I_2\cos\theta_2+\cdots+V_nI_n\cos\theta_n[\text{W}]$$
$$=V_0I_0+\sum_{n=1}^{\infty}V_nI_n\cos\theta_n[\text{W}]=P_0+P_1+P_2+\cdots+P_n[\text{W}]$$

② 피상 전력: 전 전압 실횻값과 전 전류 실횻값의 곱

$$P_a=VI[\text{VA}]=\sqrt{V_0^2+\left(\frac{V_1}{\sqrt{2}}\right)^2+\left(\frac{V_2}{\sqrt{2}}\right)^2+\cdots\left(\frac{V_n}{\sqrt{2}}\right)^2}\times\sqrt{I_0^2+\left(\frac{I_1}{\sqrt{2}}\right)^2+\left(\frac{I_2}{\sqrt{2}}\right)^2+\cdots\left(\frac{I_n}{\sqrt{2}}\right)^2}[\text{VA}]$$

(5) 왜형률

비정현파에서 기본파에 대한 고조파 성분의 함유 정도를 나타낸 것으로 파형의 일그러진 정도이다.

왜형률 $D=\dfrac{\text{전체 고조파의 실횻값}}{\text{기본파의 실횻값}}\times100[\%]$

2. 파고율과 파형률

(1) 교류의 크기는 실횻값으로 나타내는데 실횻값만으로는 파형의 형태를 알기 어려우므로 파형의 개략적인 상태를 알기 위한 방법으로 파고율과 파형률을 사용한다.

① 파고율$=\dfrac{\text{최댓값}}{\text{실횻값}}$ ② 파형률$=\dfrac{\text{실횻값}}{\text{평균값}}$

(2) 파형별 최댓값, 실횻값, 평균값, 파고율, 파형률

파형	파형	최댓값	실횻값	평균값	파고율	파형률
정현파		V_m	$\frac{V_m}{\sqrt{2}}$	$\frac{2V_m}{\pi}$	$\sqrt{2}$ (1.414)	$\frac{\pi}{2\sqrt{2}}$ (1.11)
반파정현파		V_m	$\frac{V_m}{2}$	$\frac{V_m}{\pi}$	2	$\frac{\pi}{2}$ (1.57)
구형파		V_m	V_m	V_m	1	1
반파구형파		V_m	$\frac{V_m}{\sqrt{2}}$	$\frac{V_m}{2}$	$\sqrt{2}$ (1.414)	$\sqrt{2}$ (1.414)
삼각파		V_m	$\frac{V_m}{\sqrt{3}}$	$\frac{V_m}{2}$	$\sqrt{3}$ (1.732)	$\frac{2}{\sqrt{3}}$ (1.15)
톱니파		V_m	$\frac{V_m}{\sqrt{3}}$	$\frac{V_m}{2}$	$\sqrt{3}$ (1.732)	$\frac{2}{\sqrt{3}}$ (1.15)

3. 대칭좌표법

(1) 개요

① 1선 지락이나 선간 단락 등 계통에 고장이 발생하면 전압과 전류가 **불평형 상태**가 되어 이를 예측하기 어려워지므로 불평형 3상에 대한 **대칭성분(영상분, 정상분, 역상분)으로 분해하여 해석**한다.

② 비대칭 전압이 V_a, V_b, V_c일 때 대칭분을 V_0, V_1, V_2라 하면 그림과 같이 표현할 수 있다.

E_a, E_b, E_c

$I_a=I_0+I_1+I_2$ → $V_a=V_0+V_1+V_2$

$I_b=I_0+a^2I_1+aI_2$ → $V_b=V_0+a^2V_1+aV_2$

$I_c=I_0+aI_1+a^2I_2$ → $V_c=V_0+aV_1+a^2V_2$

(2) 전류 I_a, I_b, I_c나 전압 V_a, V_b, V_c가 불평형인 경우 벡터 연산자 a를 이용하여 I_1, I_2, I_3이나 V_1, V_2, V_3으로 분해하여 해석이 가능하다.

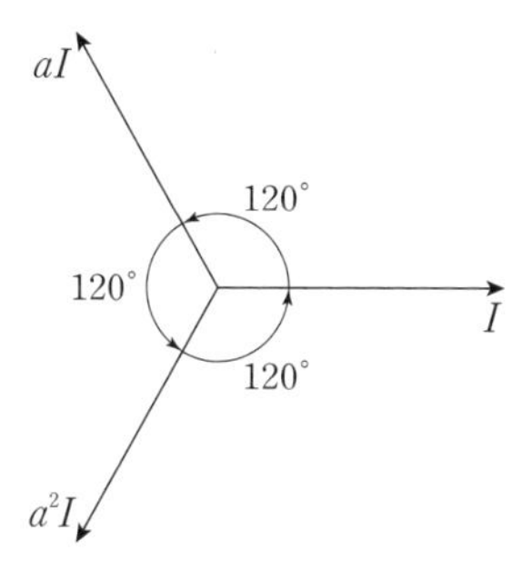

$$a=1\angle 120^\circ=\cos 120^\circ+j\sin 120^\circ=-\frac{1}{2}+j\frac{\sqrt{3}}{2}$$

$$a^2=a\cdot a=1\angle 240^\circ=-\frac{1}{2}-j\frac{\sqrt{3}}{2}$$

$$a^3=a\cdot a^2=1\angle 360^\circ=1$$

$$\rightarrow 1+a+a^2=0$$

(3) 대칭분 전류

① 영상전류(I_0): 같은 크기와 위상각을 가진 평형 단상 전류로 지락 고장시 접지계전기를 동작시킨다.

$$I_0=\frac{1}{3}(I_a+I_b+I_c)$$

② 정상전류(I_1): 전동기에 회전토크를 발생시키는 평형 3상 교류로 전원과 동일한 상회전 방향을 갖는다.

$$I_1=\frac{1}{3}(I_a+aI_b+a^2I_c)$$

③ 역상전류(I_2): 제동 작용으로 출력을 감소시키는 평형 3상 전류로 I_1과 상회전 방향이 반대이다.

$$I_2=\frac{1}{3}(I_a+a^2I_b+aI_c)$$

(4) 대칭분 전압

① 영상전압: $V_0=\frac{1}{3}(V_a+V_b+V_c)$

② 정상전압: $V_1=\frac{1}{3}(V_a+aV_b+a^2V_c)$

③ 역상전압: $V_2=\frac{1}{3}(V_a+a^2V_b+aV_c)$

1. 과도현상

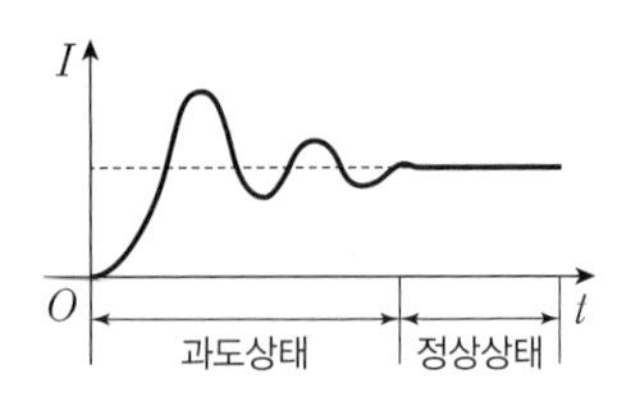

(1) 전기 회로에서 스위치를 on 또는 off함에 따라 전원이 인가되거나 제거되면 에너지 저장 역할을 하는 소자인 L이나 C에서 에너지 유입이나 유출이 발생하여 회로에 교란이 일어난다.

(2) 교란이 일어나는 이 기간을 과도기라하며, 과도기 기간 내에 발생하는 현상을 과도현상이라고 한다.

① 과도상태: 회로에서 스위치를 닫거나 연 후부터 정상상태에 이르기 전까지의 상태이다.

② 정상상태: 회로에서 전류가 일정한 값에 도달한 상태이다.

2. *RL* 직렬회로

(1) 스위치 S를 닫을 때 – 직류 전압을 인가할 때

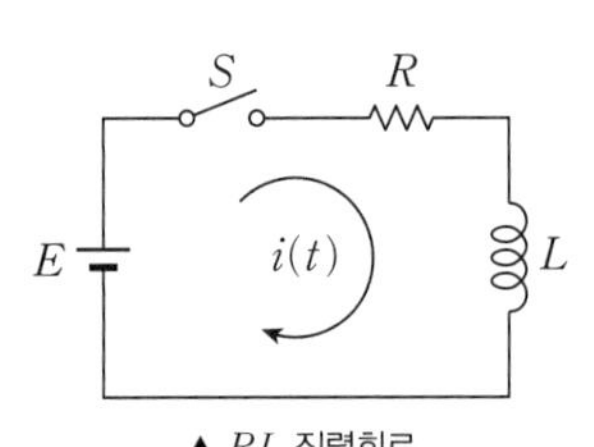

▲ *RL* 직렬회로

① 평형 방정식: $Ri(t)+L\dfrac{di(t)}{dt}=E$

② 정상전류: $I=\dfrac{E}{R}$[A]

③ 전류 순싯값: 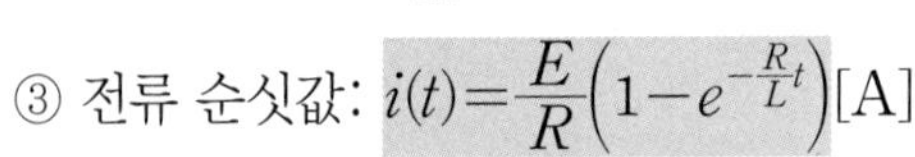 $i(t)=\dfrac{E}{R}\left(1-e^{-\frac{R}{L}t}\right)$[A]

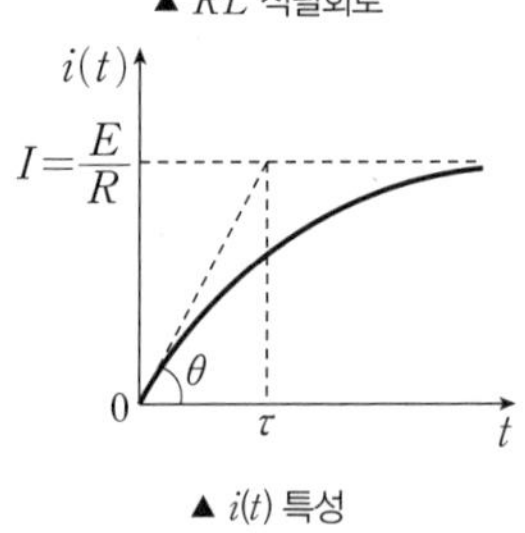

▲ $i(t)$ 특성

㉠ 초기 조건 $t=0$일 때 $i(t)=0$

㉡ $t=\infty$일 때 $i(t)=\dfrac{E}{R}$[A]

㉢ $t=\tau=\dfrac{L}{R}$일 때 $i\left(\dfrac{L}{R}\right)=\dfrac{E}{R}(1-e^{-1})=0.632\dfrac{E}{R}$[A]

④ 특성근: $s=-\dfrac{R}{L}$

⑤ 시정수: 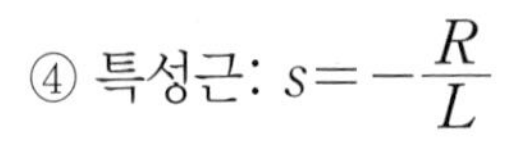 $\tau=\dfrac{L}{R}$[s]

+심화 시정수

1. 전류가 흐르기 시작할 때부터 정상전류의 63.2[%]에 도달하는 데 걸리는 시간을 시정수라고 하며, 시정수가 클수록 과도현상은 더 오래 지속된다.
2. 과도상태에 대한 변화의 속도를 나타내는 척도가 되는 상수로 특성근의 절대값의 역수로 표현한다.
3. 시정수 시간에서의 전류

① 1τ에서의 전류: $i(\tau)=\dfrac{E}{R}(1-e^{-1})=0.632\dfrac{E}{R}$

② 2τ에서의 전류: $i(\tau)=\dfrac{E}{R}(1-e^{-2})=0.865\dfrac{E}{R}$

③ 3τ에서의 전류: $i(\tau)=\dfrac{E}{R}(1-e^{-3})=0.951\dfrac{E}{R}$

④ 4τ에서의 전류: $i(\tau)=\dfrac{E}{R}(1-e^{-4})=0.981\dfrac{E}{R}$

(2) 스위치 S를 열 때 – 직류 전압을 제거할 때

① 평형 방정식: $L\frac{di(t)}{dt}+Ri(t)=0$

② 전류 순싯값: $i(t)=\frac{E}{R}e^{-\frac{R}{L}t}[\mathrm{A}]$ $\left(\text{초기 조건은 } i(0)=\frac{E}{R+r}R\right)$

㉠ 초기 조건 $t=0$일 때 $i(t)=\frac{E}{R}[\mathrm{A}]$

㉡ $t=\tau=\frac{L}{R}$일 때 $i\left(\frac{L}{R}\right)=\frac{E}{R}e^{-1}=0.368\frac{E}{R}[\mathrm{A}]$

③ 특성근: $s=-\frac{R}{L}$

④ 시정수: $\tau=\frac{L}{R}[\mathrm{s}]$

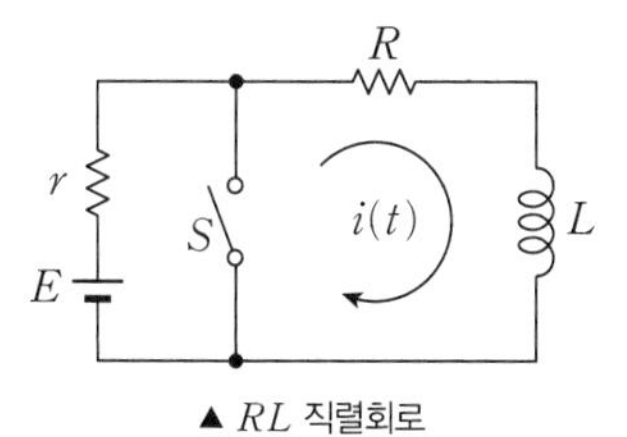

▲ RL 직렬회로

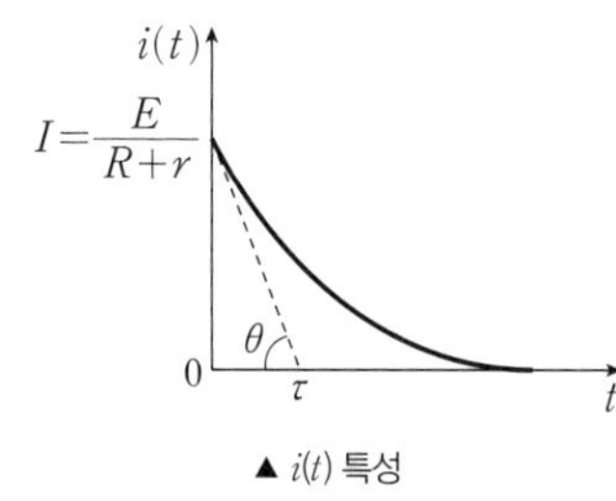

▲ $i(t)$ 특성

3. *RC* 직렬회로

(1) 스위치 S를 닫을 때 – 직류 전압을 인가할 때

① 평형 방정식: $Ri(t)+\frac{1}{C}\int i(t)dt=E \rightarrow R\frac{dq(t)}{dt}+\frac{q(t)}{C}=E$

② 전하 및 전류

㉠ $q(t)=CE\left(1-e^{-\frac{1}{RC}t}\right)[\mathrm{C}]$

㉡ $i(t)=\frac{dq(t)}{dt}=\frac{E}{R}e^{-\frac{1}{RC}t}[\mathrm{A}]$

③ 특성근: $s=-\frac{1}{RC}$

④ 시정수: $\tau=RC[\mathrm{s}]$

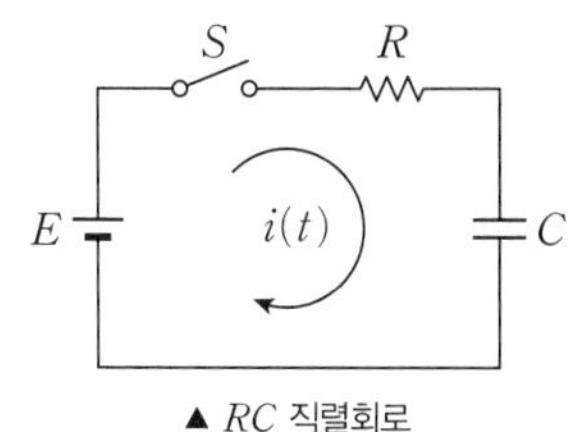

▲ RC 직렬회로

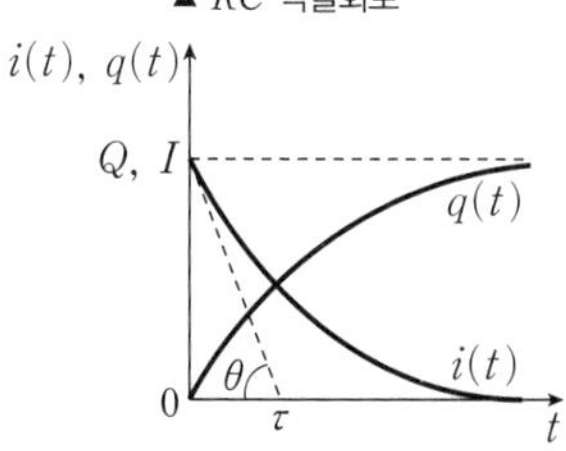

▲ $q(t)$, $i(t)$ 특성

(2) 스위치 S를 열 때 – 직류 전압을 제거할 때

① 평형 방정식 $Ri(t)+\frac{1}{C}\int i(t)dt=0,\ R\frac{dq(t)}{dt}+\frac{q(t)}{C}=0$

② 전하 및 전류

㉠ $q(t)=CEe^{-\frac{1}{RC}t}[\mathrm{C}]$

㉡ $i(t)=\frac{dq(t)}{dt}=-\frac{E}{R}e^{-\frac{1}{RC}t}[\mathrm{A}]$

③ 시정수 $\tau=RC[\mathrm{s}]$

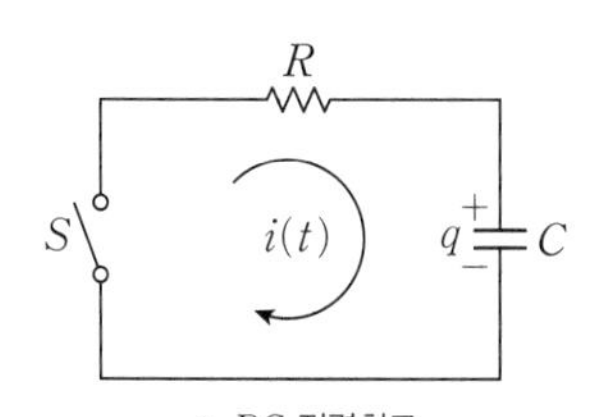

▲ RC 직렬회로

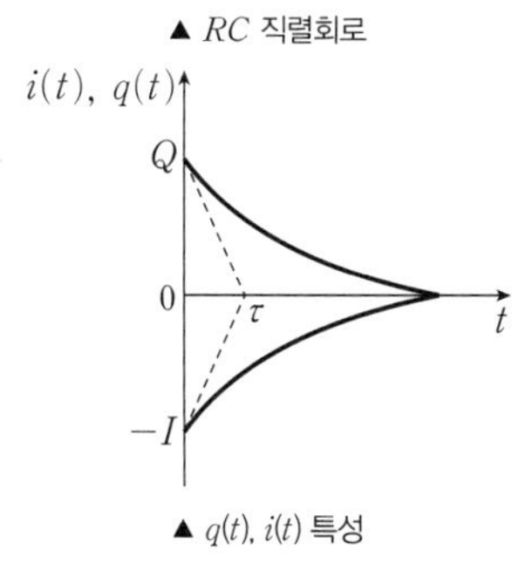

▲ $q(t)$, $i(t)$ 특성

4. RLC 직렬회로 (스위치 S를 닫을 때 – 직류 전압을 인가할 때)

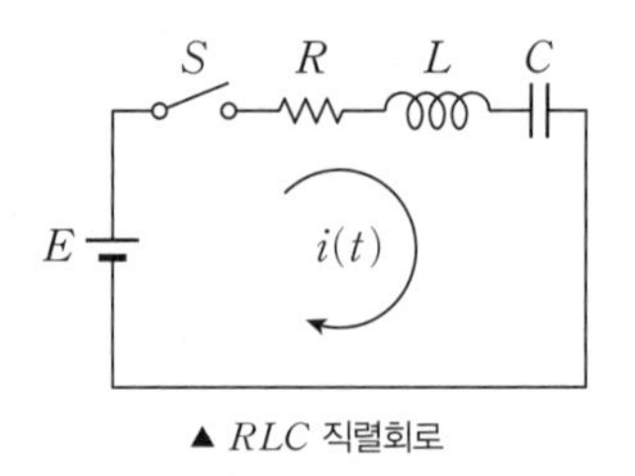

▲ RLC 직렬회로

① 평형 방정식

$$L\frac{di(t)}{dt}+Ri(t)+\frac{1}{C}\int i(t)dt=E$$

$$\rightarrow L\frac{d^2q(t)}{dt^2}+R\frac{dq(t)}{dt}+\frac{dq(t)}{C}=E'$$

(초기 조건 $t=0$일 때, $q(t)=0$, $i(t)=0$)

② 특성근: $-\frac{R}{2L}\pm\sqrt{\left(\frac{R}{2L}\right)^2-\frac{1}{LC}}$

③ 특성근에 따른 과도전류

특성근의 루트 안 값인 $\left(\frac{R}{2L}\right)^2-\frac{1}{LC}$에 따라 과도전류가 구분된다.

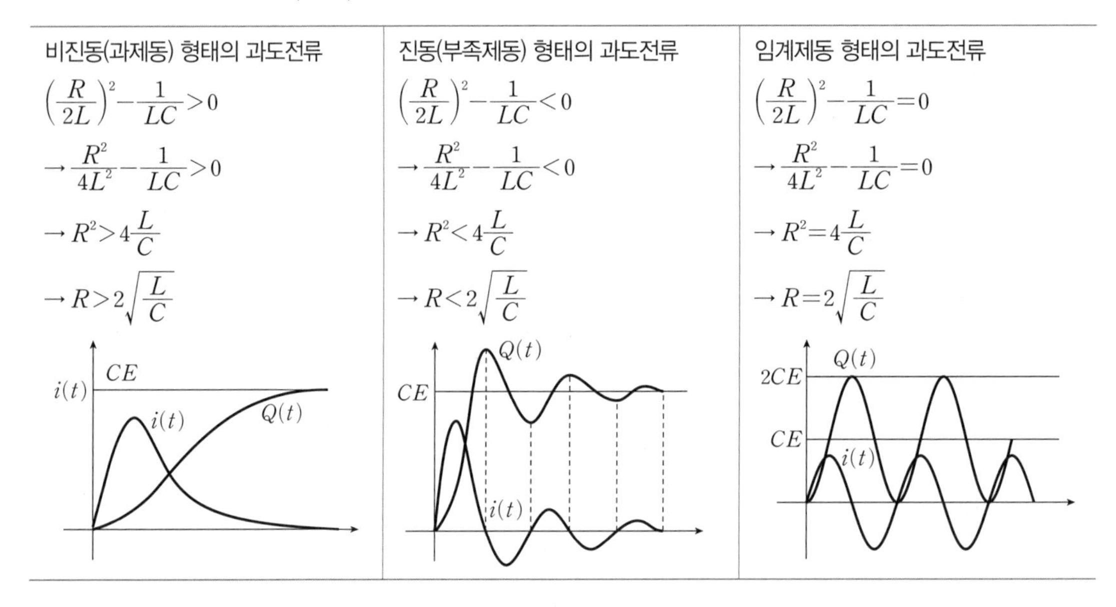

비진동(과제동) 형태의 과도전류	진동(부족제동) 형태의 과도전류	임계제동 형태의 과도전류
$\left(\frac{R}{2L}\right)^2-\frac{1}{LC}>0$	$\left(\frac{R}{2L}\right)^2-\frac{1}{LC}<0$	$\left(\frac{R}{2L}\right)^2-\frac{1}{LC}=0$
$\rightarrow \frac{R^2}{4L^2}-\frac{1}{LC}>0$	$\rightarrow \frac{R^2}{4L^2}-\frac{1}{LC}<0$	$\rightarrow \frac{R^2}{4L^2}-\frac{1}{LC}=0$
$\rightarrow R^2>4\frac{L}{C}$	$\rightarrow R^2<4\frac{L}{C}$	$\rightarrow R^2=4\frac{L}{C}$
$\rightarrow R>2\sqrt{\frac{L}{C}}$	$\rightarrow R<2\sqrt{\frac{L}{C}}$	$\rightarrow R=2\sqrt{\frac{L}{C}}$

5. 자동제어

(1) 제어

① 전기기기나 프로세스 등이 원하는 대로 동작하도록 조작하는 것을 제어라고 한다.

② 사람이 직접 동작하는 수동제어와 제어장치에 의해 자동적으로 움직이는 자동제어가 있다.

(2) 자동제어

① 제어장치를 통해 원하는 목푯값을 자동적으로 수행하도록 그 장치에 필요한 동작을 가하는 것을 자동제어라고 한다.

② 자동제어 시스템은 기본적으로 입력, 제어 시스템, 출력의 요소로 나타낸다.

(3) 개루프 제어계(open loop system)

① 가장 간단한 자동제어 장치로 미리 정해진 논리에 의해서 정해진 순서에 따라 제어의 각 단계를 차례대로 진행하는 제어계이다. 출력을 다시 입력으로 궤환시키지 않고 신호의 통로가 열려 있다.

② 특징

㉠ 구조가 간단하고 설치비가 경제적이다.

㉡ 입력과 출력의 비교가 가능한 검출부가 없어 외란에 대처하기 어렵다.

㉢ 입력과 출력이 서로 독립적이고, 제어동작이 출력과 관계가 없어 오차가 생길 수 있으며, 이 오차를 교정할 수 없다.

㉣ 일반적으로 제어대상과 제어장치를 직렬 연결한다.

+심화 개루프 제어계 기본 블록선도 (입력 → 제어 → 출력)

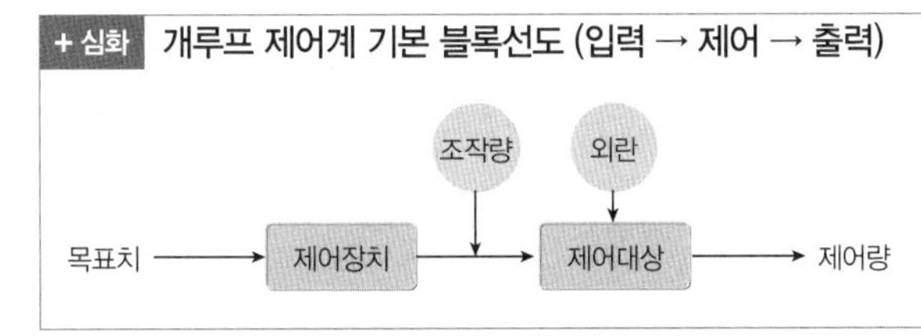

1. 기준입력: 직접 제어계에 가하는 신호
2. 조작량: 제어 대상에 가하는 입력
3. 외란: 제어량의 값을 변화시키는 외부 신호
4. 제어량: 출력

(4) 폐루프 제어계(closed loop system)

① 출력이 기준 입력과 일치하는지를 비교하여 일치하지 않을 때 일치하지 않는 정도에 비례하는 동작신호를 입력 방향으로 궤환(피드백)시켜 목푯값과 비교하도록 폐회로를 형성하는 제어계이다.

② 정확성 증가를 목표로 하며 입력과 출력을 비교할 수 있는 검출부를 추가하여 외란에 대비한 제어계로 피드백 제어계라고도 한다.

③ 특징

㉠ 구조가 복잡하고 설치비용이 비싼 편이다.

㉡ 정확성과 대역폭이 증가한다.

㉢ 외란에 대한 영향을 줄여 제어계의 특성을 향상시킬 수 있다.

㉣ 계의 특성변화에 대한 입력 대 출력비에 대한 감도가 감소한다.

㉤ 비선형과 왜형에 대한 효과는 감소한다.

㉥ 발진을 일으키는 경향이 있다.

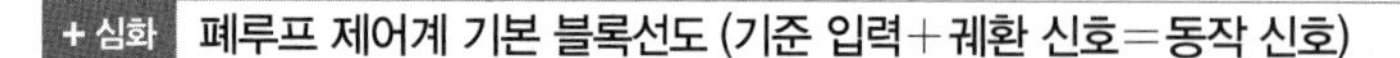

폐루프 제어계 기본 블록선도 (기준 입력+궤환 신호=동작 신호)

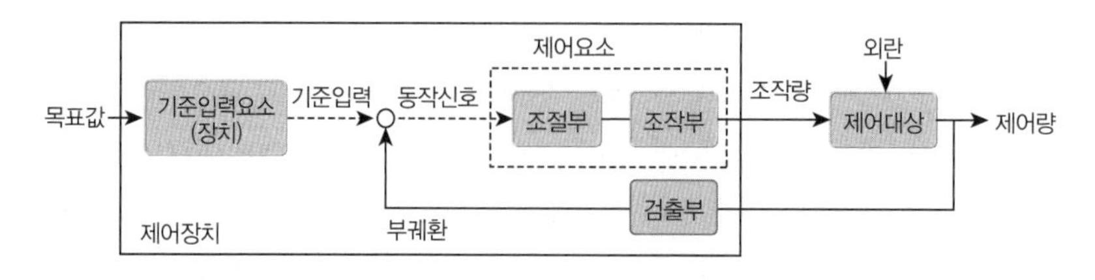

목푯값	외부에서 주는 입력으로 피드백 요소에 속하지 않는 신호
기준입력요소(장치)	목푯값을 제어할 수 있는 기준입력신호를 발생하는 장치
기준입력(신호)	목푯값에 비례하는 제어계를 동작시키는 기준으로 직접 폐회로에 가해지는 입력
동작신호	기준입력신호와 주궤환 신호의 편차 신호로 제어동작을 일으키는 신호
제어요소	조절부와 조작부로 구성되며, 동작신호를 조작량으로 변환시키는 요소
제어장치	기준입력장치, 조절부, 조작부, 검출부로 구성되는 장치
조작량	제어장치의 출력인 동시에 제어대상의 입력으로, 제어장치가 제어대상에 가하는 제어 신호
제어대상	출력 발생 장치로 제어계로부터 직접 제어를 받는 장치
외란	외부에서 가해지는 신호로서 제어량의 값을 변화시키는 요소
제어량	제어대상이 속하는 양으로 제어대상을 제어하는 것을 목적으로 하는 물리량
검출부	제어대상으로부터 제어량을 검출하고 기준입력신호와 비교하는 요소

6. 제어량에 의한 분류

(1) 프로세스 제어(공정 제어)

플랜트나 생산 공정 등의 상태량을 제어량으로 하는 제어로 주목적은 프로세스에 가해지는 외란의 억제이다.

예) 온도, 압력, 유량, 액면, 농도, 밀도, 효율 등

(2) 서보 제어(추종 제어)

① 기계적 변위를 제어량으로 목푯값의 임의의 변화에 추종하도록 구성된 제어계이다.

② 비행기 및 선박의 방향 제어계, 미사일 발사대의 자동 위치 제어계, 추적용 레이더, 자동 평형 기록계 등에 이용된다.

예) 물체의 위치, 방위, 자세, 각도 등

(3) 자동조정 제어

① 전기적, 기계적 물리량을 제어량으로 하는 제어이다.

② 응답 속도가 빨라야 하는 것이 특징이며 자동전압조정기(AVR), 발전기 내의 조속기 제어 등에 이용된다.

예) 전압, 전류, 주파수, 회전수, 힘 등

7. 목푯값에 의한 분류

(1) 정치 제어

목푯값이 시간에 따라 변하지 않고 일정한 제어로 주목적은 일정한 목푯값으로의 제어량 유지이다.

예) 프로세스 제어, 자동 조정 제어

(2) 추치 제어

목푯값이 시간에 따라 변화하는 제어

① 추종 제어: 임의로 시간적 변화를 하는 미지의 목푯값에 제어량을 추종시키는 것을 목적으로 하는 제어법으로 서보 기구가 이에 속한다.

② 프로그램 제어: 사전에 정해진 프로그램에 따라 제어량을 변화시키는 것을 목적으로 하는 제어법으로 목푯값의 변화가 미리 정해진다.

③ 비율 제어: 목푯값이 다른 양과 일정한 비율 관계를 가지고 변화하는 경우의 제어법으로 둘 이상의 제어량을 소정의 비율로서 제어한다.

8. 제어 동작에 의한 분류

(1) 불연속 제어(ON－OFF 제어)

펄스나 디지털 코드를 제어 신호로 사용하는 제어

① 조작부를 ON 또는 OFF 중 하나로 동작시키는 것으로 전자밸브 등이 있다.(단속적 제어동작)

② 동작이 간단하고, 잔류편차(off－set)가 발생하지 않는다.

③ 목푯값에 도달한 이후 on/off가 계속 반복되는 헌팅 현상이 발생한다.

(2) 연속 제어

연속적으로 제어동작하는 제어로서 조절부 동작방식에 따라 P, I, D, PI, PD, PID제어가 있다.

구분	내용
비례제어 (P제어)	• 입력 편차를 기준으로 조작량의 출력 변화가 일정한 비례관계에 있는 제어 • 연속 제어 중 가장 기본적인 구조 • 잔류편차(off set)가 발생
적분제어 (I제어)	• 제어량에 편차가 생겼을 때 편차의 적분차를 가감하여 조작단의 이동속도가 비례하는 제어 • 잔류편차가 소멸, 시간지연(속응성) 발생
미분제어 (D제어)	• 조작량이 동작신호의 미분값에 비례하는 동작으로 비례제어와 함께 사용 • 진동이 억제되어 빨리 안정되고, 오차가 커지는 것을 사전에 방지. 잔류편차가 발생
비례적분제어 (PI제어)	• 비례제어의 단점을 보완하기 위해 비례제어에 적분제어를 가한 제어 • 잔류편차는 개선되지만 시간지연이 발생. 간헐현상이 있고, 진동하기 쉬움. 지상보상요소
비례미분제어 (PD제어)	• 목푯값이 급격한 변화를 보이며, 응답 속응성 개선(응답이 빠름), 오차가 커지는 것을 방지 • 시간 지연은 개선되지만 잔류편차는 발생, 진상보상요소
비례적분미분제어 (PID제어)	• 간헐현상을 제거, 사이클링과 잔류편차 제거 • 시간지연을 향상시키고, 잔류편차도 제거한 가장 안정적인 제어, 진지상보상요소

$$x_0 = K_p\left(x_i + \frac{1}{T_I}\int x_i dt + T_D + \frac{dx_i}{dt}\right)$$

x_0: 출력신호, K_p: 감도, T_I: 적분시간, T_D: 미분시간

9. 자동제어계의 안정도 판별

(1) 루스 판별법

시스템의 특성방정식으로부터 대수적으로 판별

(2) 후르비쯔 판별법

루스 판별법과 마찬가지로 특성방정식의 계수관의 관계에 따라 안정과 불안정을 판별

(3) 나이퀴스트 판별법

편각의 원리에 기초한 도해적 방법으로 판별

(4) 근궤적법, 보드선도 판별법

10. 제어기기의 변환 요소

변환량	변환 요소
압력 → 변위	벨로우즈, 다이어프램, 스프링
압력 → 임피던스	스트레인 게이지
변위 → 압력	노즐 플래퍼, 유압 분사관, 스프링
변위 → 임피던스	가변 저항기, 용량형 변환기, 가변저항 스프링
변위 → 전압	포텐셔미터, 차동 변압기, 전위차계
전압 → 변위	전자석, 전자코일
광 → 임피던스	광전관, 광전도 셀, 광전 트랜지스터
광 → 전압	광전지, 광전 다이오드
방사선 → 임피던스	GM관, 전리함
온도 → 임피던스	측온저항(열선, 서미스터, 백금, 니켈)
온도 → 전압	열전대(백금－백금로듐, 철－콘스탄탄, 구리－콘스탄탄, 클로멜－알루멜)

무엇이든 넓게 경험하고 파고들어
스스로를 귀한 존재로 만들어라.

– 세종대왕

PHASE 18 | 전달함수, 블록선도, 시퀀스회로

1. 라플라스 변환

(1) 의미

① 시간에 대한 함수 $f(t)$를 제어 장치에 입력할 수 있는 주파수에 대한 함수 $F(j\omega)=F(s)$로 변환한다.

② 라플라스 변환 공식은 다음과 같다.

$$F(s)=\int_{0}^{\infty} f(t)e^{-st}dt$$

③ 라플라스 변환 기호는 $\mathcal{L}$를 쓰고, 함수 $f(t)$에 대한 라플라스 변환을 다음과 같이 나타낸다.

$$\mathcal{L}\{f(t)\}=F(s)$$

(2) 기본 변환 공식

시간 함수 $f(t)$	주파수 함수 $F(s)$	시간 함수 $f(t)$	주파수 함수 $F(s)$
임펄스 함수: $\delta(t)$	1	단위 계단 함수: $u(t)=1$	$\frac{1}{s}$
속도 함수: t	$\frac{1}{s^2}$	가속도 함수: t^2	$\frac{2!}{s^{2+1}}$
지수 함수: e^{at}	$\frac{1}{s-a}$	지수 함수: e^{-at}	$\frac{1}{s+a}$
정현 함수: $\sin\omega t$	$\frac{\omega}{s^2+\omega^2}$	여현 함수: $\cos\omega t$	$\frac{s}{s^2+\omega^2}$
쌍곡 정현 함수: $\sinh\omega t$	$\frac{\omega}{s^2-\omega^2}$	쌍곡 여현 함수: $\cosh\omega t$	$\frac{s}{s^2-\omega^2}$

(3) 미적분식의 라플라스 변환

① 미분식의 라플라스 변환 공식은 다음과 같다. $(f(0)=0,\ f'(0)=0)$

$$\mathcal{L}\left\{\frac{df}{dt}\right\}=sF(s),\ \mathcal{L}\left\{\frac{d^2f}{dt^2}\right\}=s^2F(s)$$

② 적분식의 라플라스 변환 공식은 다음과 같다.

$$\mathcal{L}\left\{\int f(t)dt\right\}=\frac{1}{s}F(s)$$

2. 전달함수

(1) 정의

제어 시스템의 입력 신호에 대한 출력 신호가 어떤 모양으로 나오는지에 관한 신호전달 특성을 제어요소에 따라 구분한 것이다. 즉, 어떤 제어 시스템의 입력 신호와 출력 신호의 관계를 수식적으로 표현한 것이 전달함수이다.

(2) 의미

모든 초기 조건을 0이라고 가정하며, 입력신호의 라플라스 변환과 출력신호의 라플라스 변환의 비를 뜻한다.

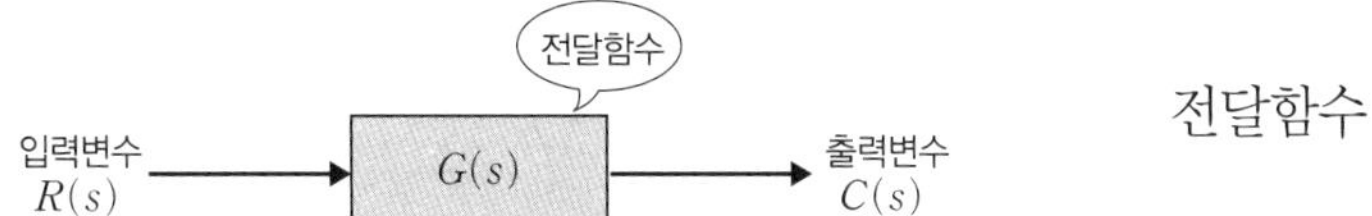

$$\text{전달함수 } G(s) = \text{출력}/\text{입력} = \frac{C(s)}{R(s)}$$

3. 블록선도

(1) 정의

자동 제어계 내에서 신호가 전달되는 모양을 알기 쉽게 일정한 형식으로 그림을 그려 나타낸 계통도로 블록을 이용하여 입력과 출력의 관계를 나타내는 전달함수를 표시한다.

(2) 블록선도의 구성

① 제어계의 블록선도는 한 방향으로만 동작하는 블록들로 구성되며, 신호의 흐름은 화살표로 나타낸다.

② 블록선도의 블록 안에 입력과 출력의 관계를 나타내는 전달함수를 표시한다.

구성요소	기호	연산 및 설명
신호	→	신호의 흐름 방향은 화살표로 표시한다.
전달요소	$R(s)$ → [$G(s)$] → $C(s)$	$C(s)=G(s)R(s)$ 블록 안에 표기하며, 입력신호를 받아 출력신호를 만든다.
가합점	$R(s)$ → ○ → $Y(s)$, $\pm$ ↑ $Z(s)$	$Y(s)=X(s)\pm Z(s)$ 화살표 옆에 +, −로 표기하며 두 가지 이상의 신호가 있을 때 이들 신호의 합과 차를 표현하는 요소이다.
인출점	$X(s)$ → $Y(s)$, ↓ $Z(s)$	$X(s)=Y(s)=Z(s)$ 하나의 신호를 두 계통으로 분기하는 요소이다.

(3) 블록선도의 등가 변환

복잡한 제어계의 종합 전달함수를 구하기 위하여 블록선도를 간단히 등가 변환한다.

구분	블록선도	등가 변환
교환	$R(s) \rightarrow G_1(s) \rightarrow G_2(s) \rightarrow C(s)$	$R(s) \rightarrow G_2(s) \rightarrow G_1(s) \rightarrow C(s)$
직렬 결합	$R(s) \rightarrow G_1(s) \rightarrow G_2(s) \rightarrow C(s)$	$R(s) \rightarrow G_1(s)G_2(s) \rightarrow C(s)$ 전체 전달함수 $G=G_1 \cdot G_2$
병렬 결합	$R(s)$, $G_1(s)$, $G_2(s)$, $+$, $\pm$, $C(s)$	$R(s) \rightarrow G_1(s) \pm G_2(s) \rightarrow C(s)$ 전체 전달함수 $G=G_1 \pm G_2$
피드백(되먹임) 결합	$R(s)$, $+$, $\pm$, $G_1(s)$, $C(s)$, $G_2(s)$	$R(s) \rightarrow \dfrac{G}{1 \mp GH} \rightarrow C(s)$ 전체 전달함수 $G=\dfrac{G}{1 \mp G \cdot H}$

4. 블록선도의 종합 전달함수

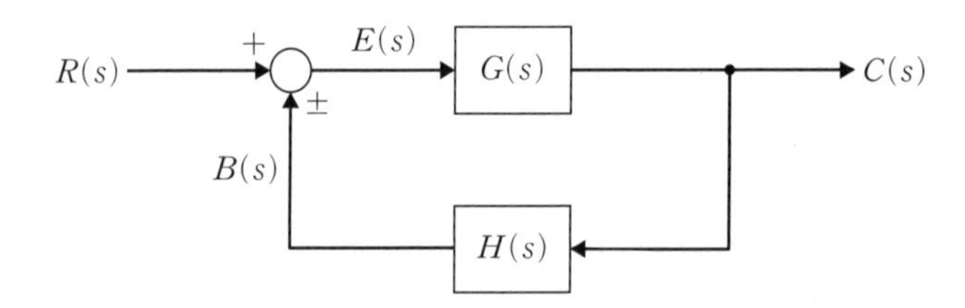

$R(s)$: 입력, $C(s)$: 출력, $G(s)=\dfrac{C(s)}{E(s)}$: 순방향 전달함수(=전향 이득),
$\dfrac{B(s)}{E(s)}=G(s)H(s)$: 개루프 전달함수, $H(s)$: 되먹임 전달함수

(1) 편차

$E(s)=R(s) \pm B(s)=R(s) \pm C(s)H(s)$

$\because B(s)=H(s)C(s)$

(2) 출력

$C(s)=E(s)G(s)=[R(s) \pm H(s)C(s)]G(s)=R(s)G(s) \pm H(s)C(s)G(s)$

$\rightarrow C(s) \mp H(s)C(s)G(s)=R(s)G(s)$

$\rightarrow C(s)[1 \mp H(s)G(s)]=R(s)G(s)$

$\therefore$ 종합 전달함수 $M(s)=\dfrac{\text{출력}}{\text{입력}}=\dfrac{C(s)}{R(s)}=\dfrac{G(s)}{1 \mp G(s)H(s)}$

(3) 전달함수 $M(s)$

$M(s)=\dfrac{\text{경로}}{1-\text{폐로}}$

5. 시퀀스 제어

(1) 정의

제어계에서 얻고자 하는 목푯값 등을 미리 정해진 순서에 따라 제어의 각 단계를 순차적으로 진행해 나가는 제어이다.

(2) 특징

① 시퀀스 제어는 개루프 제어계이다.

② 미리 정해진 순서에 따라 제어가 되며, 원인과 결과가 확실하다.

③ 제어 결과에 따라 조작이 자동적이다.

(3) 종류

계전기(relay)를 이용한 유접점 시퀀스 회로와 반도체 소자를 이용한 무접점 시퀀스 회로, 자기유지회로, 인터록 회로, 논리회로 등이 있다.

6. 제어회로의 접점

(1) 접점의 종류 실기

스위치의 개로 및 폐로 상태에 따라 a접점, b접점, c접점으로 구분된다.

접점	기호	설명
a접점		① 평상시에는 접점이 떨어져 있고, 동작 시에만 접점이 붙는다. ② 작동하는 접점(arbeit contact)의 앞 글자를 따서 a접점이라 부르며, 항상 열려있는 접점(Normally Open)이라는 뜻에서 NO 접점이라고도 한다.
b접점		① 평상시에는 접점이 붙어 있고, 동작 시에만 접점이 떨어진다. ② 끊어지는 접점(break contact)의 앞 글자를 따서 b접점이라 부르며, 항상 닫혀있는 접점(Normally Close)이라는 뜻에서 NC 접점이라고도 한다.
c접점		a접점과 b접점이 함께 있는 것으로, 필요에 따라 둘 중 하나를 선택하여 사용한다.

(2) 접점 기호의 표기

① a접점은 떨어진 모양으로, b접점은 붙은 모양으로 동작하지 않는 상태를 그린다.

② 횡서인 경우 a접점은 위쪽에, b접점은 아래쪽에 그린다.

③ 종서인 경우 a접점은 오른쪽에, b접점은 왼쪽에 그린다.

명칭		a접점		b접점		조작용 스위치
		횡서	종서	횡서	종서	
수동 조작	자동복귀접점	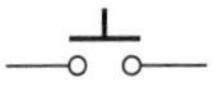	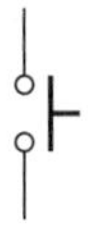			복귀용 스위치 : 푸시버튼스위치와 같이 손을 떼면 복귀하는 접점
	수동복귀접점					유지형 스위치 : 텀블러스위치나 토글스위치와 같이 조작을 가하면 그 상태를 계속 유지하는 접점
릴레이	자동복귀접점	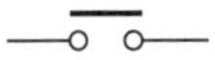				계전기(relay) : 전자석의 흡인력에 의해서 접점이 붙었다가 떨어졌다가 함.
	수동복귀접점	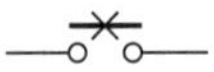				열동 계전기 : 인위적으로 복귀시킴(전자석으로 자동 복귀되는 것 포함)
시한 동작	한시동작 순시복귀접점	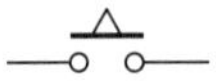	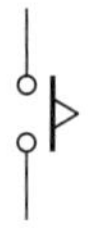			한시 계전기: ON－Delay Timer 전원 투입 후 타이머 시간만큼 지연 후에 동작하며, 전원이 꺼지면 바로 복귀함.
	순시동작 한시복귀접점					한시 계전기: OFF－Delay Timer 전원 투입 후 바로 동작하며, 전원이 꺼지면 타이머 시간만큼 지연된 후에 복귀함.
	한시동작 한시복귀접점		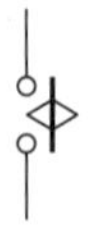			한시 계전기 : ON－OFF Delay Timer
—	기계적 접점		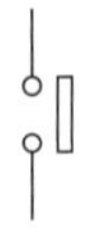			리미트 스위치(LS) : 접점의 개폐가 전기적 이외의 원인인 기계적 운동 부분과 접촉하여 조작이 되는 접점

7. 자기유지 회로와 인터록 회로 실기

(1) 자기유지 회로(기억 회로)

① 스스로 동작을 기억하는 회로로 순간 동작으로 만들어진 입력 신호가 계전기에 가해지면 입력 신호가 제거되더라도 계전기의 동작이 계속 유지된다.

② 공급 전원이 임의로 차단된 후 전원이 재공급되는 경우의 회로를 보호하기 위한 목적으로 사용된다.

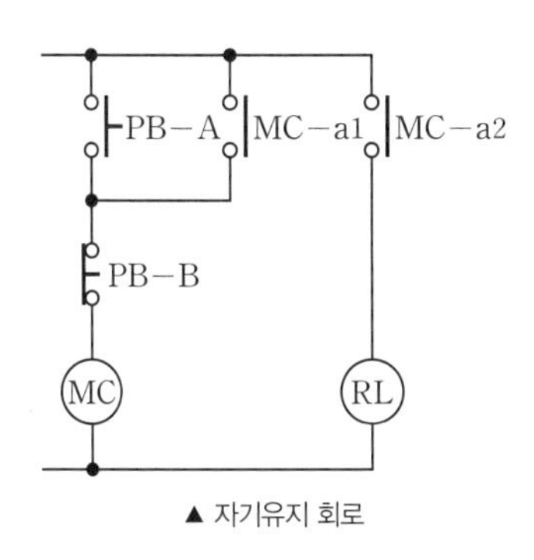

▲ 자기유지 회로

+기초 자기유지 회로

1. PB−A를 on 하면 전류가 흘러 MC(전자접촉기)가 여자되고, MC−a(전자접촉기 a 접점)이 붙게 되어 폐로가 된다.
2. PB−A가 off 되어도 MC가 여자되어 있기 때문에 MC−a는 떨어지지 않고 자기 유지가 되며, PB−B를 눌렀을 경우에 떨어지게 된다.
3. PB−A와 MC−a는 반드시 병렬로 연결해야 자기유지가 된다.

(2) 인터록 회로

① 기기 및 작업자의 보호를 목적으로 상호 관련이 있는 기기의 동작을 서로 구속하게 하여 관련기기의 동작을 제한한다.

② 2개 이상의 회로에서 한개 회로만 동작을 시키고 나머지 회로는 동작이 될 수 없도록 해주는 회로이다.

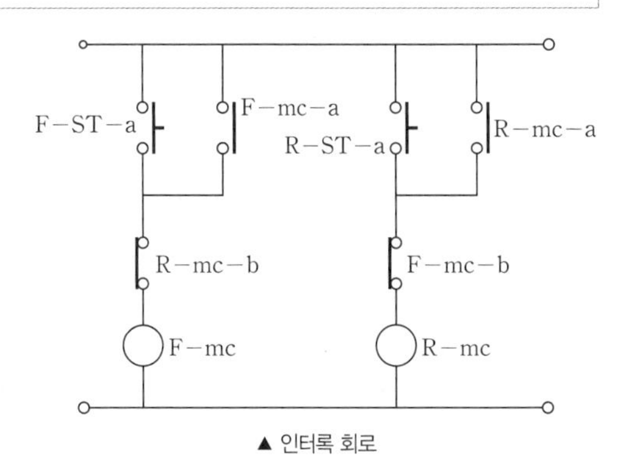

▲ 인터록 회로

+기초 인터록 회로

1. F−ST−a를 ON 하면 왼쪽 회로에는 전류가 흐르게 되고 F−mc가 여자되어, F−mc−a는 ON 상태로 F−mc−b는 Off 상태로 만든다.
2. ON 상태가 된 F−mc−a로 인해 F−ST−a에서 손을 떼더라도 왼쪽 회로에는 계속해서 전류가 흘러 동작이 지속된다.
3. 그리고 F−mc−b는 Off 상태이므로 R−ST−a를 ON 하더라도 오른쪽 회로는 동작하지 않는다.
4. 반대의 경우 R−ST−a를 ON하고, R−mc가 여자되면 마찬가지로 오른쪽 회로만 동작하고, 왼쪽 회로는 동작하지 못한다. 즉, 두 회로는 동시에 작동하지 않는다.
5. 이와 같이 인터록 회로에서는 하나의 릴레이가 동작하면 다른 릴레이의 동작은 금지된다.

1. 논리회로 실기

(1) AND 회로(논리곱 회로)

입력 단자 A와 B 모두 ON이 되어야 출력이 ON이 되고, 그 어느 한 단자라도 OFF되면 출력이 OFF되는 회로이다.

논리기호, 논리식

* 논리식 C=A·B

진리표

입력		출력
A	B	C
0	0	0
0	1	0
1	0	0
1	1	1

유접점 회로

무접점 회로

AND 회로(=직렬회로)

AND 회로는 스위치 2개를 직렬접속한 회로에 전구를 연결한 것과 같다. 즉, 스위치 2개가 모두 닫혀야 전구에 불이 들어온다.

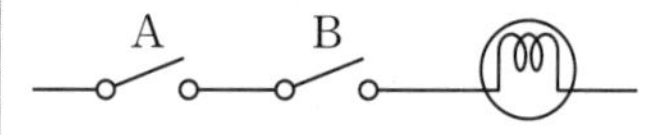

논리곱

AND 회로는 논리곱으로 입력이 모두 1인 경우에만 출력이 1이 되고, 하나라도 0이면 출력은 0이 된다.

(2) OR 회로(논리합 회로)

입력 단자 A와 B 모두 OFF일 때에만 출력이 OFF되고, 두 단자 중 어느 하나라도 ON이면 출력이 ON이 되는 회로이다.

논리기호, 논리식

* 논리식 C=A+B

진리표

입력		출력
A	B	C
0	0	0
0	1	1
1	0	1
1	1	1

유접점 회로

무접점 회로

OR 회로(=병렬회로)

OR 회로는 스위치 2개를 병렬접속한 회로에 전구를 연결한 것과 같다. 즉, 스위치 2개 중 하나만 닫혀도 전구에 불이 들어온다.

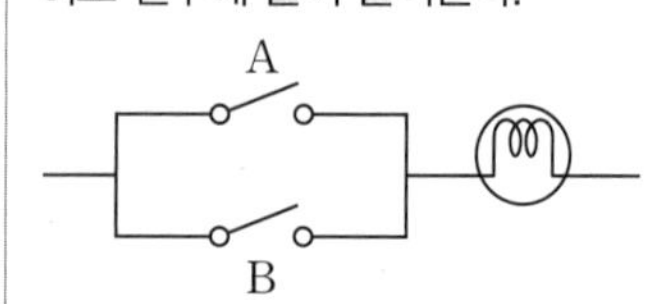

논리합

OR 회로는 논리합으로 입력이 하나라도 1이면 출력이 1이 되고, 입력이 모두 0인 경우에만 출력이 0이 된다.

(3) NOT 회로(부정회로)

입력이 ON이면 출력이 OFF되고, 입력이 OFF이면 출력이 ON이 되는 회로이다.

논리기호, 논리식

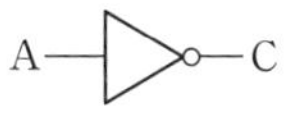

* 논리식 $C=\overline{A}$

진리표

입력	출력
A	C
0	1
1	0

유접점 회로

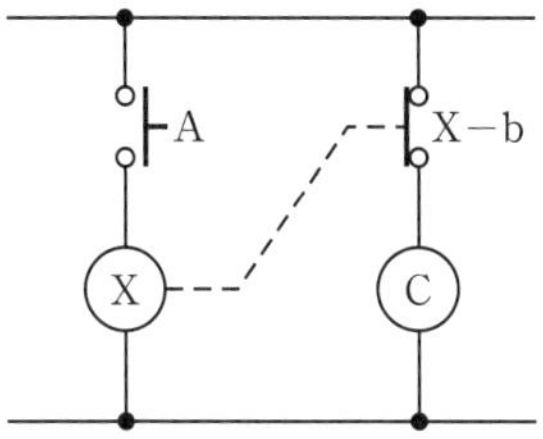

무접점 회로

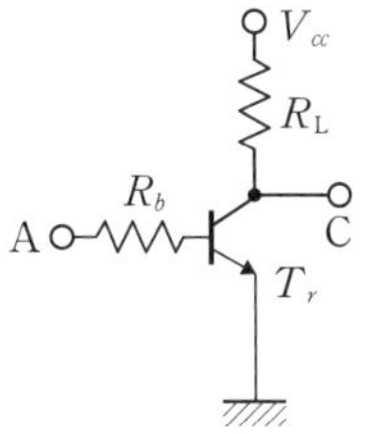

NOT 회로
NOT 회로는 1개의 입력과 1개의 출력을 갖는 회로로 논리 부정이다. 입력에 대해 반대로 출력하므로 1이 입력되면 0이 출력되고, 0이 입력되면 1이 출력된다.

(4) NAND 회로(논리곱 부정회로)

입력 단자 A와 B 모두 ON인 경우 출력이 OFF되고, 두 단자 중 어느 한 단자라도 OFF인 경우 출력이 ON되는 회로이다.

논리기호, 논리식

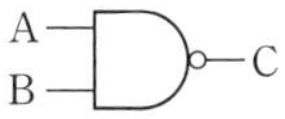

* 논리식 $\overline{C}=A\cdot B$
$C=\overline{A\cdot B}=\overline{A}+\overline{B}$

진리표

입력		출력
A	B	C
0	0	1
0	1	1
1	0	1
1	1	0

유접점 회로

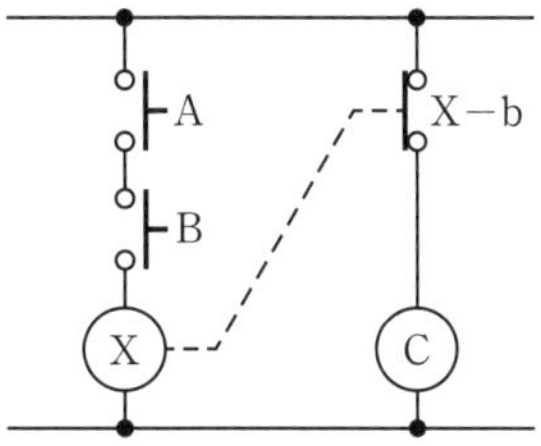

무접점 회로

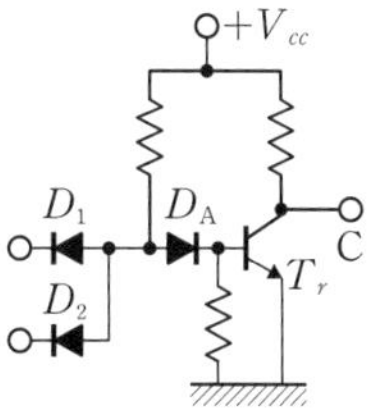

NAND 회로(NOT+AND)
부정 논리곱으로 입력이 모두 1인 경우에만 출력이 0이 되고, 하나라도 0이면 출력은 1이 된다.

(5) NOR 회로(논리합 부정회로)

입력 단자 A와 B 모두 OFF인 경우에만 출력이 ON되고, 두 단자 중 어느 한 단자라도 ON이면 출력이 OFF가 되는 회로이다.

논리기호, 논리식

A, B → C

* 논리식 $\overline{C}=A+B$

$C=\overline{A+B}=\overline{A}\cdot\overline{B}$

진리표

입력		출력
A	B	C
0	0	1
0	1	0
1	0	0
1	1	0

유접점 회로 / **무접점 회로**

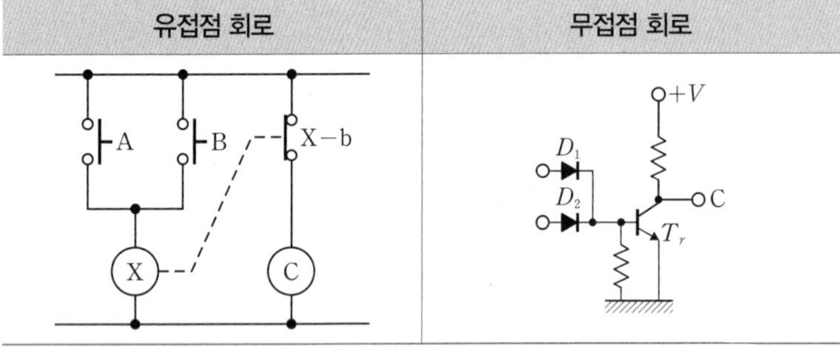

NOR 회로(NOT+OR)
부정 논리합으로 입력이 하나라도 1이면 출력은 0이 되고, 모든 입력이 0인 경우에만 출력이 1이 된다.

(6) Exclusive OR(XOR) 회로(배타적 논리합회로)

입력 단자 A와 B 중 어느 한 단자라도 ON이면 출력이 ON이 되고, 두 단자 모두 ON이거나 OFF일 때에는 출력이 OFF가 되는 회로이다. 즉, 입력이 같으면 0, 다르면 1이 출력된다.

논리기호, 논리식

A, B → C

* 논리식 $C=A\oplus B=\overline{A}\cdot B+A\cdot\overline{B}$

진리표

입력		출력
A	B	C
0	0	0
0	1	1
1	0	1
1	1	0

논리 회로

A, B → C

NOT 회로 2개, AND 회로 2개, OR 회로 1개로 구성된다.

유접점 회로

A, $\overline{A}$, $\overline{B}$, B, C

Exclusive OR 회로
배타적 논리합으로 홀수개의 1이 입력되면 출력이 1이 되고, 짝수개의 1이 입력되면 출력은 0이 된다.

(7) Exclusive NOR 회로

A와 B 모든 단자가 ON이거나 OFF일 때에는 출력이 ON이 되고, 두 단자 중 어느 하나만 ON이면 출력이 OFF가 되는 회로이다. 즉, 입력이 같으면 1, 다르면 0이 출력된다.

논리기호, 논리식	진리표
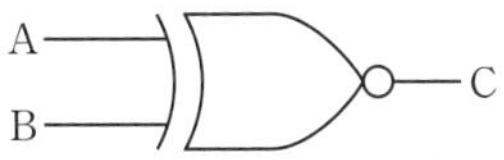 A, B → C * 논리식 $C=\overline{A \oplus B}=\overline{A}\cdot\overline{B}+A\cdot B$	입력 A, B / 출력 C 0 0 1 0 1 0 1 0 0 1 1 1

입력		출력
A	B	C
0	0	1
0	1	0
1	0	0
1	1	1

논리 회로	유접점 회로
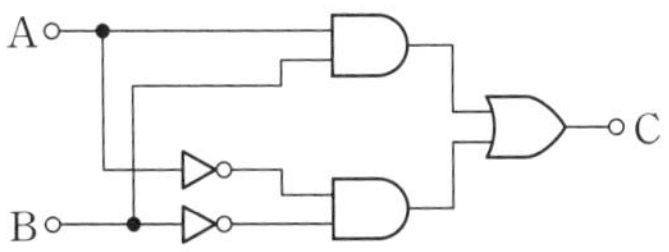 A, B, C NOT 회로 2개, AND 회로 2개, OR 회로 1개로 구성된다.	$\overline{A}$, A, $\overline{B}$, B, C

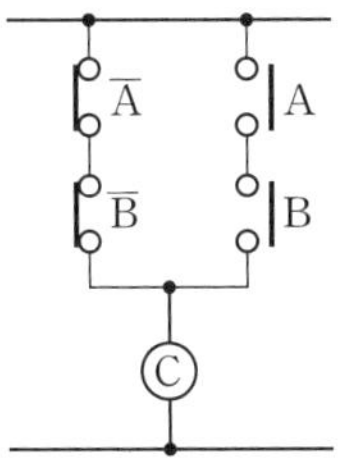

Exclusive NOR 회로
배타적 부정 논리합으로 홀수개의 1이 입력되면 출력이 0이 되고, 짝수개의 1이 입력되면 출력은 1이 된다.

2. 불대수 실기

(1) 의미와 공리

어떤 기능을 수행하는 최적의 방법을 정하기 위하여 수식적으로 표현하는 방법을 불 대수라고 한다.

① 불 대수에서 사용하는 모든 변수는 '0' 또는 '1' 중 하나이다.
A=0 아니면 A=1 → 회로의 접점이 개로 아니면 폐로 상태

② 부정의 동작은 ¯로 표시한다.

③ AND의 논리기호는 ·로, OR의 논리기호는 +로 표시한다.
(AND) 1·1=1 두 개의 입력 신호를 동시에 주므로 출력이 1이다.
(AND) 1·0=0 둘 중 하나의 입력 신호만 주므로 출력이 0이다.
(OR) 1+0=1 입력 신호가 있으므로 출력이 1이다.

(2) 연산

항등법칙	· A+0=A	· A·0=0	· A+1=1	· A·1=A
동일법칙	· A+A=A	· A·A=A		
보수법칙	· $A+\overline{A}=1$	· $A\cdot\overline{A}=0$		
교환법칙	· A+B=B+A	· A·B=B·A		
결합법칙	· A+(B+C)=(A+B)+C		· A·(B·C)=(A·B)·C	
분배법칙	· A·(B+C)=A·B+A·C		· A+(B·C)=(A+B)·(A+C)	
흡수법칙	· A+A·B=A	· $A+\overline{A}B=A+B$	· A·(A+B)=A	

(3) 드 모르간의 정리(De Morgan's theorem)

① $\overline{A+B}=\overline{A}\cdot\overline{B}$

② $\overline{A\cdot B}=\overline{A}+\overline{B}$

PHASE 20 | 반도체 소자

1. 반도체의 정의 및 특성

(1) 정의

① 전기를 전하는 정도가 도체와 부도체의 중간 정도인 물질을 반도체라고 하며, 일반적으로 저온에서 부도체에 가깝고 고온이 될수록 도체에 가까워진다.

② 상온에서 전기 저항률이 10^{-4}~10^{4}[Ω·m]정도 되는 물질이다.

(2) 특성

① 부(−) 온도 계수: 일반적으로 도체는 가열하면 저항이 커지지만, 반도체는 온도가 상승함에 따라 전기 저항이 작아지고, 도전율은 증가하는 부(−) 온도 계수를 갖는다.

② 정류 작용: 교류를 직류로 바꾸는 정류 작용이 가능하다.

③ 광전 효과: 빛을 받으면 저항이 감소하거나, 전기가 발생하기도 하는데 이를 광전 효과라 한다.

④ 증폭 작용: 미세한 전기적 변화를 큰 전기 신호로 바꾸는 증폭 작용을 하기도 한다.

⑤ 반도체에 불순물을 첨가하거나 첨가한 불순물의 양을 조절함으로써 전기 저항을 감소시키거나 크게 할 수 있다.

2. 반도체의 종류

(1) 진성 반도체

① 불순물을 첨가하지 않은 순수한 반도체로 원자가 전자가 4개인 실리콘(Si)이나 저마늄(Ge)이 대표적이다.

② 부도체와 마찬가지로 전류가 거의 통하지 않지만, 진성 반도체에 불순물을 첨가하면 전기 전도도가 늘어나 도체처럼 전류가 흐르게 된다.

+기초 진성 반도체

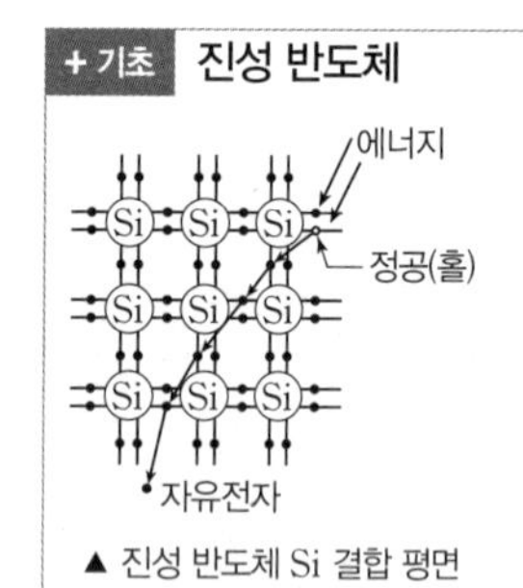

▲ 진성 반도체 Si 결합 평면

그림과 같이 Si 원자는 서로 이웃하는 원자와 공유결합 하여 8개의 최외각 전자를 가진 안정된 상태를 유지한다.
순수한 Si의 전자들은 원자핵과의 결합이 안정적이므로 잘 움직이지 않기 때문에 전류가 잘 흐르지 못한다.

(2) N형 반도체

① 진성 반도체에 도너 불순물이 미소량 첨가되는 반도체이다.

② 도너: N형 반도체의 불순물로서 원자가 전자가 5개인 인(P), 질소(N), 비소(As), 안티몬(Sb), 비스무트(Bi) 등이 있다.

③ 도너 주변 최외각 전자가 9개가 되어 안정적인 상태보다 하나의 전자가 남게 된다. 이 전자를 과잉(자유) 전자라 하며, 자유 전자가 이동하면서 전류를 흐르게 한다.

(3) P형 반도체

① 진성 반도체에 억셉터 불순물이 미소량 첨가되는 반도체이다.

② 억셉터: P형 반도체의 불순물로서 원자가 전자가 3개인 붕소(B), 알루미늄(Al), 인듐(In), 갈륨(Ga), 탈륨(Ti) 등이 있다.

③ 억셉터 주변 최외각 전자는 7개로 안정적인 상태보다 하나의 전자가 부족한 상태가 되면서 (+) 전하를 갖는 정공(전자가 들어갈 수 있는 구멍)을 갖게 된다.

④ 정공에 전자가 채워지는 것은 정공이 (−) 극으로 이동한 것과 같은 효과로서 전류를 흐르게 한다.

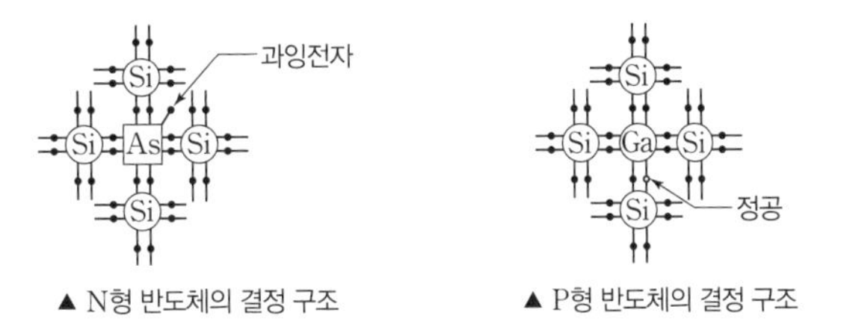

▲ N형 반도체의 결정 구조　▲ P형 반도체의 결정 구조

3. 다이오드(diode)

(1) 정의

다이오드는 P형 반도체와 N형 반도체를 접합하고, 양 끝에 전극을 붙인 것으로 P형이 애노드인 (+)극에 연결될 때에만 전류가 흐르는 특징을 갖는다. 즉, 다이오드는 정류작용을 하며 정류기라고도 한다.

+기초 정류작용

다이오드는 역방향 전압이 걸리면 전류를 흘리지 않고, 순방향 전압이 걸릴 때에만 전류가 흐른다. 즉, 전류를 한 방향으로만 흐르게 하는데 이를 정류작용이라고 한다.

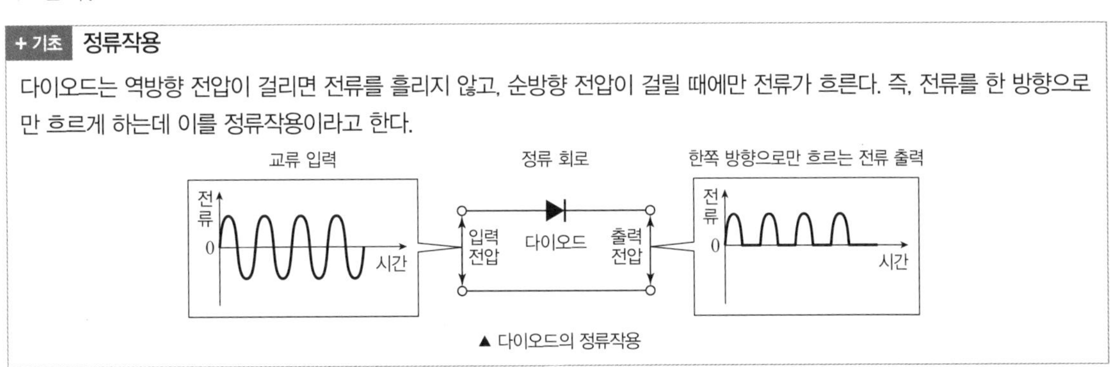

▲ 다이오드의 정류작용

(2) 구조 및 작동 원리

① 다이오드(diode)는 2극관이라는 의미로 애노드(양극)와 캐소드(음극)의 두 전극으로 구성된다.

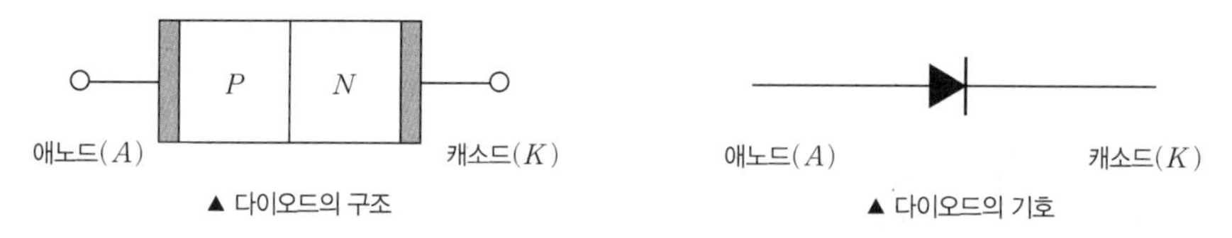

▲ 다이오드의 구조 ▲ 다이오드의 기호

② 작동 원리

구분	순방향 전압	역방향 전압
구성	P형 반도체에 (+)극을 연결하고, N형 반도체 (−)극을 연결한다.	P형 반도체에 (−)극을 연결하고, N형 반도체 (+)극을 연결한다.
원리	공핍층 / P형 전류 N형 / + − • P형 반도체에 있는 정공은 (−)극인 N형 반도체 쪽으로 이동하고, N형 반도체에 있는 자유 전자는 (+)극인 P형 반도체 쪽으로 이동하므로 척력에 의해 공핍층이 얇아진다. • 전원에 의해 다이오드의 양 끝에 전자와 정공이 계속 공급되어 지속적으로 전류가 잘 흐르게 된다.	공핍층 / P형 전류 N형 / − + • P형 반도체에서는 전자가 공급되어 정공이 사라지고 전원의 (−)극 쪽으로 정공이 몰리게 되며, N형 반도체에서는 전자가 전원의 (+)극 쪽으로 몰려 공핍층이 넓어진다. • 공핍층이 넓어지면 접합면에 남게 되는 전자나 정공이 없어 전류가 흐르지 않게 된다.

(3) 다이오드의 종류

종류	기호	정의 및 특징
정류용 다이오드		일반적인 다이오드로 전류를 한 방향으로 흐르게 하는 정류작용을 이용한 다이오드이다.
제너 다이오드 (정전압 다이오드)		• 기준 이상의 전압을 역방향으로 가하면 전류가 흐르는 특성을 가지며, 일반적인 다이오드와는 반대로 애노드에 (−) 전원을, 캐소드에 (+) 전원을 연결한 다이오드이다. • 일정한 전압을 회로에 공급하기 위한 정전압 전원 회로에 사용된다.
터널 다이오드		• 기준 이상의 전압을 가하면 전류가 감소하는 특성을 가지고 있으며 고속 스위칭 회로나 논리회로에 주로 사용되는 다이오드이다. • 증폭작용, 발진작용, 개폐작용을 한다.
가변용량 다이오드 (버랙터, varactor)		• 다이오드 접합부의 정전 용량이 역전압에 비례하는 성질을 이용한 다이오드이다. (역전압을 크게 하여 정전 용량을 조절함) • 전압의 변화에 따라 발진 주파수를 조절하거나 무선 마이크, 고주파 변조 등에 사용된다.

발광 다이오드 (LED)	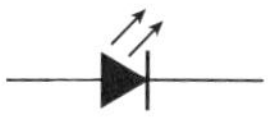	• 전기 신호를 빛 신호로 변환하는 다이오드이다. • 순방향으로 걸린 외부 전압에 의해 전류가 흐를 때 빛을 방출한다. • 발열이 적고, 응답 속도가 매우 빠르다.
포토 다이오드	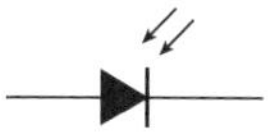	• 빛 신호를 전기 신호로 변환하는 다이오드이다. • 빛을 쪼이면 광량에 비례하는 전류가 흐르며, 빛 신호 검출, 광센서 등에 이용된다.

(4) 다이오드의 안정화

① 과전압으로부터 보호: 다이오드를 직렬 연결한다.(직렬 연결하면 전압이 분배)

② 과전류(과부하)로부터 보호: 다이오드를 병렬 연결한다.(병렬 연결하면 전류가 분배)

4. 트랜지스터(transistor)

(1) 트랜지스터의 작용

① 불순물 반도체를 3겹(PNP 또는 NPN)으로 접합시켜 정류작용 이외에 증폭작용이나 스위치 작용까지 가능한 소자로 고온에 약하다.

② 증폭 작용

미세한 전기적 변화를 커다란 전기 신호로 바꾸는 것을 증폭 작용이라고 한다. 약간의 베이스 전류로 큰 컬렉터 전류를 얻을 수 있다.

③ 스위치 작용

㉠ 트랜지스터 증폭 기능을 극대화하여 베이스와 이미터 사이의 전압이 기준 이상일 때에만 전류가 흐르게 할 수 있는데 이를 스위치 작용이라고 한다.

㉡ 베이스 전류에 따라 콜렉터에 전류가 흐르는 것이 결정된다.

(2) 트랜지스터의 구조

① 순방향 전압이 걸리는 다이오드(E와 B의 접합면)와 역방향 전압이 걸리는 다이오드(B와 C의 접합면) 2개가 서로 마주대고 있는 구조로 되어 있다.

② 이미터(E), 베이스(B), 컬렉터(C)의 삼극 단자로 구성된다.

	PNP형 트랜지스터	NPN형 트랜지스터
구조	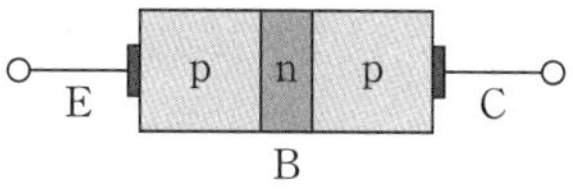 E p n p C B	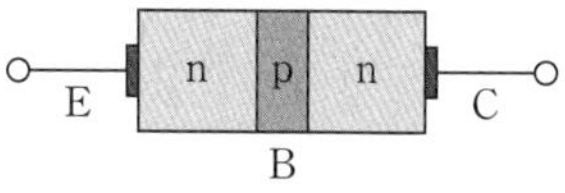 E n p n C B
기호	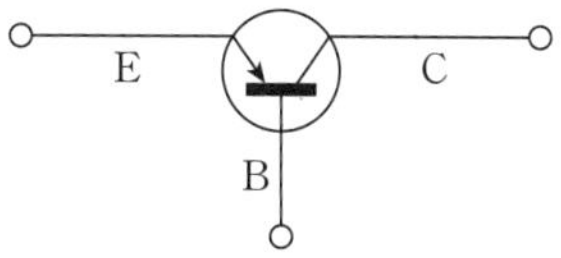 E C B	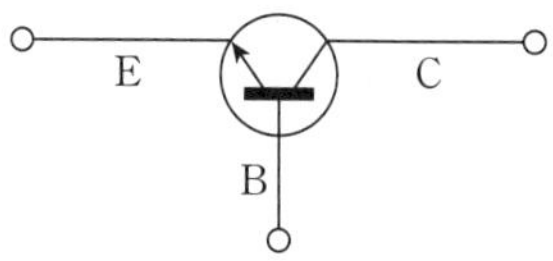 E C B

(3) 동작 원리

E에서 방출된 전자가 B를 통과하여 C에 흡수되는 과정에서 B에 공급되는 작은 전류에 의해 E−C 간의 전류가 제어된다.

(4) 각 단자 전류 사이의 관계

① 이미터(E) 전류는 베이스(B) 전류와 컬렉터(C) 전류의 합과 같다.

$I_E = I_B + I_C$

② 전류증폭률

㉠ 이미터 접지 전류증폭 정수(베타) $\beta = \frac{I_C}{I_B} = \frac{I_C}{I_E - I_C}$

㉡ 베이스 접지 전류증폭 정수(알파) $\alpha = \frac{I_C}{I_E} = \frac{I_C}{I_B + I_C}$

③ 베타와 알파의 관계 $\alpha = \frac{\beta}{1+\beta}$, $\beta = \frac{\alpha}{1-\alpha}$

(5) FET(Field Effect Transistor, 전계 효과 트랜지스터)

① FET는 드레인(D), 게이트(G), 소스(S)의 삼극 단자로 구성되고, G와 S 사이의 전압을 조절함으로서 D 전류를 제어한다.

② 일반적인 트랜지스터는 전자와 정공에 의해 전류가 흐르는데 FET는 전자와 정공 중 하나만으로 전류를 흐르게 하며, 이때 전류가 흐르는 통로를 채널이라고 한다.

③ 전류가 흐르는 채널을 P형과 N형 중 어느 것을 사용하는지에 따라 P 채널 FET와 N 채널 FET로 구분된다.

④ FET는 외부 전원을 인가하는 게이트(G)의 구조에 따라 입력 게이트가 반도체로 구성된 접합형 FET와 입력 게이트가 산화 실리콘으로 절연되어 있는 MOS형 FET로 구별된다.

<table>
<tr><th rowspan="2">구분</th><th colspan="2">접합형 FET</th><th colspan="2">MOS형 FET</th></tr>
<tr><th>P 채널</th><th>N 채널</th><th>P 채널</th><th>N 채널</th></tr>
<tr><td>기호</td><td>G, D, S</td><td>G, D, S</td><td>G, D, B, S</td><td>G, D, B, S</td></tr>
<tr><td>특징</td><td colspan="2">• PN 접합형 게이트로 구성되며, 전압을 제어한다.</td><td colspan="2">• Metal(금속), Oxide(산화물), Semiconductor(반도체)의 3층 구조를 가진 게이트로 구성된다.
• 소전력으로도 작동하며, 집적도가 높다.
• 열적으로 안정되어 열폭주 현상을 보이지 않는다.
• 2차 항복이 없다.</td></tr>
</table>

(6) 확산형 트랜지스터

이미터(E)에서 베이스(B)로 이동한 소수 캐리어가 베이스 내의 확산 현상에 의해서만 이동하는 트랜지스터이다.

① 단일 확산형과 2중 확산형이 있으며, 불활성 가스 속에서 확산시킨다.

② 기체 반도체가 용해하는 것보다 낮은 온도에서 불순물을 확산시킨다.

5. 기타 반도체 소자

(1) 사이리스터(Thyristor)

① 전력용 반도체 소자의 일종으로 PNPN의 4층 구조로서 3개의 PN접합과 애노드(Anode), 캐소드(Cathode), 게이트(Gate) 3개의 전극으로 구성된다.

② 게이트(G)의 존재 여부에 따라 단방향, 양방향, 2극, 3극으로 구별되며, 소형으로 신뢰성이 우수하다.

③ 스위치 제어, 위상 제어, 속도 제어, 타이머 회로, 트리거 회로 등에 적용된다.

④ 사이리스터의 종류: SCR, TRIAC, DIAC, GTO, SSS, IGBT

명칭	기호	상세
SCR	G, A, K	① 단방향성 사이리스터로 PNPN의 4층 구조의 3단자 반도체 소자이다. ② 대전류 스위칭 소자로 제어가 가능한 정류 소자이다. ③ 특징 • 게이트 전류를 바꿈으로서 출력 전압을 조정할 수 있다. • OFF 상태의 저항이 매우 높고, 특성 곡선에는 부저항 부분이 있다. • 직류 및 교류의 전력 제어용으로 사용하고, 열의 발생이 적은 편이다. • 과전압에 비교적 약하고, 게이트 신호를 인가한 때부터 도통시까지의 시간이 짧다. ④ 도통 상태에 있는 SCR을 차단하는 방법 • 전압의 극성을 바꾸어 준다. • 양극의 전압을 (−)극으로 바꾸거나, 음극의 전압을 (+)극으로 바꾸어 준다. ⑤ 래칭 전류: 트리거 신호가 제거된 직후에 SCR을 ON 상태로 유지하기 위한 최소의 전류 ⑥ 유지 전류: SCR이 ON 상태가 된 이후 ON 상태를 유지하는 데 필요한 최소의 전류
TRIAC (트라이악)	G	① 양방향 3단자 사이리스터로 양방향 도통이 가능하다. ② 2개의 SCR을 역으로 병렬연결하고 Gate를 연결한 것으로 AC 위상 제어에 사용된다.
DIAC (다이악)		① 양방향 2단자 사이리스터로 소용량 부하의 AC 전력 제어용으로 사용된다. ② 교류 전원으로부터 직접 트리거 펄스를 얻는 회로 구성을 할 수 있어 SCR 또는 TRIAC의 위상제어가 가능하다.
GTO	G	게이트 신호에 의해 턴온과 턴오프 제어가 가능한 사이리스터이다.
SSS		양방향 2단자 사이리스터로 과전압에 의해 소손되지 않는다.

(2) CDS(광센서, 광저항 변화 소자)

① 빛 신호를 전기 신호로 변환하여 검출하는 소자이다.

② 감도가 특히 높고, 값이 싸며 취급이 용이하다.

▲ CDS

(3) 서미스터

① 저항기의 한 종류로서 온도에 따라서 물질의 저항이 변화하는 성질을 이용한 반도체 소자이다.

② 온도 증가 시 저항이 감소하는 부(−)저항 온도계수의 특징을 갖는다.

③ 온도보상용, 온도계측용(온도계), 온도보정용으로 사용된다.

Th

▲ 서미스터

(4) 바리스터

① 인가 전압에 따라 저항값이 비직선적으로 변화하는 비선형 반도체 저항 소자로서 회로를 병렬로 연결하여 사용한다.

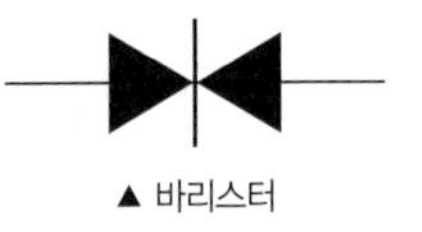

▲ 바리스터

② 계전기 접점의 불꽃을 소거하거나, 서지 전압으로부터 회로를 보호하는 용도로 사용된다.

(5) 집적회로(IC)

① 작은 규소 기판 위에 다이오드, 트랜지스터, 저항 등의 여러 회로 소자를 많이 집적하여 하나의 회로로 동작하도록 만든 소자이다.

② IC의 장단점

장점	단점
• 기능이 확대된다. • 가격이 저렴하고, 기기가 소형이 된다. • 신뢰성이 좋고 수리가 간단하다.	• 열, 전압 및 전류에 약하다. • 발진이나 잡음이 나기 쉽다. • 정전기를 고려해야 하는 등 취급에 주의가 필요하다.

PHASE 21 | 정류회로

1. 전원회로

(1) 전원회로는 교류 AC 전원에서 직류 DC 전원을 얻는 회로이다.

(2) 직류 전원을 얻기 위해서는 우선 교류를 정류회로에서 정류한 뒤 평활 회로에서 직류로 정형하는 것이 일반적이다.

2. 정류회로

(1) 정류방식

① 단상 반파 정류회로: 다이오드 1개를 사용하여 교류 전원의 (+)와 (−) 중 하나를 선택하여 직류로 변환하는 정류회로이다. 그림과 같이 반주기만 정류하므로 반파 정류회로라고 한다.

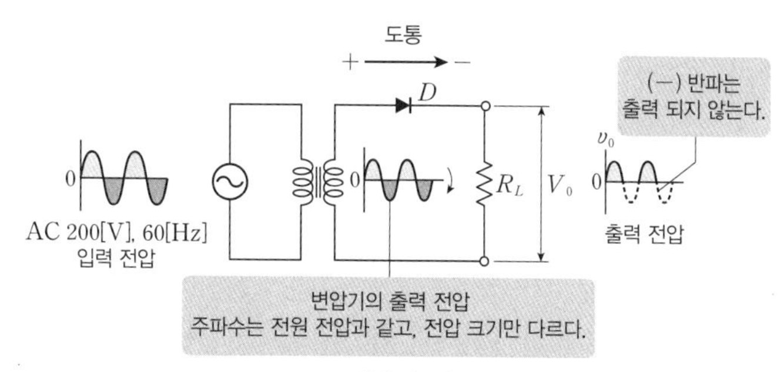

▲ 반파 정류회로

② 단상 전파 정류회로: 다이오드 2개를 사용하여 교류 전원의 (+)와 (−) 모두 직류로 변환하는 정류회로이다. 그림과 같이 (−) 반파는 (+) 파형으로 뒤집혀 출력이 된다.

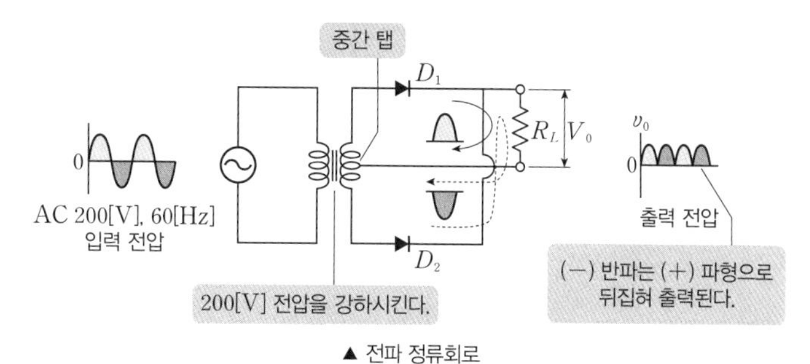

▲ 전파 정류회로

③ 브리지 정류회로: 변압기의 2차 측 출력에 4개의 다이오드를 조합하여 교류 전원의 (+)와 (−) 모두 직류로 변환하는 정류회로이다. 입력단의 극성에 상관없이 출력단의 극성이 바뀌지 않는다.

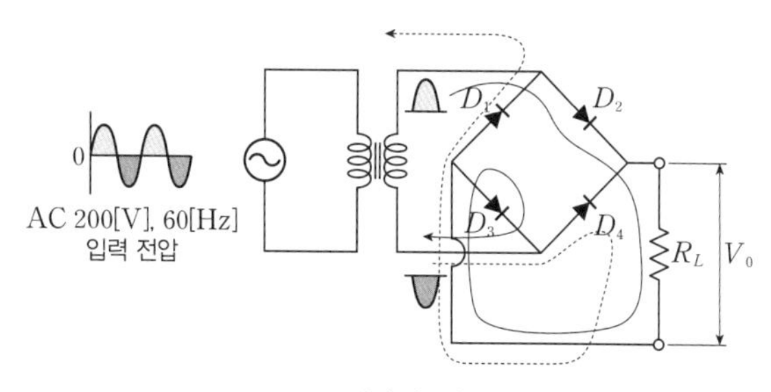

▲ 브리지 정류회로

④ 3상 반파 정류회로: 정류 파형이 단상 전파의 파형보다 더 평활하며, $3f$[Hz]의 교류 전압 성분을 포함한다. 정류기의 맥동률은 17[%]이다.

⑤ 3상 전파 정류회로: 정류 파형이 3상 반파의 파형보다 더 평활하며, 가장 낮은 교류 주파수 성분은 $6f$[Hz]이다. 정류기의 맥동률은 4.2[%]이다.

(2) 용어

① 전압변동률(δ): 무부하일 때의 전압과 발전기나 변압기 등의 부하로 인한 2차 측 단자 전압에 대한 변화의 정도이다.

$$\delta=\frac{V_{R0}-V_R}{V_R}\times 100[\%]$$

V_{R0}: 무부하 전압, V_R: 부하(정격) 전압

② 전압강하율(ε): 전압강하와 수전 전압의 비율을 나타내는 값이다.

$$\varepsilon=\frac{V_S-V_R}{V_R}\times 100[\%]$$

V_S-V_R: 전압강하, V_S: 송전 전압, V_R: 수전 전압

③ 정류효율(η): 입력 교류 전력이 출력 직류 전력으로 바뀌는 비율이다.

$$\eta=\frac{P_{dc}}{P_{ac}}\times 100[\%]$$

P_{ac}: 입력 교류 전력, P_{dc}: 출력 직류 전력

④ 맥동률(γ): 정류 후 직류에 어느 정도의 교류가 포함되어 있는지를 나타내는 비율이다.

$$\gamma=\frac{V_{AC}}{V_{DC}}\times 100[\%]$$

V_{AC}: 출력전압의 실횻값(교류성분), V_{DC}: 출력전압의 평균값(직류성분)

(3) 파형별 비교

① 맥동주파수가 높아질수록 맥동률은 작아진다.

② 맥동률이 가장 작은 파형은 3상 전파이다.

구분	단상 반파	단상 전파	3상 반파	3상 전파	비고
정류효율[%]	40.6	81.2	96.8	99.8	
맥동률[%]	121	48	17	4.2	
맥동주파수[Hz]	f	$2f$	$3f$	$6f$	
직류 전압 E_{av}	$0.45E$	$0.9E$	$1.17E$	$1.35E$	E는 실횻값
직류 전류 I_{av}	$0.45I$	$0.9I$	$1.17I$	$1.35I$	I는 실횻값

1. 직류기

(1) 직류 발전기

① 원리: 플레밍의 오른손법칙에 의해 전압이 유도되어 부하에 전류가 흐른다.

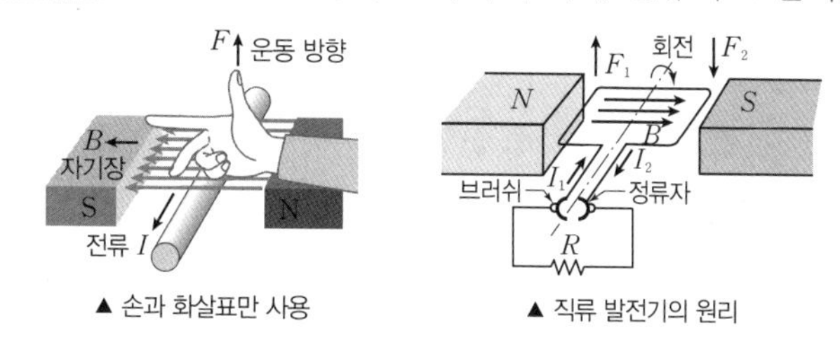

▲ 손과 화살표만 사용　　▲ 직류 발전기의 원리

② 구조

㉠ 계자: 자극과 같이 자속이 발생하는 부분을 계자라 하며, 철심에 권선을 감아 전류를 흘려 자속을 발생시킨다. 계자에 감긴 권선을 계자권선이라하고, 계자권선에 흐르는 직류 전류를 계자전류라고 한다.

㉡ 전기자: 자극 사이에서 회전하는 원통형 부분으로 자속과 쇄교하여 기전력을 유도(발생)하는 부분이다.

㉢ 정류자: 브러시와 접촉하여 전기자에 의해서 발생한 기전력을 정류하여 직류로 변환하는 부분이다.

㉣ 브러시: 발생한 기전력을 외부로 내보내는 역할을 한다.

③ 종류: 여자의 방식에 따라 타여자 발전기와 자여자 발전기로 구분한다.

구분	내용
타여자 발전기	계자 코일을 외부의 다른 직류 전원에 접속하여 여자 전류를 공급받아 계자의 자속을 만들어 발전한다.
자여자 발전기	스스로 발전한 전압을 계자 권선 또는 전기자 권선에 접속하여 여자 전류 또는 전기자 전류로 여자하여 발전한다. 계자 권선과 전기자 권선의 접속 방법에 따라 다음과 같이 분류된다. – 분권 발전기: 계자 권선이 전기자에 병렬로 연결 – 직권 발전기: 계자 권선이 전기자에 직렬로 연결 – 복권 발전기: 분권 계자 권선과 직권 계자 권선 등 2개의 계자 권선이 있는 것으로 계자 권선이 전기자에 직병렬로 연결

④ 유도기전력(E): 전기자의 출력 전압은 병렬 회로의 도체수와 각 도체의 전압을 곱한 값과 같다.

㉠ 유도기전력은 자속과 회전수에 비례한다. 실기

㉡ 유도기전력이 일정할 때 자속과 회전수는 서로 반비례 관계에 있다.

㉢ 병렬 회로수 a는 중권일 때 $a=P$, 파권일 때 $a=2$이다.

$$E=\frac{P\phi NZ}{60a}[\mathrm{V}]$$

E: 유도기전력[V], P: 자극수, ϕ: 극당 자속[Wb], N: 전기자 분당 회전수[rpm], Z: 총 도체수, a: 병렬 회로수

⑤ 직류 발전기의 효율(η) 실기

$$\eta = \frac{\text{출력}}{\text{입력}} = \frac{\text{출력}}{\text{출력}+\text{손실}} \times 100[\%]$$

(2) 직류 전동기

① 구조 및 원리: 직류 발전기와 같은 구조를 가지며, 플레밍의 왼손법칙의 원리에 따라 전기 에너지를 운동 에너지로 변환한다.

② 토크(회전력, T): 전기자 회로에 전압을 가하여 회전자 권선에 전류가 흐르게 되면 전자력($F=BlI$[N])이 발생하여 전기자를 회전시키는 토크가 발생한다.

㉠ 토크는 자속 및 전기자 전류와 비례하고, 회전수에 반비례한다.

㉡ 회전속도는 자속이 감소하면 증가하고, 자속이 증가하면 감소한다.

$$T = \frac{60P}{2\pi N}[\text{N}\cdot\text{m}] = 0.975\frac{P}{N}[\text{kg}\cdot\text{m}]$$

T: 토크[kg·m], P: 정격 출력[W], N: 정격 회전속도[rpm]

③ 종류: 여자 방식 및 전기자 권선과 계자 권선의 접속방식에 따라 구분한다.

구분	상세
타여자 전동기	계자 권선과 전기자 권선이 분리되어 다른 전원과 접속한다.
자여자 전동기	계자 권선과 전기자 권선이 동일한 전원에 접속한다. – 직권 전동기: 계자 권선과 전기자 권선이 직렬로 연결 – 분권 전동기: 계자 권선과 전기자 권선이 병렬로 연결, 정격전압이 일정하면 계자전류도 일정 – 복권 전동기: 계자 권선과 전기자 권선이 전원과 직병렬로 연결

④ 속도 제어법: 직류 전동기를 가동할 때 운전의 목적이나 부하의 특성 등에 맞추어 속도를 조정한다.

종류	상세
전압 제어	전원의 정격전압을 조정하여 속도를 제어하는 방법 – 워드 레오너드 방식: 부하 변동이 적은 정부하 시 사용하며, 압연기, 엘리베이터, 권상기 등에 이용된다. – 일그너 방식: 부하 변동이 심한 곳에서 부하 변동에 영향을 받지 않기 위해 플라이 휠(무거운 추)을 설치하여 사용한다. – 직병렬 제어법: 정격이 같은 전동기를 직병렬로 연결한다. 속도를 증가시킬 때에는 병렬로 연결하고, 감소시킬 때에는 직렬로 연결하여 전압 분배에 의해 속도를 제어한다. – 쵸퍼 제어법: 반도체 소자인 사이리스터를 이용하여 직류 전압을 직접 제어한다.
계자 제어	계자 측 가변저항으로 계자 전류를 조정하여 자속을 변화시켜 속도를 제어한다. 자속이 증가하면 속도가 감소하고, 자속이 감소하면 속도가 증가하게 된다.
저항 제어	전기자 회로의 가변저항을 조정하여 속도를 제어한다.

⑤ 직류 전동기의 제동법

㉠ 발전제동: 스위치를 이용하여 운전 중인 전동기를 전원으로부터 분리시키면 전동기가 발전기로서 작동하여 회전자의 운동을 제동하며, 이때 발생한 전기는 저항에서 열로 소비시킨다.

㉡ 회생제동: 발전 제동과 마찬가지로 전동기를 전원으로부터 분리시킨 뒤 발생하는 전력을 전원측에 반환시켜 제동한다.

㉢ 역전제동: 전원에 접속된 전동기의 단자 접속을 반대로 하여 회전 방향과 반대 방향으로 토크를 발생시켜 제동한다.

㉣ 직류제동: 발전 제동과 마찬가지로 전동기를 전원으로부터 분리시킨 뒤 1차 권선에 직류 전류를 흘려 제동 토크를 얻는다.

⑥ 전동기의 효율

$$\eta = \frac{\text{출력}}{\text{입력}} = \frac{\text{입력} - \text{손실}}{\text{입력}} \times 100[\%]$$

2. 동기기

(1) 정격상태로 운전 시 일정한 출력을 내는 기기로 동기 발전기와 동기 전동기로 구분된다.

(2) 동기발전기의 병렬운전 조건

① 기전력의 파형이 같을 것

② 기전력의 크기가 같은 것

③ 기전력의 주파수가 같을 것

④ 기전력의 위상이 같을 것

⑤ 상회전의 방향이 같을 것

PHASE 23 | 변압기, 유도기

1. 변압기

(1) 원리

① 교류 전원에서 들어오는 교류 전력의 전압을 전자유도 현상을 이용하여 필요한 크기의 전압으로 바꾸어 부하에 공급한다.

② 1차 코일에 교류 전류가 흐르면 자기장이 변화하고 전자유도 현상에 의해 2차 코일에 유도 전류가 흐르게 된다.

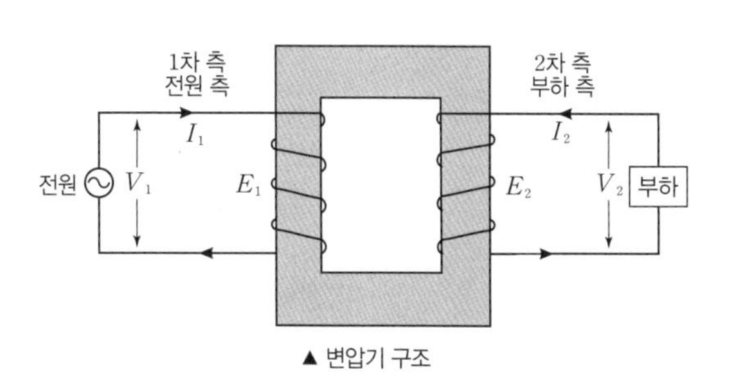

▲ 변압기 구조

(2) 유도 기전력

1차 및 2차 권선의 권수를 각각 N_1, N_2라 하고 양쪽 권선에 유도되는 기전력을 각각 E_1, E_2라 하면 유도 기전력은 다음과 같다.

$$E_1 = \frac{E_{m1}}{\sqrt{2}} = \frac{\omega N_1 \phi_m}{\sqrt{2}} = \frac{2\pi f N_1 \phi_m}{\sqrt{2}} = 4.44 f N_1 \phi_m [\mathrm{V}]$$

$$E_2 = \frac{E_{m2}}{\sqrt{2}} = \frac{\omega N_2 \phi_m}{\sqrt{2}} = \frac{2\pi f N_2 \phi_m}{\sqrt{2}} = 4.44 f N_2 \phi_m [\mathrm{V}]$$

① 여기에서 1차와 2차 권선의 전압비는 다음과 같이 권수비와 같게 된다.

$$\frac{E_1}{E_2} = \frac{4.44 f N_1 \phi_m}{4.44 f N_2 \phi_m} = \frac{N_1}{N_2} = a$$

② 권수비: 1차 측 권선과 2차 측 권선의 권수의 비 a

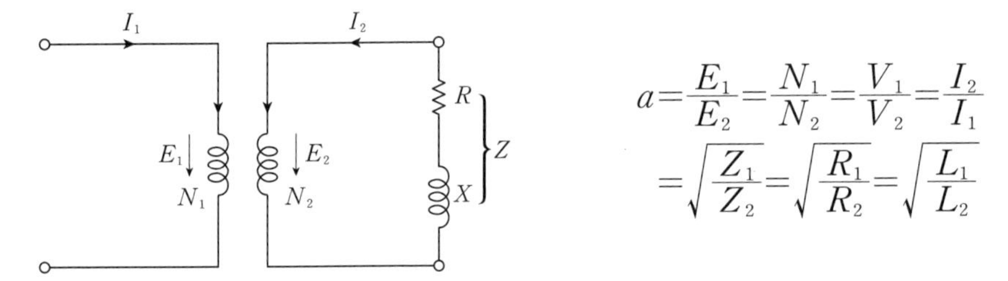

$$a = \frac{E_1}{E_2} = \frac{N_1}{N_2} = \frac{V_1}{V_2} = \frac{I_2}{I_1} = \sqrt{\frac{Z_1}{Z_2}} = \sqrt{\frac{R_1}{R_2}} = \sqrt{\frac{L_1}{L_2}}$$

(3) 변압기유

변압기의 절연 및 냉각을 목적으로 사용되며, 변압기유의 조건은 다음과 같다.

① 절연내력이 클 것

② 응고점이 −30[℃] 이하로 낮을 것

③ 인화점이 130[℃] 이상으로 높을 것

④ 점도가 낮아 냉각 작용이 양호할 것

⑤ 화학적으로 안정되고 변질되지 않을 것

⑥ 고온에서 석출물이 생기거나 산화하지 않을 것

⑦ 냉각효과와 열전도율을 높이기 위해 비열이 클 것

(4) 변압기의 손실 및 효율

① 변압기의 손실은 회전 기기인 발전기나 전동기에 비해 기계손이 없고 무부하손과 부하손만 나타나므로 회전기기에 비해 효율이 좋은 편이다.

종류	상세
무부하손	2차 권선을 개방하고 1차에 정격 전압을 인가했을 때 발생하는 손실로 자속에 의한 철심에 생기는 철손과 절연 물질에 대한 유전체손이 있다. – 철손 P_i: 변압기 철심에서 교번 자계에 의한 히스테리시스손과 와전류에 의한 와류손으로 나뉜다. – 유전체손: 절연체에서 발생하는 손실로 전압이 일정할 때 항상 같은 크기의 손실이 발생하며, 철손에 비하여 매우 작아 일반적으로 무시한다.
부하손	변압기에 부하 전류가 흐르며 발생하는 손실로 동손(저항손)과 표유부하손으로 구분된다. – 동손 P_c: 변압기에 부하 전류가 흐를 때 권선의 저항에 의해 발생하는 손실이다. – 표유부하손: 변압기에 부하 전류가 흐를 때 권선 외의 철심, 외함 등에서 누설 자속에 의한 와류손인 표유부하손이 발생한다.

② 변압기의 전부하 효율

$$\eta=\frac{출력}{입력}=\frac{출력}{출력+손실}\times 100\ (\because\ 입력=출력+손실)$$

$$=\frac{변압기의\ 출력}{변압기의\ 출력+무부하손실+부하손실}\times 100$$

$$=\frac{변압기의\ 출력(P_0)}{변압기의\ 출력(P_0)+철손(P_i)+동손(P_c)}\times 100=\frac{변압기\ 용량\times 부하역률}{(변압기\ 용량\times 부하역률)+철손+동손}\times 100$$

③ 변압기의 $\frac{1}{m}$ 부하일 경우 효율 $\eta=\frac{\frac{1}{m}P_0}{\frac{1}{m}P_0+P_i+\left(\frac{1}{m}\right)^2 P_c}\times 100$ 실기

④ 전손실 전력량=전부하 손실+$\frac{1}{m}$ 부하 손실$=(P_i+P_c)t+(P_i+\left(\frac{1}{m}\right)^2 P_c)t$

(5) 변압기의 결선

① 3상 결선 방식 (△－△ 결선)

장점	• 변압기 외부에 제3고조파가 발생하지 않으므로 통신 장해가 없다. • 여자 전류의 제3고조파 성분이 결선 내를 순환하므로 정현파 전압을 유기하여 기전력이 왜곡되지 않는다. • 각 상의 전류가 선전류의 $1/\sqrt{3}$배가 되므로 대전류에 유리하다. • 운전 중 1대가 고장나도 V－V 결선으로 3상 전력을 공급할 수 있다.
단점	• 중성점 접지가 불가능하여 1선 지락시 지락사고 검출이 어렵다. • 각 상의 권선 임피던스가 달라지면 3상의 부하가 평형이 되어도 변압기 부하 전류는 불평형이 된다.

② 상수의 변환

3상 → 2상	• 단상 변압기 2대를 운영하여 3상의 전력을 2상으로 변환하는 결선 방법이다. • 스코트 결선(T 결선), 메이어 결선, 우드 브리지 결선
3상 → 6상	• 단상 변압기 3대를 운영하여 3상의 전력을 6상으로 변환하는 결선 방법이다. • 환상 결선, 포크 결선, 대각 결선, 2차 2중 Y 결선, 2차 2중 △ 결선

(6) 변압기의 병렬운전

① 부하의 증가로 과부하가 우려될 경우 변압기를 병렬로 연결하여 운전하는 것을 말한다.

② 단상 변압기의 병렬 운전 조건

㉠ 변압기의 극성이 일치할 것

㉡ 권수비가 같고, 1차와 2차의 정격 전압이 같을 것

㉢ 퍼센트 임피던스 강하가 같을 것

㉣ 내부 저항과 누설 리액턴스 비가 같을 것

2. 유도기 ← 유도기는 일반적으로 유도 전동기로 많이 사용된다.

(1) 유도 전동기의 원리 및 구조

① 원리: 회전 속도가 다르고 같은 방향으로 회전하는 1차 및 2차의 권선을 설치하고 1차 권선에서 2차 권선으로 전자기 유도 작용에 의한 에너지를 전하여 회전하는 교류 전기기기이다.

② 구조: 회전 자계를 형성하기 위한 고정자와 회전 자계에 의해 회전하는 회전자로 구성된다.

(2) 유도 전동기의 기동법

① 단상 및 3상의 종류에 따라 적정한 기동 방식을 채택하여 사용한다.

② 단상 유도전동기는 정지 상태에서 회전 자계가 발생하지 않으므로 회전 자계를 임의의 방법으로 만들어야 기동이 가능하게 된다.

③ 단상 유도 전동기의 기동 토크 순서

반발 기동형 > 반발 유도형 > 콘덴서 기동형 > 분상 기동형 > 셰이딩 코일형

구분	기동 방식	상세
단상 유도 전동기	반발 기동형	• 고정자에 단상의 주권선이 감겨져 있고 회전자는 직류 전동기의 전기자와 같은 구조를 갖는다. 고정자가 여자되면 회전자 권선에 전압이 유기된다. 이때 생기는 자계와 고정자 권선의 상호작용으로 발생하는 반발력으로 기동한다. • 반발 전동기의 기동 토크는 브러쉬의 위치를 적당히 하면 대단히 커지게 된다.
	반발 유도형	• 2중 농형 유도 전동기 구조를 가지며 농형 권선과 반발 기동형 권선을 가지므로 운전 중에 그대로 사용한다.
	콘덴서 기동형	• 기동 코일에 콘덴서를 삽입하여 기동 권선에 흐르는 전류의 위상이 주 권선에 흐르는 전류보다 앞서게 한다. 즉, 두 권선의 위상차로 회전 자계가 만들어져 기동 토크가 발생한다. • 구조가 간단하고 역률이 좋기 때문에 큰 기동 토크를 요구하지 않고 속도를 조정할 필요가 있는 선풍기나 세탁기 등에 사용된다.
	분상 기동형	• 주권선은 굵은 선을 사용하고, 보조 권선은 가는 선을 사용하여 두 권선의 전류 사이에 위상차를 만든다. 위상차로 인해 회전 자계가 만들어져 기동 토크가 발생한다. • 기동 토크가 작고, 부피가 큰 단점 때문에 일반적으로 200[W] 이하의 단상 유도 전동기에 제한되어 사용된다.
	셰이딩 코일형	• 돌극형의 구조로 돌극부에 단락된 동선을 감는데 이 단락된 동선을 셰이딩 코일이라 하며, 보조 권선의 역할을 한다. • 셰이딩 코일이 없는 부분의 자속이 먼저 최대치에 도달하므로 자속은 셰이딩 코일이 없는 부분에서 있는 부분으로 이동하게 되어 회전 자계를 형성하고 기동 토크를 발생한다.
농형 유도 전동기 (3상)	전전압 기동 (직입 기동법)	• 5[kW] 이하의 소용량 농형 유도 전동기에 적용하는 기동법이다. • 별도의 기동장치 없이 전동기에 직접 정격 전압을 인가하여 기동한다.
	감전압 기동	• Y−△ 기동법: 5~15[kW] 용량의 농형 유도 전동기에 적용하는 기동법으로 기동시에는 고정자의 전기자 권선을 Y결선으로 기동시키고 기동 후 운전 시에는 △결선으로 전환하여 운전한다. • 기동 보상기법: 15[kW] 이상인 대용량 농형 유도 전동기에 적용하는 기동법으로 단권 변압기를 이용하여 기동한다. • 리액터 기동법: 15[kW] 이상 용량에 적용하며 전동기의 1차 측에 설치한 리액터를 이용하여 기동한다. • 콘드로퍼 기동: 기동 보상기법과 리액터 기동 방식을 혼합한 방식이다.
권선형 유도 전동기 (3상)	2차 저항 기동법	• 비례추이 특성을 이용하여 기동하는 방식이다. • 회전자에 외부 저항을 삽입하여 기동 전류는 감소시키고 기동 토크는 증가시킨다.
	게르게스 기동법	• 권선 유도 전동기의 3상 중 1개 상이 단선된 경우 슬립 50[%] 근처에서 더 이상 가속되지 않는 게르게스 현상을 이용하여 기동한다.

(3) 슬립 s 실기

유도 전동기에서는 항상 동기속도 N_s와 회전자 속도 N 사이에 속도 차가 발생하는데 이 속도 차이와 동기 속도와의 비를 슬립이라고 한다.

$$s=\frac{N_s-N}{N_s}$$ ← 슬립이 커지면 회전자의 속도는 감소하고, 슬립이 작아지면 회전자 속도는 증가한다.

① 동기속도 N_s: 회전 자계의 회전수를 동기속도라고 한다.

$$N_s=\frac{120f}{P}[\text{rpm}]$$

f: 주파수, P: 극수

② 회전자 속도

$$N=\frac{120f}{P}(1-s)=N_S(1-s)[\text{rpm}]$$

(4) 유도 전동기의 속도 제어법

① 농형 유도 전동기의 속도 제어법

㉠ 주파수 변환법: 회전 속도는 주파수 f에 비례하게 나타나는 것을 이용하여 속도를 제어한다.

㉡ 극수 변환법: 고정자 권선의 접속을 바꾸어 극수를 변환하여 속도를 제어한다.

㉢ 1차 전압 제어법: 1차 전압을 변화시키면 토크가 변화하는 것을 이용해 슬립의 크기를 변화시켜 속도를 제어한다.

② 권선형 유도 전동기의 속도 제어법

㉠ 2차 저항 제어법: 권선형 유도 전동기에서만 사용하는 방법으로 회전자에 연결된 슬립링을 통해 기동저항을 삽입하고 토크－속도 특성을 변화시키는 비례추이를 이용한 방법이다.

㉡ 2차 여자법: 2차 저항 제어법에서 저항값 대신 슬립 주파수의 2차 여자 전압을 제어하여 속도를 제어한다.

③ 펌프의 동력 P 계산 실기

$$P=\frac{9.8KHQ}{\eta}[\text{kW}]$$

K: 전달계수, H: 전양정 [m], Q: 유량 [m³/s], η: 효율 [%]

(5) 서보 전동기

① 서보기구의 조작부로 제어신호에 의해 부하를 구동하는 장치이다. 직선 또는 회전운동으로 정밀한 제어가 가능하다.

② 서보 전동기의 특징

㉠ 직류(DC) 서보 전동기와 교류(AC) 서보 전동기가 있다.

㉡ 저속으로 원활한 운전이 가능하다.

㉢ 급가속이나 급감속이 용이하다.

㉣ 정회전이나 역회전이 가능하다.

③ AC 서보 전동기의 전달함수: 적분요소와 1차 요소의 직렬결합으로 취급한다.

1. 접지공사

(1) 접지의 목적

① 기기 외함의 접지, 고압선 부근의 접지 등 사람이나 가축 등의 감전을 방지한다.

② 피뢰침 접지 등 전기 설비의 절연 파괴 방지에 따른 신뢰도를 향상시킨다.

③ 전로의 중성점 접지 등 전기 회로의 운전 조건을 개선한다.

④ 충격 전류를 신속히 대지로 방류한다.

⑤ 화재 및 폭발을 방지한다.

2. 보호계전기

(1) 전기적 고장 등 이상 상태의 피해를 감소시키기 위하여 적절한 명령을 주는 것을 목적으로 하는 계전기를 보호계전기라고 한다.

(2) 보호계전기의 종류 실기

① 과전류계전기(OCR): 전류의 크기가 기준 이상(과전류)일 때 동작한다.

② 과전압계전기(OVR): 전압의 크기가 기준 이상(과전압)일 때 동작한다.

③ 부족전압계전기(UVR): 전압의 크기가 기준 이하(부족전압)일 때 동작한다.

④ 지락계전기(GR): 접지계전기라고도 하며, 지락사고 시 지락전류에 의해 동작한다. 영상변류기(ZCT)가 필요하다.

⑤ 열동계전기(THR): 전동기 등의 과부하 보호용으로 사용한다.

⑥ 거리계전기: 전압과 전류의 비가 기준 이하인 경우에 동작한다.

⑦ 비율차동계전기(=차동계전기): 총 입력 전류와 총 출력 전류의 차이가 총 입력 전류 대비 일정비율 이상이 되었을 때 동작한다. 발전기나 변압기의 내부 고장 보호용으로 사용한다.(전기적 보호)

⑧ 부흐홀츠 계전기: 변압기의 본체 탱크에 발생한 가스 또는 여기에 수반되는 유류를 검출하여 변압기 내부 고장 보호용으로 사용하는 계전기이다.(기계적 보호)

⑨ 역상과전류 계전기: 역상 전류의 크기에 따라 응동하는 계전기로 발전기 부하의 불평형을 방지하기 위해 사용한다.

3. 전선

(1) 전선의 굵기 선정 시 고려할 사항

① 허용전류: 저항손에 의해 전선의 온도가 상승할 때 최고 온도 도달 시 흐르는 전류이다. 전선이 굵을수록 저항이 작아지고 온도 상승률이 낮아지므로 허용전류는 커지게 된다.

② 기계적 강도: 전선은 하중이나 풍압 등에 의해 단선되지 않도록 충분한 강도가 요구된다.

③ 전압강하

(2) 전선 접속 시 주의 사항

① 전선의 전기저항이 증가되지 않도록 접속한다.

② 인장하중으로 표시되는 전선의 세기를 20[%] 이상 감소시키지 않도록 접속한다.

③ 전선의 접속부는 충분히 피복하여 외부로 노출되지 않도록 한다.

④ 절연전선의 경우 해당 절연전선의 절연물과 동등 이상의 절연효력이 있는 것으로 충분히 피복한다.

⑤ 화학적 성질이 다른 전선을 접속하는 경우 접속부에 부식이 생기지 않도록 한다.

(3) 전선의 단면적 A 실기

구분	계산식	비고
단상 2선식	$A=\frac{35.6LI}{1,000e}$	L: 전선의 포설길이[m] I: 부하전류[A] e: 전압강하[V] (각 선간 사이) e': 전압강하[V] (각 상의 1선과 중성선 사이)
3상 3선식	$A=\frac{30.8LI}{1,000e}$	
단상 3선식	$A=\frac{17.8LI}{1,000e'}$	

4. 준공검사

(1) 전기 시설물이 설치되거나 증설되었을 때 공사가 완료된 시점에 행하는 검사이다.

(2) 옥내 배선의 준공 검사 시 측정의 종류는 다음과 같다.

① 절연 저항 측정: 절연 저항값이 적절한 값 이상인지 확인한다.

② 접지 저항 측정: 접지 저항값이 적절한 값인지 확인한다.

③ 도통 시험: 회로 연결, 단선 등을 확인한다.

기 출제된 내용만 엄선하여 정리한

핵심이론

E N G I N E E R　F I R E

02

소방전기시설의 구조 및 원리

P R O T E C T I O N S Y S T E M

CHAPTER 01
경보설비

PHASE 01 | 비상경보설비

1. 비상경보설비

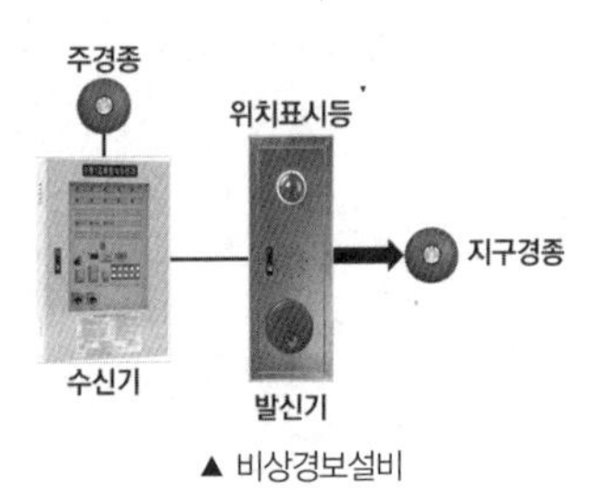

▲ 비상경보설비

(1) 의미

① 화재 시 발신기 버튼을 누르면 수신기에 신호가 전달되고, 수신기에서 벨 또는 사이렌을 울려서 화재 사실을 알리는 설비이다.

② 원활한 경보를 위해 비상벨설비 또는 자동식사이렌설비는 부식성가스 또는 습기 등으로 인하여 부식의 우려가 없는 장소에 설치해야 한다.

(2) 구성

구분	구성
비상벨설비	발신기, 수신기, 음향장치(경종), 표시등, 전원, 배선
자동식사이렌설비	발신기, 수신기, 음향장치(사이렌), 표시등, 전원, 배선

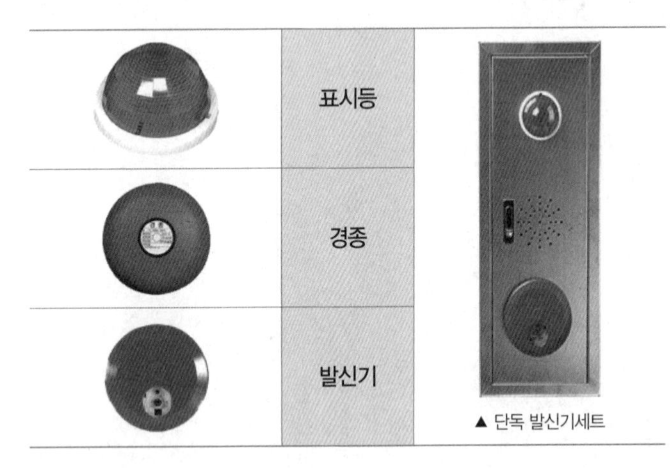

▲ 단독 발신기세트

+기초 비상벨설비와 자동식사이렌설비

① 비상벨설비: 화재발생상황을 경종으로 경보하는 설비

② 자동식사이렌설비: 화재발생상황을 사이렌으로 경보하는 설비

(3) 설치대상 실기

특정소방대상물	구분
건축물	연면적 400[m^2] 이상인 것
지하층 · 무창층	바닥면적이 150[m^2](공연장은 100[m^2]) 이상인 것
지하가 중 터널	길이 500[m] 이상
옥내작업장	50명 이상의 근로자가 작업하는 곳

2. 발신기

(1) 의미

화재발생 신호를 수신기에 수동으로 발신하는 장치를 말한다.

(2) 설치기준 실기

① 조작스위치는 바닥으로부터 0.8[m] 이상 1.5[m] 이하의 높이에 설치해야 한다.

② 특정소방대상물의 층마다 설치하되, 해당 층의 각 부분으로부터 하나의 발신기까지의 수평거리가 25[m] 이하가 되도록 해야 한다(복도 또는 별도로 구획된 실로서 보행거리가 40[m] 이상일 경우 추가 설치).

③ 발신기의 위치표시등은 함의 상부에 설치하되, 그 불빛은 부착면으로부터 15° 이상의 범위 안에서 부착지점으로부터 10[m] 이내의 어느 곳에서도 쉽게 식별할 수 있는 적색등으로 해야 한다.

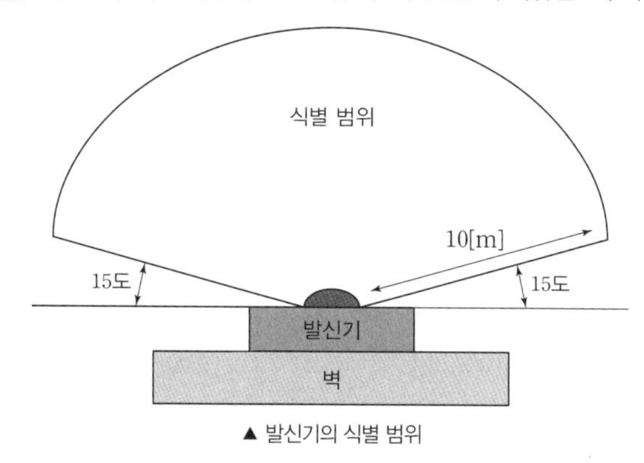

▲ 발신기의 식별 범위

3. 수신기

(1) 의미

① 감지기나 발신기에서 발하는 화재 신호를 직접 수신하거나 중계기를 통해 수신하여 화재 발생을 표시 및 경보하는 장치를 말한다.

② 발신기, 표시등, 경종에 전원을 공급하는 전원장치의 역할을 한다.

(2) 종류

① P형 수신기: 감지기 또는 발신기로부터 발하여지는 신호를 직접 또는 중계기를 통하여 공통신호로서 수신하여 화재의 발생을 당해 소방대상물의 관계자에게 경보하여 주는 것을 말한다.

② R형 수신기: 감지기 또는 발신기로부터 발하여지는 신호를 직접 또는 중계기를 통하여 고유신호로서 수신하여 화재의 발생을 당해 소방대상물의 관계자에게 경보하여 주는 것을 말한다.

③ GP형 수신기: P형수신기의 기능과 가스누설경보기의 수신부 기능을 겸한 것을 말한다.

④ GR형 수신기: R형수신기의 기능과 가스누설경보기의 수신부 기능을 겸한 것을 말한다.

> **+기초 수신기의 공통신호선용 단자**
>
> 수신기의 외부배선 연결용 단자에 있어서 공통신호선용 단자는 7개의 회로마다 1개 이상 설치하여야 한다.

> **+기초 신호 송수신방식**
>
> ① 유선식: 화재신호 등을 배선으로 송수신하는 방식
> ② 무선식: 화재신호 등을 전파에 의해 송수신하는 방식
> ③ 유무선식: 유선식과 무선식을 겸용으로 사용하는 방식

4. 음향장치

(1) 의미

① 화재 발생을 알리는 장치이다.

② 수신기 인근에 있는 것을 주음향장치, 발신기 인근에 있는 것을 지구음향장치라고 한다.

(2) 지구음향장치 설치기준

① 특정소방대상물의 층마다 설치하되, 해당 층의 각 부분으로부터 하나의 음향장치까지의 수평거리가 25[m] 이하이어야 한다.

② 정격전압의 80[%] 전압에서도 음향을 발할 수 있도록 해야 한다(건전지를 주전원으로 하는 경우 제외).

③ 음향의 크기는 부착된 음향장치의 중심으로부터 1[m] 떨어진 위치에서 음압이 90[dB] 이상이어야 한다.

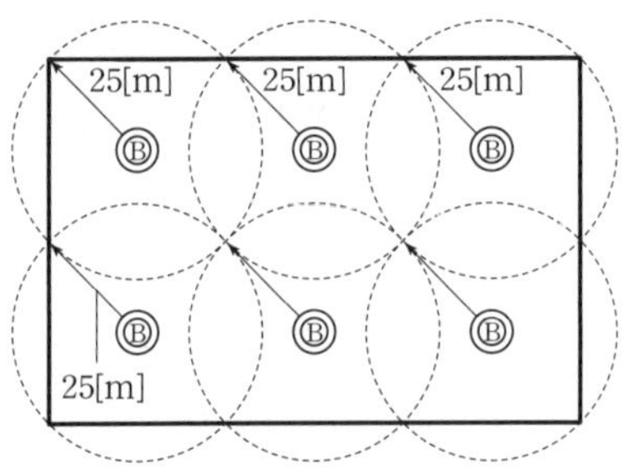

▲ 지구음향장치 수평거리 예

5. 전원

(1) 설치기준

① 상용전원은 전기가 정상적으로 공급되는 축전지설비, 전기저장장치 또는 교류전압의 옥내간선으로 하고, 전원까지의 배선은 전용으로 해야 한다.

② 비상벨설비 또는 자동식사이렌설비에는 그 설비에 대한 감시상태를 60분간 지속한 후 유효하게 10분 이상 경보할 수 있는 비상전원으로서 축전지설비 또는 전기저장장치를 설치해야 한다.

> **+기초 전기저장장치 의미**
>
> 외부 전기에너지를 저장해 두었다가 필요한 때 전기를 공급하는 장치를 말한다.

(2) 축전지설비(예비전원) 설치기준

① 내부에 주전원의 양극을 동시에 개폐할 수 있는 전원스위치를 설치하여야 한다.

② 예비전원은 축전지설비용 예비전원과 외부부하 공급용 예비전원을 별도로 설치하여야 한다.

③ 예비전원을 병렬로 접속하는 경우에는 역충전 방지 등의 조치를 하여야 한다.

④ 축전지설비는 접지전극에 직류전류를 통하는 회로방식을 사용하여서는 안 된다.

⑤ 축전지의 외함의 두께는 다음과 같다.

외함 재질	외함 두께
강판	1.2[mm] 이상
합성수지	3[mm] 이상

6. 배선

(1) 설치기준 실기

① 전원회로: 내화배선

② 그 밖의 회로: 내화배선 또는 내열배선

③ 배선은 다른 전선과 별도의 관 · 덕트 · 몰드 또는 풀박스 등에 설치해야 한다(60[V] 미만의 약전류 회로에 사용하는 전선으로서 각각의 전압이 같을 때는 제외).

> **+ 기본 소방회로에서 사용되는 내화배선과 내열배선의 종류**
>
> ① 450/750[V] 저독성 난연 가교 폴리올레핀 절연 전선
> ② 0.6/1[kV] 가교 폴리에틸렌 절연 저독성 난연 폴리올레핀 시스 전력 케이블
> ③ 6/10[kV] 가교 폴리에틸렌 절연 저독성 난연 폴리올레핀 시스 전력 케이블
> ④ 가교 폴리에틸렌 절연 비닐시스 트레이용 난연 전력 케이블
> ⑤ 0.6/1[kV] EP 고무절연 클로로프렌 시스 케이블
> ⑥ 300/500[V] 내열성 실리콘 고무 절연전선(180[℃])
> ⑦ 내열성 에틸렌-비닐 아세테이트 고무절연 케이블
> ⑧ 버스덕트(Bus Duct)

(2) 절연저항

전로와 대지 사이 및 배선 상호 간의 절연 저항은 1경계구역마다 직류 250[V]의 절연저항측정기를 사용하여 측정한 절연저항이 0.1[MΩ] 이상이어야 한다.

PHASE 02 | 단독경보형 감지기

1. 단독경보형 감지기

(1) 의미

화재에 의해 발생되는 열, 연기 또는 불꽃을 감지하여 작동하는 것으로서 수신기에 작동신호를 발신하지 않고 감지기가 단독적으로 내장된 음향장치에 의하여 경보하는 감지기를 말한다.

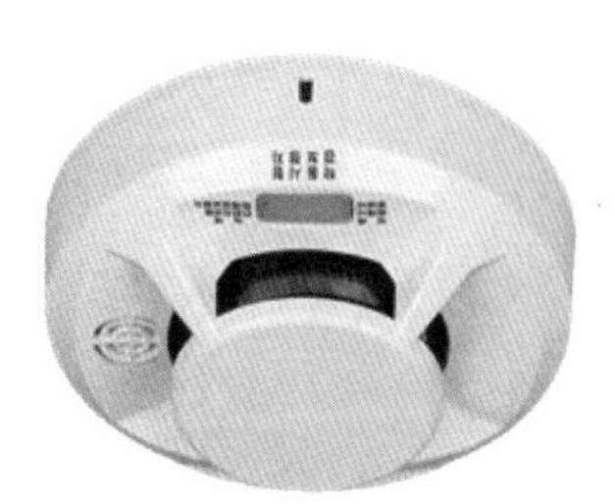

▲ 단독경보형 감지기

> **+ 기초 단독경보형 감지기**
>
> 주로 가정집에서 많이 사용하는 감지기로 별도의 수신기, 발신기 등이 필요하지 않으므로 설치가 용이하다.

(2) 일반기능

① 수동으로 작동시험을 하고 자동복귀형 스위치에 의하여 자동으로 정위치에 복귀하여야 한다.

② 작동되는 경우 작동표시등에 의하여 화재의 발생을 표시하고, 내장된 음향장치에 의하여 화재경보음을 발할 수 있는 기능이 있어야 한다.

③ 주기적으로 섬광하는 전원표시등에 의하여 전원의 정상 여부를 감시할 수 있는 기능이 있어야 하며, 전원의 정상상태를 표시하는 전원표시등의 섬광 주기는 1초 이내의 점등과 30초에서 60초 이내의 소등으로 이루어져야 한다.

④ 스위치 조작에 의하여 화재경보를 정지시킬 경우 화재경보 정지 후 15분 이내에 화재경보 정지 기능이 자동적으로 해제되어 단독경보형감지기가 정상상태로 복귀되어야 한다.

(3) 설치기준 실기

① 각 실(이웃하는 실내의 바닥면적이 각각 30[m^2] 미만이고 벽체의 상부의 전부 또는 일부가 개방되어 이웃하는 실내와 공기가 상호 유통되는 경우에는 이를 1개의 실로 봄)마다 설치하되, 바닥면적이 150[m^2]를 초과하는 경우에는 150[m^2]마다 1개 이상 설치해야 한다.

② 계단실은 최상층의 계단실 천장(외기가 상통하는 계단실은 제외)에 설치해야 한다.

③ 건전지를 주전원으로 사용하는 단독경보형감지기는 정상적인 작동상태를 유지할 수 있도록 주기적으로 건전지를 교환해야 한다.

+심화 단독경보형 감지기 설치개수

어떤 건물이 바닥면적 155[m^2]인 A실과, 바닥면적 80[m^2]인 B실로 구성되어 있다고 할 때 단독경보형 감지기 설치개수는 다음과 같이 산출한다.

① A실: $\frac{155}{150}=1.03 \rightarrow$ 2개

② B실: $\frac{80}{150}=0.53 \rightarrow$ 1개

단독경보형 감지기는 각 실마다 설치해야 하므로 총 3개를 설치해야 한다.

(4) 설치대상

특정소방대상물	구분
합숙소, 기숙사	교육연구시설 또는 수련시설 내에 있는 것으로서 연면적 2,000[m^2] 미만
수련시설	숙박시설이 있는 것으로서 수용인원 100명 이상인 경우
유치원	연면적 400[m^2] 미만
공동주택	연립주택 및 다세대주택

(5) 연동식 감지기의 기능

① 작동한 단독경보형 감지기는 화재경보가 정지하기 전까지 60초 이내 주기마다 화재신호를 발신하여야 한다.

② 화재신호를 수신한 단독경보형 감지기는 10초 이내에 경보를 발하여야 한다.

③ 무선통신점검은 24시간 이내에 자동으로 실시하고 이때 통신 이상이 발생하는 경우에는 200초 이내에 통신이상 상태의 단독경보형 감지기를 확인할 수 있도록 표시 및 경보를 하여야 한다.

④ 무선통신점검은 단독경보형 감지기가 서로 송수신하는 방식으로 한다.

+기초 연동식 감지기

단독경보형 감지기가 작동할 때 화재를 경보하면서 유·무선으로 주위의 다른 감지기에 신호를 발신하고, 신호를 수신한 감지기도 화재를 경보하면서 다른 감지기에 신호를 발신하는 방식의 것을 말한다.

2. 음향장치

(1) 설치기준 실기

① 사용전압의 80[%]인 전압에서 소리를 내어야 한다.

② 단독경보형의 화재경보용으로 사용되는 음향장치는 1[m] 떨어진 거리에서 85[dB] 이상이어야 한다(10분 이상 지속).

PHASE 03 | 비상방송설비

1. 비상방송설비

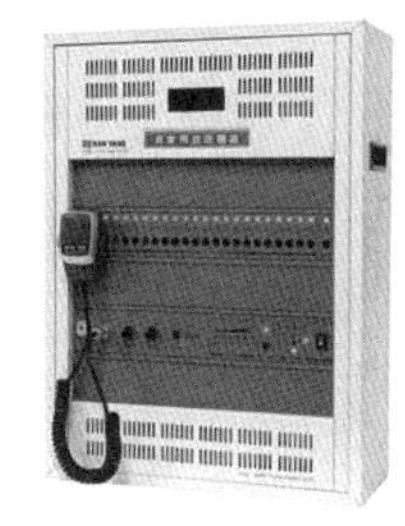
▲ 비상방송설비

(1) 의미

① 음성으로 화재발생 상황을 전달하여 화재발생 상황과 피난을 위한 안내방송을 하여 재실자의 피난을 돕는 설비이다.

② 비상경보설비와 자동화재탐지설비에 비해 화재 상황을 더 정확하게 전달할 수 있다.

(2) 구성

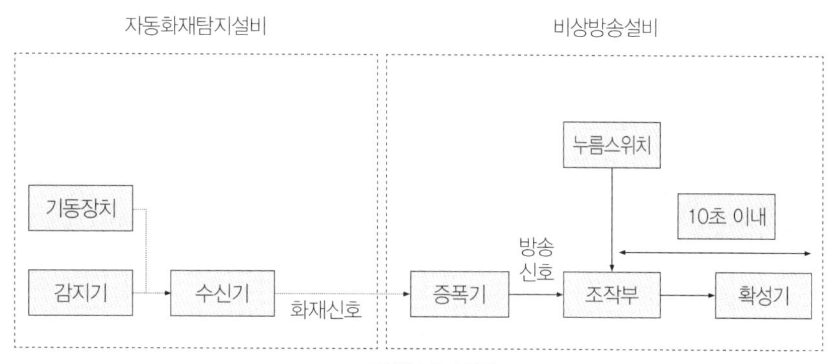

▲ 비상방송설비 구성

+기초 증폭기, 조작부, 확성기의 정의

① 증폭기: 전압 · 전류의 진폭을 늘려 감도를 좋게 하고 미약한 음성전류를 커다란 음성전류로 변화시켜 소리를 크게 하는 장치를 말한다.

증폭기의 종류		특징
이동형	휴대형	소화활동 시 안내방송에 사용
	탁상형	소규모 방송설비에 사용
고정형	Desk형	책상식의 형태
	Rack형	유닛화되어 유지보수가 편함

② 조작부: 기기를 제어할 수 있도록 조작스위치, 지시계, 표시등 등을 집결시킨 부분을 말한다.

③ 확성기: 소리를 크게 하여 멀리까지 전달될 수 있도록 하는 장치로써 일명 스피커를 말한다.

(3) 설치의 면제

비상방송설비를 설치해야 하는 특정소방대상물에 자동화재탐지설비 또는 비상경보설비와 같은 수준 이상의 음향을 발하는 장치를 부설한 방송설비를 화재안전기준에 적합하게 설치한 경우에는 그 설비의 유효범위에서 설치가 면제된다.

2. 음향장치

(1) 설치기준 실기

① 확성기의 음성입력은 3[W](실내에 설치하는 것에 있어서는 1[W]) 이상이어야 한다.

② 확성기는 각 층마다 설치하되, 그 층의 각 부분으로부터 하나의 확성기까지의 수평거리가 25[m] 이하가 되도록 하고, 해당 층의 각 부분에 유효하게 경보를 발할 수 있도록 설치한다.

③ 음량조정기를 설치하는 경우 음량조정기의 배선은 3선식으로 하여야 한다.

+기초 음량조정기

가변저항을 이용하여 전류를 변화시켜 음량을 크게 하거나 작게 조절할 수 있는 장치를 말하며, 비상선-공통선-일반선의 3선식으로 배선해야 한다.

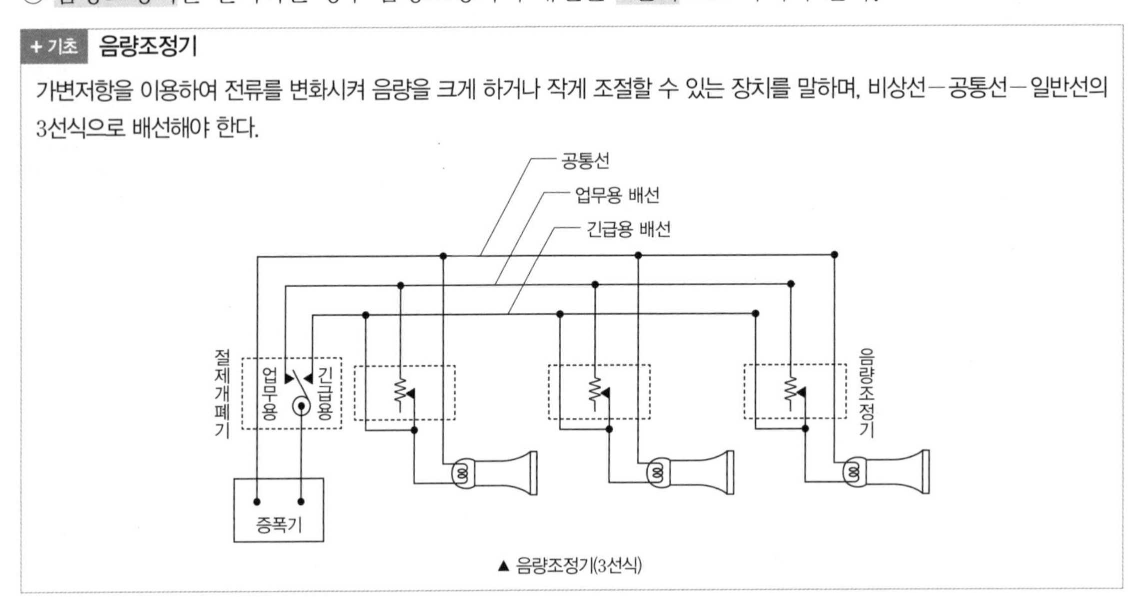

▲ 음량조정기(3선식)

④ 조작부의 조작스위치는 바닥으로부터 0.8[m] 이상 1.5[m] 이하의 높이에 설치하여야 한다.

⑤ 다른 전기회로에 따라 유도장애가 생기지 않도록 하여야 한다.

⑥ 하나의 특정소방대상물에 2 이상의 조작부가 설치되어 있는 때에는 각각의 조작부가 있는 장소 상호 간에 동시 통화가 가능한 설비를 설치하고, 어느 조작부에서도 해당 특정소방대상물의 전 구역에 방송을 할 수 있도록 하여야 한다.

⑦ 기동장치에 따른 화재신호를 수신한 후 필요한 음량으로 화재발생상황 및 피난에 유효한 방송이 자동으로 개시될 때까지의 소요시간은 10초 이내로 하여야 한다.

(2) 구조 및 성능

① 정격전압의 80[%] 전압에서 음향을 발할 수 있어야 한다.

② 자동화재탐지설비의 작동과 연동하여 작동할 수 있어야 한다.

(3) 경보방식 실기

① 우선경보방식: 층수가 11층(공동주택의 경우 16층) 이상의 특정소방대상물은 다음의 기준에 따라 경보를 발할 수 있도록 해야 한다.

발화층	경보층
2층 이상의 층에서 발화	발화층 · 그 직상 4개층
1층에서 발화	발화층 · 그 직상 4개층 및 지하층
지하층에서 발화	발화층 · 직상층 및 기타의 지하층

■ 2층 화재		■ 1층 화재		■ 지하 1층 화재	
11층		11층		11층	
10층		10층		10층	
9층		9층		9층	
8층		8층		8층	
7층		7층		7층	
6층		6층		6층	
5층		5층		5층	
4층		4층		4층	
3층		3층		3층	
2층		2층		2층	
1층		1층		1층	
지하 1층		지하 1층		지하 1층	
지하 2층		지하 2층		지하 2층	
지하 3층		지하 3층		지하 3층	
지하 4층		지하 4층		지하 4층	
지하 5층		지하 5층		지하 5층	

▲ 우선경보방식의 경보층

② 일제경보방식: 층수가 10층(공동주택의 경우에는 15층) 이하인 특정소방대상물은 발화층과 관계없이 전층 경보가 가능해야한다.

3. 배선

(1) 설치기준 실기

① 화재로 인해 하나의 층의 확성기 또는 배선이 단락 또는 단선되어도 다른 층의 화재 통보에 지장이 없도록 하여야 한다.

② 전원회로의 배선은 내화배선으로, 그 밖의 배선은 내화배선 또는 내열배선으로 하여야 한다.

③ 비상방송설비의 배선은 다른 전선과 별도의 관 · 덕트(절연효력이 있는 것으로 구획한 때에는 그 구획된 부분은 별개의 덕트로 봄) 몰드 또는 풀박스 등에 설치해야 한다. 다만, 60[V] 미만의 약전류회로에 사용하는 전선으로서 각각의 전압이 같을 때는 그렇지 않다.

+ 기본 합성수지관의 특징

① 금속관에 비해 중량이 가벼워 시공이 용이하다.

② 절연성이 있어 누전의 우려는 적으나 누전 발생 시 점화원으로 작용할 가능성이 있으므로 접지를 해야 한다.

③ 열에 약하며 기계적 충격 및 중량물에 의한 압력 등 외력에 약하다.

④ 내식성이 있어 부식성 가스가 체류하는 화학공장 등에 적합하며 금속관과 비교하여 가격이 싸다.

(2) 절연저항

전원회로의 전로와 대지 사이 및 배선 상호 간의 절연저항은 「전기설비기술기준」이 정하는 바에 따르고, 부속회로의 전로와 대지 사이 및 배선 상호 간의 절연저항은 1경계구역마다 직류 250[V]의 절연저항 측정기를 사용하여 측정한 절연저항이 0.1[MΩ] 이상이 되도록 해야 한다.

4. 전원

(1) 설치기준

① 상용전원은 전기가 정상적으로 공급되는 축전지설비, 전기저장장치 또는 교류전압의 옥내간선으로 하고, 전원까지의 배선은 전용으로 해야 한다.

② 개폐기에는 "비상방송설비용"이라고 표시한 표지를 해야 한다.

③ 비상방송설비에는 그 설비에 대한 감시상태를 60분 간 지속한 후 유효하게 10분 이상 경보할 수 있는 비상전원으로서 축전지설비 또는 전기저장장치를 설치해야 한다.

> **+기초 전기저장장치**
> 외부 전기에너지를 저장해 두었다가 필요한 때 전기를 공급하는 장치를 말한다.

PHASE 04 | 자동화재탐지설비

1. 자동화재탐지설비

(1) 의미

① 화재 발생을 자동적으로 감지하여 해당 소방대상물의 화재 발생을 소방대상물의 관계자에게 통보할 수 있는 설비로서 감지기, 발신기, 수신기, 경종 또는 중계기 등으로 구성된 것을 말한다.

② 수신기의 종류에 따라 P형, R형 자동화재탐지설비로 구분된다.

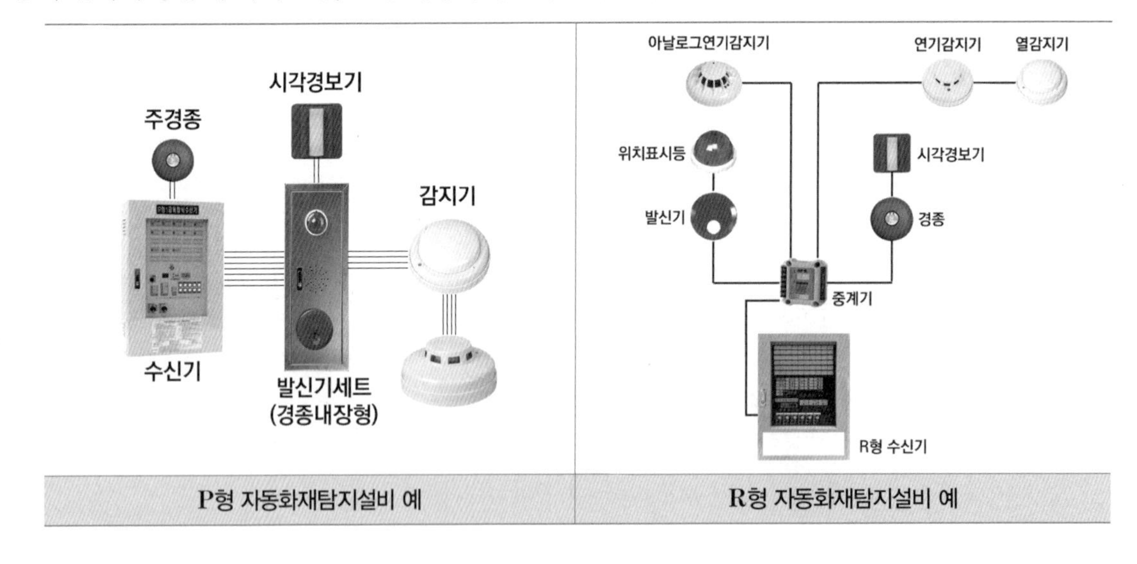

P형 자동화재탐지설비 예	R형 자동화재탐지설비 예

(2) 동작순서

① P형 자동화재탐지설비

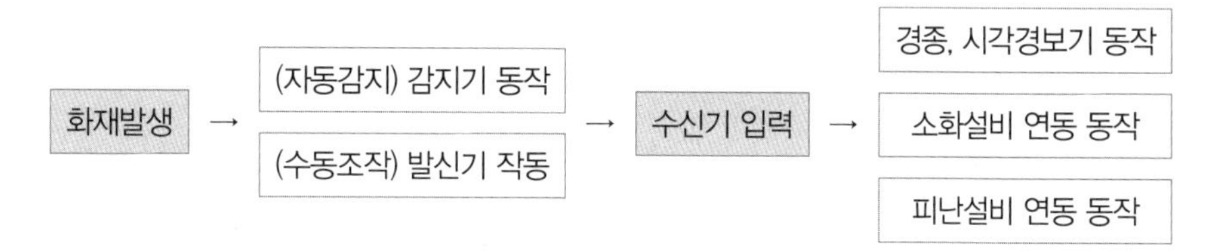

② R형 자동화재탐지설비

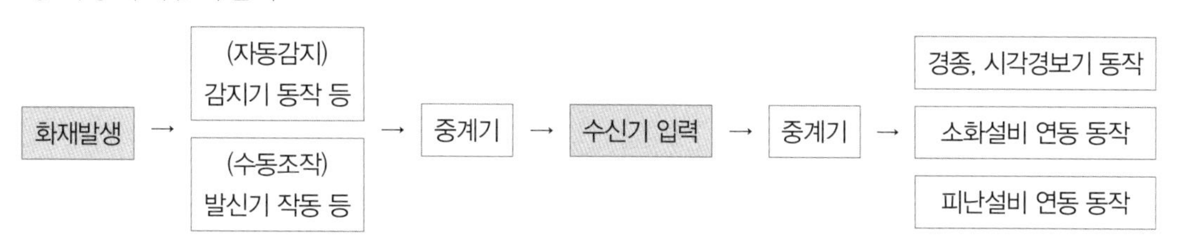

+기초 P형 수신기와 R형 수신기의 차이

구분	P형 수신기	R형 수신기
신호전송방식	1:1 접점방식	다중전송방식
신호 종류	공통신호	고유신호
화재표시기구	램프	액정표시장치(LCD)
선로수	많음	적음
유지관리	선로수가 많아 어려움	선로수가 적어 비교적 쉬움

2. 경계구역

(1) 의미

특정소방대상물 중 화재신호를 발신하고 그 신호를 수신 및 유효하게 제어할 수 있는 구역을 말한다.

(2) 설정 기준 실기

① 하나의 경계구역이 2 이상의 건축물에 미치지 않도록 해야 한다.

② 하나의 경계구역이 2 이상의 층에 미치지 않도록 해야 한다. 다만, 500[m²] 이하의 범위 안에서는 2개의 층을 하나의 경계구역으로 할 수 있다.

③ 하나의 경계구역의 면적은 600[m²] 이하로 하고 한 변의 길이는 50[m] 이하로 해야 한다. 다만, 해당 특정소방대상물의 주된 출입구에서 그 내부 전체가 보이는 것에 있어서는 한 변의 길이가 50[m]의 범위 내에서 1,000[m²] 이하로 할 수 있다.

(3) 그 외 기준

① 계단 · 경사로 · 엘리베이터 승강로 · 린넨슈트 · 파이프 피트 및 덕트 기타 이와 유사한 부분에 대하여는 별도로 경계구역을 설정하되, 하나의 경계구역은 높이 45[m] 이하로 하고, 지하층의 계단 및 경사로(지하층의 층수가 한 개 층일 경우 제외)는 별도로 하나의 경계구역으로 해야 한다.

② 외기에 면하여 상시 개방된 부분이 있는 차고 · 주차장 · 창고 등에 있어서는 외기에 면하는 각 부분으로부터 5[m] 미만의 범위 안에 있는 부분은 경계구역의 면적에 산입하지 않는다.

③ 스프링클러설비 · 물분무등소화설비 또는 제연설비의 화재감지장치로서 화재감지기를 설치한 경우의 경계구역은 해당 소화설비의 방호구역 또는 제연구역과 동일하게 설정할 수 있다.

3. 감지기

(1) 감지기의 분류

검출원리	기능형식	이용형식	용도
열감지기	차동식	스포트형	공기팽창식
			열기전력식
		분포형	공기관식
			열전대식
			열반도체식
	정온식	스포트형	–
		감지선형	–
	보상식	스포트형	차동식+정온식
연기감지기	광전식	스포트형	산란광식
		분리형	감광식
		공기흡입형	산란광식
	이온화식	–	
복합감지기	열복합형	차동식+정온식	
	연기복합형	광전식+이온화식	
	열 · 연기복합형	차동식+이온화식, 차동식+광전식 정온식+이온화식, 정온식+광전식	
불꽃감지기	자외선식	–	
	적외선식		
	자외선 · 적외선 복합식		

(2) 부착 높이에 따른 적응성 실기

① 감지기는 부착 높이에 따라 다음과 같은 종류의 것을 설치해야 한다.

부착 높이	감지기의 종류	
4[m] 미만	㉠ 차동식(스포트형, 분포형) ㉡ 보상식 스포트형 ㉢ 정온식(스포트형, 감지선형) ㉣ 이온화식 또는 광전식(스포트형, 분리형, 공기흡입형)	㉤ 열복합형 ㉥ 연기복합형 ㉦ 열연기복합형 ㉧ 불꽃감지기
4[m] 이상 8[m] 미만	㉠ 차동식(스포트형, 분포형) ㉡ 보상식 스포트형 ㉢ 정온식(스포트형, 감지선형) 특종 또는 1종 ㉣ 이온화식 1종 또는 2종 ㉤ 광전식(스포트형, 분리형, 공기흡입형) 1종 또는 2종	㉥ 열복합형 ㉦ 연기복합형 ㉧ 열연기복합형 ㉨ 불꽃감지기
8[m] 이상 15[m] 미만	㉠ 차동식 분포형 ㉡ 이온화식 1종 또는 2종 ㉢ 광전식(스포트형, 분리형, 공기흡입형) 1종 또는 2종	㉣ 연기복합형 ㉤ 불꽃감지기
15[m] 이상 20[m] 미만	㉠ 이온화식 1종 ㉡ 광전식(스포트형, 분리형, 공기흡입형) 1종	㉢ 연기복합형 ㉣ 불꽃감지기
20[m] 이상	㉠ 불꽃감지기	㉡ 광전식(분리형, 공기흡입형) 중 아날로그 방식

+심화 공칭감지농도 하한값

부착 높이 20[m] 이상에 설치되는 광전식 중 아날로그방식의 감지기는 공칭감지농도 하한값이 감광률 5[%/m] 미만인 것으로 한다.

② 지하층, 무창층 등으로서 환기가 잘되지 아니하거나 실내면적이 40[m^2] 미만인 장소, 감지기의 부착면과 실내 바닥과의 거리가 2.3[m] 이하인 곳으로 일시적으로 발생한 열·연기 또는 먼지 등으로 인하여 화재신호를 발신할 우려가 있는 장소에 설치해야 할 적응성이 있는 감지기는 다음과 같다.

㉠ 불꽃감지기
㉡ 복합형 감지기
㉢ 다신호 방식의 감지기
㉣ 정온식 감지선형 감지기
㉤ 광전식 분리형 감지기
㉥ 축적 방식의 감지기
㉦ 분포형 감지기
㉧ 아날로그 방식의 감지기

(3) 설치장소별 감지기의 적응성

구분	열감지기	연기감지기
현저하게 고온으로 되는 장소	① 정온식 1종 ② 정온식 특종 ③ 열아날로그식	—
흡연에 의해 연기가 체류하며 환기가 되지 않는 장소	① 차동식 스포트형 ② 차동식 분포형 ③ 보상식 스포트형	① 광전식 스포트형 ② 광전아날로그식 (스포트, 분리)형 ③ 광전식 분리형
훈소화재의 우려가 있는 장소	—	① 광전식 스포트형 ② 광전아날로그식 (스포트, 분리)형 ③ 광전식 분리형

(4) 일반적인 감지기 설치기준 실기

① 감지기(차동식 분포형 제외)는 실내로의 공기유입구로부터 1.5[m] 이상 떨어진 위치에 설치해야 한다.

② 감지기는 천장 또는 반자의 옥내에 면하는 부분에 설치해야 한다.

③ 보상식 스포트형 감지기는 정온점이 감지기 주위의 평상시 최고온도보다 20[℃] 이상 높은 것으로 설치해야 한다.

④ 정온식 감지기는 주방 · 보일러실 등으로서 다량의 화기를 취급하는 장소에 설치하되, 공칭작동온도가 최고주위온도보다 20[℃] 이상 높은 것으로 설치해야 한다.

⑤ 차동식 스포트형 · 보상식 스포트형 및 정온식 스포트형 감지기는 그 부착 높이 및 특정소방대상물에 따라 다음 표에 따른 바닥면적마다 1개 이상을 설치해야 한다.

부착 높이 및 특정소방대상물의 구분		감지기의 종류[m^2]						
		차동식 스포트형		보상식 스포트형		정온식 스포트형		
		1종	2종	1종	2종	특종	1종	2종
4[m] 미만	주요구조부가 내화구조	90	70	90	70	70	60	20
	기타 구조	50	40	50	40	40	30	15
4[m] 이상 8[m] 미만	주요구조부가 내화구조	45	35	45	35	35	30	—
	기타 구조	30	25	30	25	25	15	—

⑥ 스포트형 감지기는 45° 이상 경사되지 않도록 부착해야 한다.

(5) 감지기 설치 제외 장소 실기

① 천장 또는 반자의 높이가 20[m] 이상인 장소

② 헛간 등 외부와 기류가 통하는 장소로서 감지기에 따라 화재 발생을 유효하게 감지할 수 없는 장소

③ 부식성 가스가 체류하고 있는 장소

④ 고온도 및 저온도로서 감지기의 기능이 정지되기 쉽거나 감지기의 유지관리가 어려운 장소

⑤ 목욕실 · 욕조나 샤워시설이 있는 화장실 · 기타 이와 유사한 장소

⑥ 파이프덕트 등 그 밖의 이와 비슷한 것으로서 2개 층마다 방화구획된 것이나 수평단면적이 5[m^2] 이하인 것

4. 열감지기

(1) 의미

화재에 의해서 발생되는 열을 감지하여 화재신호를 발신하는 감지기로 다음과 같은 종류가 있다.

종류	의미
차동식 스포트형	주위온도가 일정 상승률 이상이 되는 경우에 작동하는 것으로서 일국소에서의 열효과에 의하여 작동
차동식 분포형	주위온도가 일정 상승률 이상이 되는 경우에 작동하는 것으로서 넓은 범위 내에서의 열효과의 누적에 의하여 작동
정온식 감지선형	일국소의 주위온도가 일정한 온도 이상이 되는 경우에 작동하는 것으로서 외관이 전선과 같이 선형으로 되어 있는 것
정온식 스포트형	일국소의 주위온도가 일정한 온도 이상이 되는 경우에 작동하는 것으로서 외관이 전선과 같이 선형으로 되어 있지 않은 것
보상식 스포트형	차동식 스포트형과 정온식 스포트형의 성능을 겸한 감지기

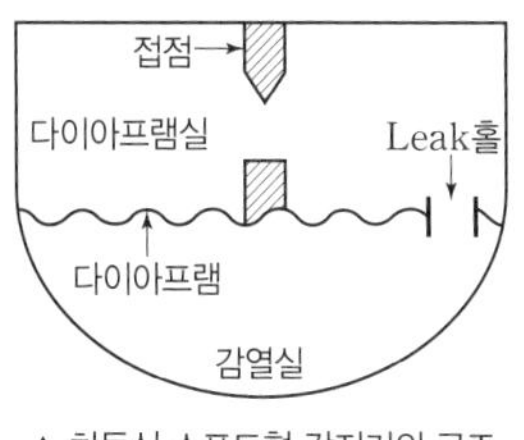

▲ 차동식 스포트형 감지기의 구조

(2) 공기관식 차동식 분포형 감지기 설치기준 실기

① 공기관의 노출 부분은 감지구역마다 20[m] 이상이 되도록 해야 한다.

② 공기관과 감지구역의 각 변과의 수평거리는 1.5[m] 이하가 되도록 하고, 공기관 상호 간의 거리는 6[m](주요구조부가 내화구조로 된 특정소방대상물 또는 그 부분에 있어서는 9[m]) 이하가 되도록 해야 한다.

③ 공기관은 도중에서 분기하지 않도록 해야 한다.

④ 하나의 검출 부분에 접속하는 공기관의 길이는 100[m] 이하로 해야 한다.

⑤ 검출부는 5° 이상 경사되지 않도록 부착해야 한다.

⑥ 검출부는 바닥으로부터 0.8[m] 이상 1.5[m] 이하의 위치에 설치해야 한다.

> **+기초 공기관식 차동식 분포형 감지기의 구성**
> 공기관(두께 0.3[mm] 이상, 외경 1.9[mm] 이상), 다이어프램, 리크구멍, 시험장치, 접점

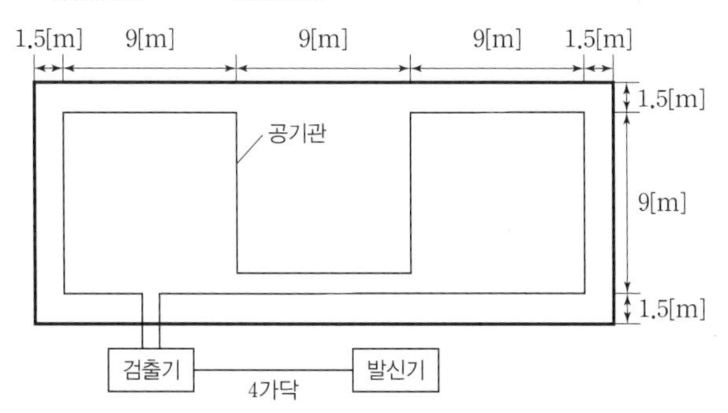

▲ 공기관식 차동식 분포형 감지기 설치기준

(3) 열전대식 차동식 분포형 감지기 설치기준

① 열전대부는 다음 감지구역의 바닥면적마다 1개 이상으로 해야 한다.

구분	바닥면적[m^2]
주요구조부가 내화구조	22
기타구조	18

② 하나의 검출부에 접속하는 열전대부는 20개 이하로 해야 한다.

+심화 열전대식 차동식 분포형 감지기

① 작동원리

화재 시 열전대부가 가열되면 서로 다른 금속판 상호 간에 열기전력(제벡효과)이 발생하여 미터릴레이에 전류가 흐르게 된다. 이로 인해 접점이 붙어 수신기에 신호를 발하게 된다.

② 구성요소

㉠ 열전대

㉡ 미터릴레이(검출부)

㉢ 접속전선(배선)

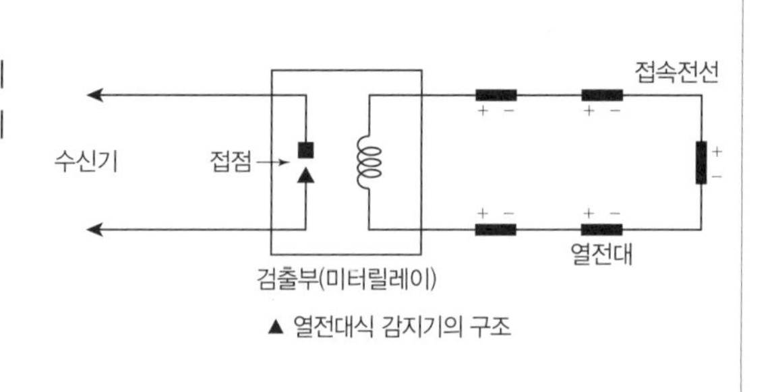

▲ 열전대식 감지기의 구조

(4) 열반도체식 차동식 분포형 감지기 설치기준

① 감지부는 그 부착 높이 및 특정소방대상물에 따라 다음 바닥면적마다 1개 이상으로 해야 한다.

부착 높이 및 특정소방대상물의 구분		감지기의 종류[m^2]	
		1종	2종
8[m] 미만	주요구조부가 내화구조	65	36
	기타 구조	40	23
8[m] 이상 15[m] 미만	주요구조부가 내화구조	50	36
	기타 구조	30	23

② 하나의 검출부에 접속하는 감지부는 2개 이상 15개 이하가 되도록 해야 한다.

5. 연기감지기

(1) 의미

화재에 의해서 발생되는 연기를 감지하여 화재신호를 발신하는 감지기로 다음과 같은 종류가 있다.

종류	의미
이온화식 스포트형	주위의 공기가 일정한 농도의 연기를 포함하게 되는 경우에 작동하는 것으로서 일국소의 연기에 의하여 이온전류가 변화하여 작동
광전식 스포트형	주위의 공기가 일정한 농도의 연기를 포함하게 되는 경우에 작동하는 것으로서 일국소의 연기에 의하여 광전소자에 접하는 광량의 변화로 작동
광전식 분리형	발광부와 수광부로 구성된 구조로 발광부와 수광부 사이의 공간에 일정한 농도의 연기를 포함하게 되는 경우에 작동
공기흡입형	감지기 내부에 장착된 공기흡입장치로 감지하고자 하는 위치의 공기를 흡입하고 흡입된 공기에 일정한 농도의 연기가 포함된 경우 작동

▲ 광전식 스포트형 감지기

(2) 연기감지기 설치기준 실기

① 설치장소

㉠ 계단·경사로 및 에스컬레이터 경사로

㉡ 복도(30[m] 미만 제외)

㉢ 엘리베이터 승강로(권상기실이 있는 경우 권상기실)·린넨슈트·파이프 피트 및 덕트 기타 이와 유사한 장소

㉣ 천장 또는 반자의 높이가 15[m] 이상 20[m] 미만의 장소

② 연기감지기의 부착 높이에 따라 다음 바닥면적마다 1개 이상으로 해야 한다.

부착 높이	감지기의 종류[m^2]	
	1종 및 2종	3종
4[m] 미만	150	50
4[m] 이상 20[m] 미만	75	–

③ 장소에 따른 설치기준

구분	감지기의 종류	
	1종 및 2종	3종
복도 및 통로	보행거리 30[m]마다	보행거리 20[m]마다
계단 및 경사로	수직거리 15[m]마다	수직거리 10[m]마다

④ 천장 또는 반자가 낮은 실내 또는 좁은 실내에 있어서는 출입구의 가까운 부분에 설치해야 한다.

⑤ 천장 또는 반자 부근에 배기구가 있는 경우에는 그 부근에 설치해야 한다.

+기본 감시챔버

연기를 감지하는 감지기는 감시챔버로 (1.3±0.05)[mm] 크기의 물체가 침입할 수 없는 구조이어야 한다.

⑥ 감지기는 벽 또는 보로부터 0.6[m] 이상 떨어진 곳에 설치해야 한다.

(3) 광전식 분리형 감지기 설치기준 실기

① 감지기의 수광면은 햇빛을 직접 받지 않도록 설치해야 한다.

② 광축(송광면과 수광면의 중심을 연결한 선)은 나란한 벽으로부터 0.6[m] 이상 이격하여 설치해야 한다.

▲ 광전식 분리형 감지기 설치기준

③ 감지기의 송광부와 수광부는 설치된 뒷벽으로부터 1[m] 이내의 위치에 설치해야 한다.

④ 광축의 높이는 천장 등(천장의 실내에 면한 부분 또는 상층의 바닥하부면) 높이의 80[%] 이상이어야 한다.

⑤ 감지기의 광축의 길이는 공칭감시거리 범위 이내이어야 한다.

6. 불꽃감지기

(1) 의미

화재에 의해서 발생되는 불꽃을 감지하여 화재신호를 발신하는 감지기를 말한다.

(2) 불꽃감지기 설치기준

① 공칭감시거리 및 공칭시야각은 형식승인 내용에 따라야 한다.

② 감지기는 공칭감시거리와 공칭시야각을 기준으로 감시구역이 모두 포용될 수 있도록 설치해야 한다.

③ 감지기는 화재감지를 유효하게 감지할 수 있는 모서리 또는 벽 등에 설치해야 한다.

④ 감지기를 천장에 설치하는 경우에는 감지기는 바닥을 향하여 설치해야 한다.

⑤ 수분이 많이 발생할 우려가 있는 장소에는 방수형으로 설치해야 한다.

▲ 불꽃감지기

7. 중계기

(1) 설치기준

① 수신기에서 직접 감지기회로의 도통시험을 하지 않는 것에 있어서는 수신기와 감지기 사이에 설치해야 한다.

② 조작 및 점검에 편리하고 화재 및 침수 등의 재해로 인한 피해를 받을 우려가 없는 장소에 설치해야 한다.

③ 수신기에 따라 감시되지 않는 배선을 통하여 전력을 공급받는 것에 있어서는 전원 입력 측의 배선에 과전류차단기를 설치하고 해당 전원의 정전이 즉시 수신기에 표시되는 것으로 하며, 상용전원 및 예비전원의 시험을 할 수 있도록 해야 한다.

8. 발신기

(1) 설치기준

① 조작이 쉬운 장소에 설치하고, 스위치는 바닥으로부터 0.8[m] 이상 1.5[m] 이하의 높이에 설치해야 한다.

② 특정소방대상물의 층마다 설치하되, 해당 층의 각 부분으로부터 하나의 발신기까지의 수평거리가 25[m] 이하가 되도록 해야 한다. 다만, 복도 또는 별도로 구획된 실로서 보행거리가 40[m] 이상일 경우에는 추가로 설치해야 한다.

③ 발신기의 위치를 표시하는 표시등은 함의 상부에 설치하되, 그 불빛은 부착면으로부터 15° 이상의 범위 안에서 부착지점으로부터 10[m] 이내의 어느 곳에서도 쉽게 식별할 수 있는 적색등으로 해야 한다.

9. 음향장치

(1) 설치기준

① 주음향장치는 수신기의 내부 또는 그 직근에 설치하여야 한다.

② 층수가 11층(공동주택의 경우에는 16층) 이상의 특정소방대상물은 다음의 기준에 따라 경보를 발할 수 있도록 하여야 한다.

발화층	경보층
2층 이상의 층에서 발화	발화층 · 그 직상 4개층
1층에서 발화	발화층 · 그 직상 4개층 및 지하층
지하층에서 발화	발화층 · 직상층 및 기타의 지하층

③ 지구음향장치는 특정소방대상물의 층마다 설치하되, 해당 층의 각 부분으로부터 하나의 음향장치까지의 수평거리가 25[m] 이하가 되도록 하고, 해당 층의 각 부분에 유효하게 경보를 발할 수 있도록 설치하여야 한다.

④ 적합한 방송설비를 자동화재탐지설비의 감지기와 연동하여 작동하도록 설치한 경우에는 지구음향장치를 설치하지 않을 수 있다.

(2) 구조 및 성능

① 정격전압의 80[%] 전압에서 음향을 발할 수 있는 것으로 하여야 한다.

② 음향의 크기는 부착된 음향장치의 중심으로부터 1[m] 떨어진 위치에서 90[dB] 이상이 되는 것으로 하여야 한다.

③ 감지기 및 발신기의 작동과 연동하여 작동할 수 있는 것으로 하여야 한다.

10. 전원

(1) 설치기준

① 상용전원은 전기가 정상적으로 공급되는 축전지설비, 전기저장장치 또는 교류전압의 옥내 간선으로 하고, 전원까지의 배선은 전용으로 하여야 한다.

② 자동화재탐지설비에는 그 설비에 대한 감시상태를 60분간 지속한 후 유효하게 10분 이상 경보할 수 있는 비상전원으로서 축전지설비 또는 전기저장장치를 설치하여야 한다.

11. 배선

(1) 설치기준

① 전원회로의 배선은 내화배선으로, 그 밖의 배선은 내화배선 또는 내열배선으로 해야 한다.

② 아날로그식, 다신호식 감지기나 R형 수신기용으로 사용되는 것은 전자파 방해를 받지 않는 실드선 등을 사용해야 하며, 광케이블의 경우에는 전자파 방해를 받지 아니하고 내열성능이 있는 경우 사용해야 한다. 다만, 전자파 방해를 받지 않는 방식의 경우에는 그렇지 않다.

③ 감지기 사이의 회로의 배선은 송배선식으로 해야 한다.

④ 감지기회로 및 부속회로의 전로와 대지 사이 및 배선 상호 간의 절연저항은 1경계구역마다 직류 250[V]의 절연저항측정기를 사용하여 측정한 절연저항이 0.1[MΩ] 이상이 되도록 해야 한다.

⑤ 자동화재탐지설비의 배선은 다른 전선과 별도의 관·덕트·몰드 또는 풀박스 등에 설치해야 한다. 다만, 60[V] 미만의 약 전류회로에 사용하는 전선으로서 각각의 전압이 같을 때에는 그렇지 않다.

⑥ P형 수신기 및 GP형 수신기의 감지기 회로의 배선에 있어서 하나의 공통선에 접속할 수 있는 경계구역은 7개 이하로 해야 한다.

⑦ 자동화재탐지설비의 감지기회로의 전로저항은 50[Ω] 이하가 되도록 해야 하며, 수신기의 각 회로별 종단에 설치되는 감지기에 접속되는 배선의 전압은 감지기 정격전압의 80[%] 이상이어야 한다.

(2) 종단저항의 설치기준

① 점검 및 관리가 쉬운 장소에 설치해야 한다.

② 전용함을 설치하는 경우 그 설치 높이는 바닥으로부터 1.5[m] 이내로 해야 한다.

③ 감지기 회로의 끝부분에 설치하며, 종단감지기에 설치할 경우에는 구별이 쉽도록 해당 감지기의 기판 및 감지기 외부 등에 별도의 표시를 해야 한다.

> **+기초 감지기에 종단저항을 설치하는 이유**
>
> 감지기회로의 도통시험을 원활하게 하기 위해 종단저항을 설치한다. 도통시험이란 감지기 사이 회로의 단선 유무와 기기 등의 접속 상황을 확인하는 시험이다.

PHASE 05 | 시각경보장치

1. 시각경보장치

(1) 의미

자동화재탐지설비에서 발하는 화재신호를 시각경보기에 전달하여 청각장애인에게 점멸형태의 시각경보를 하는 것을 말한다.

(2) 설치기준

① 복도 · 통로 · 청각장애인용 객실 및 공용으로 사용하는 거실에 설치하며, 각 부분으로부터 유효하게 경보를 발할 수 있는 위치에 설치해야 한다.

② 공연장 · 집회장 · 관람장 또는 이와 유사한 장소에 설치하는 경우에는 시선이 집중되는 무대부 부분 등에 설치해야 한다.

③ 설치 높이는 바닥으로부터 2[m] 이상 2.5[m] 이하의 장소에 설치해야 한다. 다만, 천장의 높이가 2[m] 이하인 경우에는 천장으로부터 0.15[m] 이내의 장소에 설치해야 한다.

▲ 시각경보장치

④ 시각경보장치의 광원은 전용의 축전지설비 또는 전기저장장치(외부 전기에너지를 저장해 두었다 필요한 때 전기를 공급하는 장치)에 의하여 점등되도록 해야 한다.

⑤ 하나의 특정소방대상물에 2 이상의 수신기가 설치된 경우 어느 수신기에서도 지구음향장치 및 시각경보장치를 작동할 수 있도록 해야 한다.

(3) 절연저항

시각경보장치의 전원부 양단자 또는 양선을 단락시킨 부분과 비충전부를 DC 500[V]의 절연저항계로 측정하는 경우 절연저항이 5[MΩ] 이상이어야 한다.

PHASE 06 | 자동화재속보설비

1. 자동화재속보설비

(1) 의미

자동 또는 수동으로 화재의 발생을 소방관서에 알리는 설비를 말한다.

(2) 설치기준

① 자동화재탐지설비와 연동으로 작동하여 자동적으로 화재신호를 소방관서에 전달되는 것으로 해야 한다. 이 경우 부가적으로 특정소방대상물의 관계인에게 화재신호를 전달되도록 할 수 있다.

② 조작스위치는 바닥으로부터 0.8[m] 이상 1.5[m] 이하의 높이에 설치해야 한다.

③ 속보기는 소방관서에 통신망으로 통보하도록 하며, 데이터 또는 코드전송방식을 부가적으로 설치할 수 있다.

④ 속보기는 소방청장이 정하여 고시한 「자동화재속보설비의 속보기의 성능인증 및 제품검사의 기술기준」에 적합한 것으로 설치해야 한다.

(3) 설치대상

노유자 생활시설	모든 층
노유자 시설	바닥면적 500[m^2] 이상인 층이 있는 것
수련시설(숙박시설이 있는 것만 해당)	바닥면적 500[m^2] 이상인 층이 있는 것
문화유산	보물 또는 국보로 지정된 목조건축물
근린생활시설	① 의원, 치과의원, 한의원으로서 입원실이 있는 시설 ② 조산원 및 산후조리원
의료시설	① 종합병원, 병원, 치과병원, 한방병원 및 요양병원(의료재활시설 제외) ② 정신병원 및 의료재활시설로 사용되는 바닥면적의 합계가 500[m^2] 이상인 층이 있는 것
판매시설	전통시장

2. 속보기

(1) 구조

① 부식에 의하여 기계적 기능에 영향을 줄 우려가 있는 부분은 칠, 도금 등으로 기계적 내식가공을 하거나 방청가공을 하여야 하며, 전기적기능에 영향이 있는 단자 등은 동합금이나 이와 동등 이상의 내식성능이 있는 재질을 사용하여야 한다.

② 극성이 있는 배선을 접속하는 경우에는 오접속 방지를 위한 필요한 조치를 하여야 하며, 커넥터로 접속하는 방식은 구조적으로 오접속이 되지 않는 형태이어야 한다.

③ 예비전원 회로에는 단락 사고 등을 방지하기 위한 퓨즈, 차단기 등과 같은 보호장치를 하여야 한다.

④ 전면에는 주전원 및 예비전원의 상태를 표시할 수 있는 장치와 작동 시 음향으로 경보하는 장치를 설치하여야 한다.

⑤ 속보기는 다음 각 목의 장치를 전면에 설치하여야 한다.

㉠ 작동 시 작동여부를 표시하는 장치를 하여야 한다.

㉡ 작동 시 그 작동시간과 작동횟수를 표시할 수 있는 장치를 하여야 한다.

⑥ 수동통화용 송수화장치를 설치하여야 한다.

⑦ 표시등에 전구를 사용하는 경우에는 2개를 병렬로 설치하여야 한다(발광다이오드 제외).

⑧ 속보기는 다음 각 호의 회로방식을 사용하지 않아야 한다.

㉠ 접지전극에 직류전류를 통하는 회로방식

㉡ 수신기에 접속되는 외부배선과 다른 설비(화재신호의 전달에 영향을 미치지 않는 것 제외)의 외부배선을 공용으로 하는 회로방식

+ 기본 속보기의 신호

자동화재탐지설비 수신기의 화재신호와 연동으로 작동하여 화재발생을 경보하고 소방관서에 자동적으로 통신망을 통한 해당 화재발생, 해당 소방대상물의 위치 등을 음성으로 통보해야 한다.

(2) 기능

① 속보기는 작동신호를 수신하거나 수동으로 동작시키는 경우 20초 이내에 소방관서에 자동적으로 신호를 발하여 알리되, 3회 이상 속보할 수 있어야 한다.

② 주전원이 정지한 경우에는 자동적으로 예비전원으로 전환되고, 주전원이 정상상태로 복귀한 경우에는 자동적으로 예비전원에서 주전원으로 전환되어야 한다.

③ 화재신호를 수신하거나 수동으로 동작시키는 경우 자동적으로 화재표시등이 점등되고 음향장치로 화재를 경보하여야 한다.

④ 연동 또는 수동으로 소방관서에 화재발생 음성정보를 속보중인 경우에도 송수화장치를 이용한 통화가 우선적으로 가능하여야 한다.

⑤ 예비전원을 병렬로 접속하는 경우에는 역충전 방지 등의 조치를 하여야 한다.

⑥ 예비전원은 감시상태를 60분 간 지속한 후 10분 이상 동작이 지속될 수 있는 용량이어야 한다.

⑦ 속보기는 작동신호 또는 수동작동스위치에 의한 다이얼링 후 소방관서와 전화접속이 이루어지지 않는 경우에는 최초 다이얼링을 포함하여 10회 이상 반복적으로 접속을 위한 다이얼링이 이루어져야 한다. 이 경우 매 회 다이얼링 완료 후 호출은 30초 이상 지속되어야 한다.

(3) 외함의 두께

외함 재질	외함 두께
강판	1.2[mm] 이상
합성수지	3[mm] 이상

(4) 절연저항

① 절연된 충전부와 외함 간의 절연저항은 직류 500[V]의 절연저항계로 측정한 값이 5[MΩ](교류 입력측과 외함 간에는 20[MΩ]) 이상이어야 한다.

② 절연된 선로 간의 절연저항은 직류 500[V]의 절연저항계로 측정한 값이 20[MΩ] 이상이어야 한다.

PHASE 07 | 누전경보기

1. 누전경보기

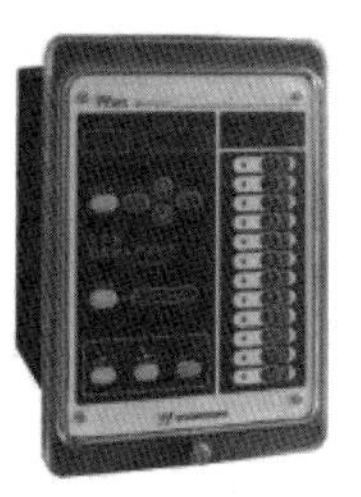

▲ 누전경보기

(1) 의미

① 600[V] 이하의 저압전로에서 누설전류 또는 지락전류를 검출하여 소방대상물의 관계자에게 경보를 발하는 설비이다.

② 인체에 대한 감전방지, 누전에 의한 화재 및 폭발방지, 아크에 의한 저로 및 기계·기구의 손상방지가 목적이다.

(2) 구성

구성요소	기능
변류기(영상변류기)	경계전로의 누설전류를 자동적으로 검출하여 이를 누전경보기의 수신부에 송신
수신부	변류기로부터 검출된 신호를 수신하여 누전의 발생을 해당 특정소방대상물의 관계인에게 경보
음향장치	누설전류 검출 시 경보
차단기구	누설전류가 검출 시 전로를 자동적으로 차단

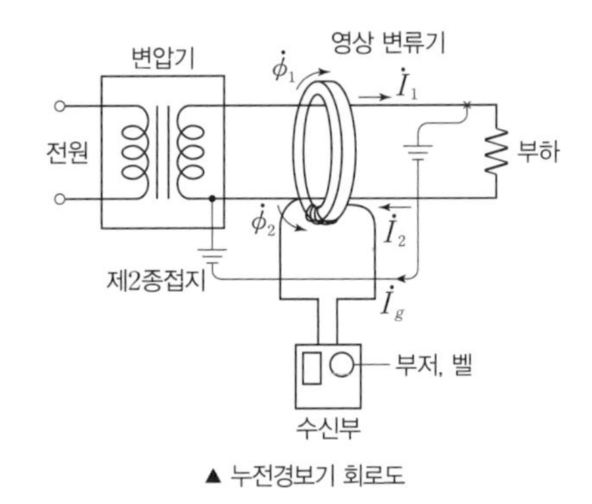

▲ 누전경보기 회로도

(3) 설치기준

① 경계전로의 정격전류에 따른 설치기준

경계전로의 정격전류	누전경보기
60[A] 초과	1급
60[A] 이하	1급 또는 2급

② 외함은 불연성 또는 난연성 재질로 만들어져야 하며, 두께는 다음 기준을 만족해야한다.

구분	두께
일반적인 경우	1.0[mm] 이상
직접 벽면에 접하여 벽 속에 매립되는 외함의 부분	1.6[mm] 이상

(4) 설치대상

누전경보기는 계약전류용량이 100[A]를 초과하는 특정소방대상물에 설치해야 한다. 다만, 위험물 저장 및 처리 시설 중 가스시설, 지하가 중 터널 및 지하구의 경우에는 그렇지 않다.

+기초 **공칭작동전류치**

누전경보기를 작동시키기 위하여 필요한 누설전류의 값으로서 제조자에 의하여 표시된 값을 말한다.

(5) 공칭작동전류치

① 누전경보기의 공칭작동전류치는 200[mA] 이하이어야 한다.

② 감도조정장치를 가지고 있는 누전경보기에 있어서 감도조정장치의 조정범위는 최대치가 1[A]이어야 한다.

2. 변류기

(1) 종류

① 구조에 따른 분류

㉠ 옥외형

㉡ 옥내형

② 수신부와의 상호호환성 유무에 따른 분류

㉠ 호환성형

㉡ 비호환성형

+기초 **옥외형과 옥내형의 차이**

① 옥외형: 방수구조

② 옥내형: 비방수구조

(2) 과누전시험

변류기는 1개의 전선을 변류기에 부착시킨 회로를 설치하고 출력단자에 부하저항을 접속한 상태로 당해 1개의 전선에 변류기의 정격전압의 20[%]에 해당하는 수치의 전류를 5분 간 흘리는 경우 그 구조 또는 기능에 이상이 생기지 아니하여야 한다.

(3) 절연저항시험

시험부위	절연저항값
절연된 1차권선과 2차권선 간의 절연저항	DC 500[V]의 절연저항계로 측정하는 경우 5[MΩ] 이상
절연된 1차권선과 외부금속부 간의 절연저항	
절연된 2차권선과 외부금속부 간의 절연저항	

(4) 전압강하방지시험

변류기는 경계전로에 정격전류를 흘리는 경우, 그 경계전로의 전압강하는 0.5[V] 이하이어야 한다.

3. 수신부

(1) 구조

① 전원을 표시하는 장치를 설치하여야 한다(2급 수신부 제외).

② 수신부는 다음 회로에 단락이 생기는 경우에는 유효하게 보호되는 조치를 강구하여야 한다.

㉠ 전원 입력측의 회로(2급 수신부 제외)

㉡ 수신부에서 외부의 음향장치와 표시등에 대하여 직접 전력을 공급하도록 구성된 외부회로

③ 감도조정장치를 제외하고 감도조정부는 외함의 바깥쪽에 노출되지 아니하여야 한다.

④ 주전원의 양극을 동시에 개폐할 수 있는 전원스위치를 설치하여야 한다.

⑤ 전원입력 및 외부부하에 직접 전원을 송출하도록 구성된 회로에는 퓨즈 또는 브레이커 등을 설치하여야 한다.

(2) 수신부의 내부 구조 블록도

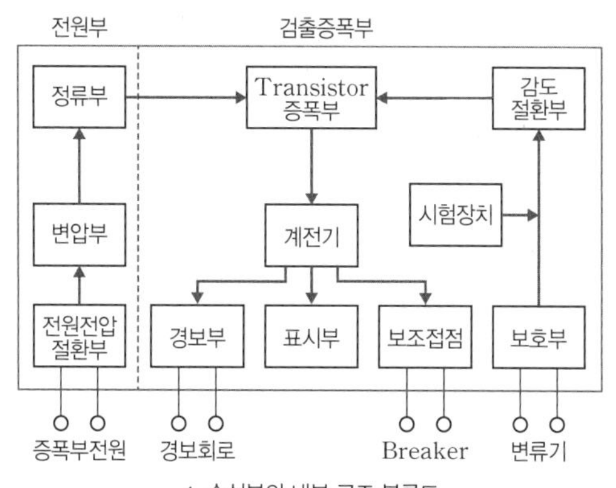

▲ 수신부의 내부 구조 블록도

+기초 수신부의 설치 위치

누전경보기의 수신부는 옥내의 점검에 편리한 장소에 설치하되, 가연성의 증기·먼지 등이 체류할 우려가 있는 장소의 전기회로에는 해당 부분의 전기회로를 차단할 수 있는 차단기구를 가진 수신부를 설치해야 한다.

(3) 누전표시

수신부는 변류기로부터 송신된 신호를 수신하는 경우 적색표시 및 음향신호에 의하여 누전을 자동적으로 표시할 수 있어야 한다.

(4) 기능

구분	공칭작동전류치에 대응하는 변류기의 설계출력전압	
	42[%](52[%])	75[%](100[%])
호환성형	30초 이내 동작하지 않음	1초(차단기구가 있는 경우 0.2초)이내 작동
비호환성형	30초 이내 동작하지 않음	1초(차단기구가 있는 경우 0.2초)이내 작동

*괄호 안의 수치는 비호환성형에 대응되는 값임

(5) 설치 제외 장소

① 가연성의 증기 · 먼지 · 가스 등이나 부식성의 증기 · 가스 등이 다량으로 체류하는 장소

② 화약류를 제조하거나 저장 또는 취급하는 장소

③ 습도가 높은 장소

④ 온도의 변화가 급격한 장소

⑤ 대전류회로 · 고주파 발생회로 등에 따른 영향을 받을 우려가 있는 장소

(6) 누전작동시험

수신부는 그 정격전압에서 10,000회의 누전작동시험을 실시하는 경우 그 구조 또는 기능에 이상이 생기지 아니하여야 한다.

+심화 누전경보기 수신부의 기능검사

① 전원전압변동시험
② 온도특성시험
③ 과입력전압시험
④ 절연내력시험
⑤ 개폐기의 조작시험
⑥ 반복시험
⑦ 진동시험
⑧ 충격파내전압시험
⑨ 충격시험
⑩ 방수시험
⑪ 절연저항시험

4. 음향장치

(1) 설치기준 실기

① 사용전압의 80[%]인 전압에서 소리를 내어야 한다.

② 사용전압에서의 음압은 무향실 내에서 정위치에 부착된 음향장치의 중심으로부터 1[m] 떨어진 지점에서 누전경보기는 70[dB] 이상이어야 한다. 다만, 고장표시장치용 등의 음압은 60[dB] 이상이어야 한다.

③ 사용전압으로 8시간 연속하여 울리게 하는 시험, 또는 정격전압에서 3분 20초 동안 울리고 6분 40초 동안 정지하는 작동을 반복하여 통산한 울림시간이 20시간이 되도록 시험하는 경우 그 구조 또는 기능에 이상이 생기지 아니하여야 한다.

5. 차단기구

(1) 설치기준

① 개폐부는 원활하고 확실하게 작동하여야 하며 정지점이 명확하여야 한다.

② 개폐부는 수동으로 개폐되어야 하며 자동적으로 복귀하지 아니하여야 한다.

③ 개폐부는 KS C 4613(누전차단기)에 적합한 것이어야 한다.

6. 표시등

(1) 설치기준

① 전구는 사용전압의 130[%]인 교류전압을 20시간 연속하여 가하는 경우 단선, 현저한 광속변화, 흑화, 전류의 저하 등이 발생하지 아니하여야 한다.

② 소켓은 접촉이 확실하여야 하며 쉽게 전구를 교체할 수 있도록 부착하여야 한다.

③ 전구는 2개 이상을 병렬로 접속하여야 한다(방전등 또는 발광다이오드 제외).

④ 전구에는 적당한 보호커버를 설치하여야 한다(발광다이오드 제외).

⑤ 누전화재의 발생을 표시하는 표시등이 설치된 것은 등이 켜질 때 적색으로 표시되어야 하며, 누전화재가 발생한 경계전로의 위치를 표시하는 표시등과 기타의 표시등은 다음과 같아야 한다.

㉠ 지구등은 적색으로 표시되어야 한다. 이 경우 누전등이 설치된 수신부의 지구등은 적색 외의 색으로도 표시할 수 있다.

㉡ 기타의 표시등은 적색 외의 색으로 표시되어야 한다. 다만, 누전등 및 지구등과 쉽게 구별할 수 있도록 부착된 기타의 표시등은 적색으로도 표시할 수 있다.

⑥ 주위의 밝기가 300[lx]인 장소에서 측정하여 앞면으로부터 3[m] 떨어진 곳에서 켜진 등이 확실히 식별되어야 한다.

7. 전원

(1) 설치기준

① 전원은 분전반으로부터 전용회로로 하고, 각 극에 개폐기 및 15[A] 이하의 과전류차단기(배선용 차단기에 있어서는 20[A] 이하의 것으로 각 극을 개폐할 수 있는 것)를 설치해야 한다.

② 전원을 분기할 때는 다른 차단기에 따라 전원이 차단되지 않도록 해야 한다.

CHAPTER 02

피난구조설비

PHASE 08 | 유도등

1. 유도등

(1) 의미

① 유도등은 화재 시 건물 내의 거주자가 안전하게 피난할 수 있도록 피난구 또는 피난방향을 안내하는 장치이다.

② 상용전원이 정전되더라도 비상전원으로 자동절환되어 점등되어야 한다.

+기초 표시면과 조사면의 정의

① 표시면: 유도등에 있어서 피난구나 피난방향을 안내하기 위한 문자 또는 부호등이 표시된 면

② 조사면: 유도등에 있어서 표시면 외 조명에 사용되는 면

(2) 종류 실기

구분	피난구유도등	통로유도등			객석유도등
		복도	계단	거실	
용도	피난경로로 사용되는 출입구 표시	피난통로를 안내하기 위한 유도등으로 방향을 명시			객석의 통로·바닥·벽에 설치
예시					
설치장소 (위치)	출입구 (상부 설치)	일반 복도 (하부 설치)	일반 계단 (하부 설치)	주차장, 도서관 등 (상부 설치)	공연장, 극장 등 (하부 설치)

(3) 설치장소별 유도등 및 유도표지 종류 실기

설치장소	유도등 및 유도표지의 종류
공연장, 집회장, 관람장, 운동시설	① 대형피난구유도등 ② 통로유도등 ③ 객석유도등
유흥주점 영업시설	
위락시설, 판매시설, 운수시설, 관광숙박업, 의료시설, 장례식장, 전시장, 지하상가, 지하철역사	① 대형피난구유도등 ② 통로유도등
숙박시설, 오피스텔	① 중형피난구유도등 ② 통로유도등
지하층·무창층 또는 층수가 11층 이상인 특정소방대상물	
근린생활시설, 노유자시설, 업무시설, 발전시설, 종교시설, 교육연구시설, 수련시설, 공장, 교정 및 군사시설, 다중이용업소, 복합건축물	① 소형피난구유도등 ② 통로유도등
그 밖의 것	① 피난구유도표지 ② 통로유도표지

(4) 구조

① 축전지에 배선 등을 직접 납땜하지 아니하여야 한다.

② 주전원 차단 시 비상전원으로 자동전환 될 수 있도록 예비전원을 설치하여야 한다(객석유도등 제외).

③ 사용전압은 300[V]이하여야 한다. 다만, 충전부가 노출되지 않은 것은 300[V]를 초과할 수 있다.

④ 예비전원을 병렬로 접속하는 경우는 역충전 방지 등의 조치를 강구하여야 한다.

⑤ 유도등에는 점멸, 음성 또는 이와 유사한 방식 등에 의한 유도장치를 설치할 수 있다.

⑥ 전선의 굵기는 인출선인 경우에는 단면적이 0.75[mm^2] 이상, 인출선 외의 경우에는 면적이 0.5[mm^2] 이상이어야 한다.

(5) 절연저항시험 실기

유도등의 교류입력측과 외함 사이, 교류입력측과 충전부사이 및 절연된 충전부와 외함 사이의 각 절연저항의 DC 500[V]의 절연저항계로 측정한 값이 5[MΩ] 이상이어야 한다.

2. 피난구유도등

(1) 설치장소

① 옥내로부터 직접 지상으로 통하는 출입구 및 그 부속실의 출입구

② 직통계단 · 직통계단의 계단실 및 그 부속실의 출입구

③ 출입구에 이르는 복도 또는 통로로 통하는 출입구

④ 안전구획된 거실로 통하는 출입구

▲ 피난구유도등

(2) 설치기준 실기

① 피난구유도등은 피난구의 바닥으로부터 높이 1.5[m] 이상으로서 출입구에 인접하도록 설치해야 한다.

② 피난구유도등의 표시면은 녹색 바탕에 백색 문자이어야 한다.

> **+기초 피난구유도등**
>
> 피난구 또는 피난경로로 사용되는 출입구를 표시하여 피난을 유도하는 등을 말한다.

3. 통로유도등

(1) 종류

① 복도통로유도등: 피난통로가 되는 복도에 설치하는 통로유도등

② 거실통로유도등: 거주, 집무, 작업, 집회, 오락 그 밖에 이와 유사한 목적을 위하여 계속적으로 사용하는 거실, 주차장 등 개방된 통로에 설치하는 유도등

③ 계단통로유도등: 피난통로가 되는 계단이나 경사로에 설치하는 통로유도등

▲ 복도통로유도등

(2) 설치기준 실기

① 통로유도등의 표시면은 백색 바탕에 녹색 문자를 사용해야 한다.

구분	설치기준	식별도
복도통로유도등	① 복도에 설치하되 피난구유도등이 설치된 출입구의 맞은편 복도에는 입체형으로 설치하거나, 바닥에 설치해야 한다. ② 구부러진 모퉁이 및 통로유도등을 기점으로 보행거리 20[m]마다 설치해야 한다. ③ 바닥으로부터 높이 1[m] 이하의 위치에 설치해야 한다. 다만, 지하층 또는 무창층의 용도가 도매시장 · 소매시장 · 여객자동차터미널 · 지하역사 또는 지하상가인 경우에는 복도 · 통로 중앙부분의 바닥에 설치해야 한다.	상용전원: 20[m] 비상전원: 15[m]
거실통로유도등	① 거실의 통로에 설치해야 한다. 다만, 거실의 통로가 벽체 등으로 구획된 경우에는 복도통로유도등을 설치해야 한다. ② 구부러진 모퉁이 및 보행거리 20[m]마다 설치해야 한다. ③ 바닥으로부터 높이 1.5[m] 이상의 위치에 설치해야 한다. 다만, 거실통로에 기둥이 설치된 경우에는 기둥 부분의 바닥으로부터 높이 1.5[m] 이하의 위치에 설치할 수 있다.	상용전원: 30[m] 비상전원: 20[m]
계단통로유도등	① 각층의 경사로 참 또는 계단참*마다 설치해야 한다. ② 바닥으로부터 높이 1[m] 이하의 위치에 설치해야 한다.	–

*1개 층에 경사로 참 또는 계단참이 2 이상 있는 경우에는 2개의 계단참마다

4. 객석유도등

(1) 설치기준 실기

① 객석유도등은 객석의 통로, 바닥 또는 벽에 설치해야 한다.

② 객석 내의 통로가 경사로 또는 수평로로 되어 있는 부분은 다음 식에 따라 산출한 개수(소수점 이하 절상)의 유도등을 설치해야 한다.

$$\text{설치개수} = \frac{\text{객석 통로의 직선 부분의 길이[m]}}{4} - 1$$

③ 객석 내의 통로가 옥외 또는 이와 유사한 부분에 있는 경우에는 해당 통로 전체에 미칠 수 있는 개수의 유도등을 설치해야 한다.

(2) 설치면제 기준

① 주간에만 사용하는 장소로서 채광이 충분한 객석

② 거실 등의 각 부분으로부터 하나의 거실출입구에 이르는 보행거리가 20[m] 이하인 객석의 통로로서 그 통로에 통로유도등이 설치된 객석

(3) 조도시험

구분	거실통로유도등	복도통로유도등	객석유도등
시험 방법	높이 2[m], 유도등 중앙으로부터 0.5[m]에서 측정	높이 1[m], 유도등 중앙으로부터 0.5[m]에서 측정	높이 0.5[m], 유도등 바로 밑 0.3[m] 위치에서 측정
조도 시험	조도 1[lx] 이상	조도 1[lx] 이상	수평조도 0.2[lx] 이상

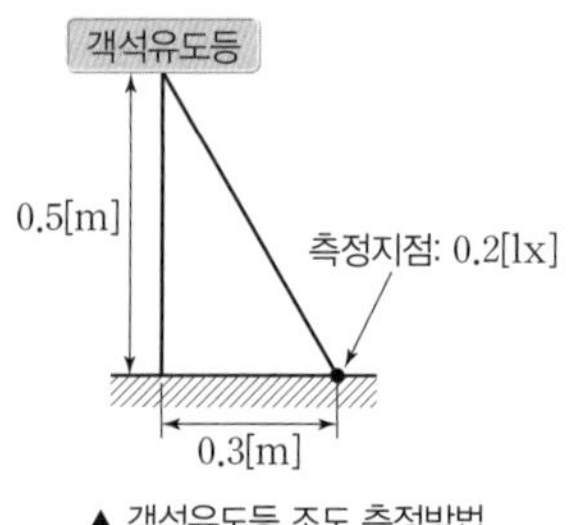

▲ 객석유도등 조도 측정방법

5. 유도등의 전원

(1) 상용전원

유도등의 상용전원은 전기가 정상적으로 공급되는 축전지설비, 전기저장장치 또는 교류전압의 옥내 간선으로 하고, 전원까지의 배선은 전용으로 해야 한다.

> **+기초 유도등의 비상전원(예비전원)의 종류**
> ① 알칼리계 2차 축전지
> ② 리튬계 2차 축전지
> ③ 콘덴서

(2) 비상전원

① 유도등의 비상전원은 축전지로 해야 한다.

② 비상전원 용량

구분	용량
일반적인 경우	유도등을 20분 이상 작동할 수 있는 용량
① 지하층을 제외한 층수가 11층 이상의 층 ② 지하층 또는 무창층으로서 용도가 도매시장 · 소매시장 · 여객자동차터미널 · 지하역사 또는 지하상가	유도등을 60분 이상 작동할 수 있는 용량

6. 배선

(1) 설치기준

① 유도등의 인입선과 옥내배선은 직접 연결해야 한다.

② 유도등은 전기회로에 점멸기를 설치하지 않고 항상 점등 상태를 유지해야 한다(3선식 배선에 따라 상시 충전되는 경우 제외).

(2) 3선식 배선으로 상시 충전되는 유도등의 전기회로에 점멸기를 설치하는 경우에는 다음의 어느 하나에 해당되는 경우에 자동으로 점등되도록 해야 한다. 실기

① 자동화재탐지설비의 감지기 또는 발신기가 작동되는 때

② 비상경보설비의 발신기가 작동되는 때

③ 상용전원이 정전되거나 전원선이 단선되는 때

④ 방재업무를 통제하는 곳 또는 전기실의 배전반에서 수동으로 점등하는 때

⑤ 자동소화설비가 작동되는 때

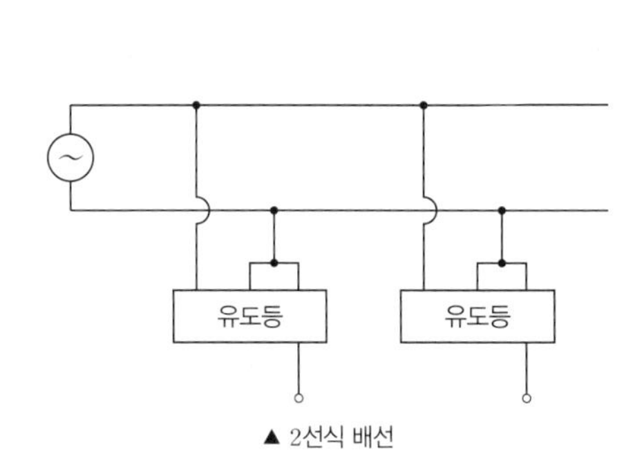

▲ 2선식 배선

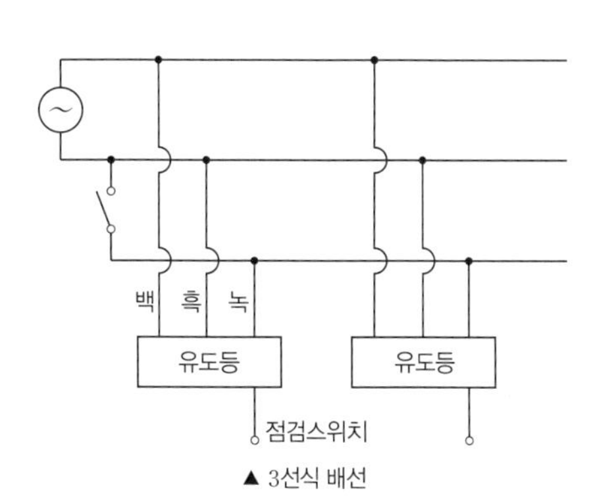

▲ 3선식 배선

1. 유도표지

(1) 의미

① 화재 시 안전하고 원활한 피난활동을 할 수 있도록 피난구 및 피난통로 등에 설치하는 표지이다.

② 광원으로부터 빛에너지를 흡수하고 이를 축적시킨 상태에서 빛에너지가 제거되어 어두워지면 자체 발광을 통하여 일정 시간동안 문자 등을 식별할 수 있는 표지를 말한다.

▲ 유도표지의 예

(2) 종류

① 피난구유도표지: 피난구 또는 피난경로로 사용되는 출입구를 표시하여 피난을 유도하는 표지를 말한다.

② 통로유도표지: 화재발생시 피난통로가 되는 복도, 계단 등에 사용되는 표지로서 피난방향을 지시하는 표지를 말한다.

(3) 설치기준

① 계단에 설치하는 것을 제외하고는 각 층마다 복도 및 통로의 각 부분으로부터 하나의 유도표지까지의 보행거리가 15[m] 이하가 되는 곳과 구부러진 모퉁이의 벽에 설치해야 한다.

② 피난구유도표지는 출입구 상단에 설치하고, 통로유도표지는 바닥으로부터 높이 1[m] 이하의 위치에 설치해야 한다.

③ 주위에는 이와 유사한 등화 · 광고물 · 게시물 등을 설치하지 않아야 한다.

④ 유도표지는 부착판 등을 사용하여 쉽게 떨어지지 않도록 설치해야 한다.

⑤ 축광방식의 유도표지는 외광 또는 조명장치에 의하여 상시 조명이 제공되거나 비상조명등에 의한 조명이 제공되도록 설치해야 한다.

> **+기초 축광보조표지**
> 피난로 등의 바닥 · 계단 · 벽면 등에 설치함으로서 피난방향 또는 소방용품 등의 위치를 추가적으로 알려주는 보조역할을 하는 표지를 말한다.

2. 피난유도선

(1) 의미

① 화재발생시 또는 정전 시에 안전하고 원활한 피난을 유도할 수 있도록 연속된 띠 형태로 피난통로 등에 설치하는 것을 말한다.

② 화재신호를 수신하거나 정전 시 자동적으로 광원을 점등하는 방식과 외부로부터 전원을 공급받지 않고 빛에너지를 축광하여 자체 발광하는 방식이 있다.

> **+심화 피난유도표시 형상 구현 방식**
> ① 투광식: 광원의 빛이 통과하는 투과면에 피난유도표시 형상을 인쇄하는 방식을 말한다.
> ② 패널식: 영상표시소자(LED, LCD 및 PDP 등)를 이용하여 피난유도표시 형상을 영상으로 구현하는 방식을 말한다.

(2) 축광방식 설치기준

① 구획된 각 실로부터 주출입구 또는 비상구까지 설치해야 한다.

② 바닥으로부터 높이 50[cm] 이하의 위치 또는 바닥면에 설치해야 한다.

③ 피난유도 표시부는 50[cm] 이내의 간격으로 연속되도록 설치해야 한다.

(3) 광원점등방식 설치기준

① 구획된 각 실로부터 주출입구 또는 비상구까지 설치해야 한다.

② 피난유도 표시부는 바닥으로부터 높이 1[m] 이하의 위치 또는 바닥면에 설치해야 한다.

③ 피난유도 표시부는 50[cm] 이내의 간격으로 연속되도록 설치하되 실내장식물 등으로 설치가 곤란할 경우 1[m] 이내로 설치해야 한다.

④ 수신기로부터의 화재신호 및 수동조작에 의하여 광원이 점등되도록 설치해야 한다.

⑤ 비상전원이 상시 충전상태를 유지하도록 설치해야 한다.

⑥ 바닥에 설치되는 피난유도 표시부는 매립하는 방식을 사용해야 한다.

⑦ 피난유도 제어부는 조작 및 관리가 용이하도록 바닥으로부터 0.8[m] 이상 1.5[m] 이하의 높이에 설치해야 한다.

PHASE 10 | 비상조명등

1. 비상조명등

▲ 비상조명등

(1) 의미

화재발생 등에 따른 정전 시 안전하고 원활한 피난활동을 할 수 있도록 거실 및 피난통로 등에 설치되어 자동 점등되는 조명등을 말한다.

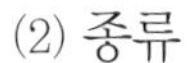

(2) 종류

비상조명등과, 휴대용비상조명등으로 구분된다.

(3) 구조

① 상용전원전압의 110[%] 범위 안에서는 비상조명등 내부의 온도상승이 그 기능에 지장을 주거나 위해를 발생시킬 염려가 없어야 한다.

② 사용전압은 300[V] 이하이어야 한다. 다만, 충전부가 노출되지 아니한 것은 300[V]를 초과할 수 있다.

③ 전선의 굵기가 인출선인 경우에는 단면적이 $0.75[mm^2]$ 이상이어야 한다.

④ 인출선의 길이는 전선 인출 부분으로부터 150[mm] 이상이어야 한다. 다만, 인출선으로 하지 아니할 경우에는 풀어지지 아니하는 방법으로 전선을 쉽고 확실하게 부착할 수 있도록 접속단자를 설치하여야 한다.

⑤ 광원과 전원부를 별도로 수납하는 구조인 것은 다음에 적합하여야 한다.

㉠ 전원함은 불연재료 또는 난연재료의 재질을 사용해야 한다.

㉡ 광원과 전원부 사이의 배선길이는 1[m] 이하로 해야 한다.

㉢ 배선은 충분히 견고한 것을 사용해야 한다.

(4) 시설기준

① 특정소방대상물의 각 거실과 그로부터 지상에 이르는 복도 · 계단 및 그 밖의 통로에 설치해야 한다.

② 조도는 비상조명등이 설치된 장소의 각 부분의 바닥에서 1[lx] 이상이 되도록 해야 한다.

③ 예비전원을 내장하는 비상조명등에는 평상시 점등 여부를 확인할 수 있는 점검스위치를 설치하고 해당 조명등을 유효하게 작동시킬 수 있는 용량의 축전지와 예비전원 충전장치를 내장해야 한다.

④ 예비전원을 내장하지 않은 비상조명등의 비상전원은 자가발전설비, 축전지설비 또는 전기저장장치를 다음의 기준에 따라 설치해야 한다.

㉠ 점검에 편리하고 화재 및 침수 등의 재해로 인한 피해를 받을 우려가 없는 곳에 설치해야 한다.

㉡ 상용전원으로부터 전력의 공급이 중단된 때에는 자동으로 비상전원으로부터 전력을 공급받을 수 있도록 해야 한다.

㉢ 비상전원의 설치장소는 다른 장소와 방화구획 해야 한다. 이 경우 그 장소에는 비상전원의 공급에 필요한 기구나 설비 외의 것을 두어서는 아니 된다.

㉣ 비상전원을 실내에 설치하는 때에는 그 실내에 비상조명등을 설치해야 한다.

(5) 휴대용비상조명등의 시설기준

① 숙박시설 또는 다중이용업소에는 객실 또는 영업장 안의 구획된 실마다 잘 보이는 곳(외부에 설치 시 출입문 손잡이로부터 1[m] 이내 부분)에 1개 이상 설치

② 대규모점포(지하상가 및 지하역사 제외)와 영화상영관에는 보행거리 50[m] 이내마다 3개 이상 설치

③ 지하상가 및 지하역사에는 보행거리 25[m] 이내마다 3개 이상 설치

④ 설치높이는 바닥으로부터 0.8[m] 이상 1.5[m] 이하의 높이에 설치해야 한다.

⑤ 어둠속에서 위치를 확인할 수 있도록 해야 한다.

⑥ 사용 시 자동으로 점등되는 구조이어야 한다.

⑦ 외함은 난연성능이 있어야 한다.

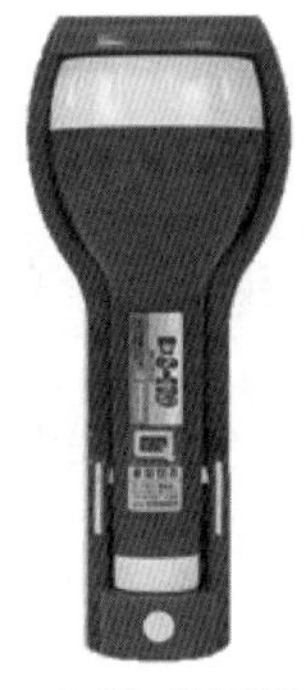

▲ 휴대용 비상조명등

(6) 비상조명등 설치제외 기준

① 거실의 각 부분으로부터 하나의 출입구에 이르는 보행거리가 15[m] 이내인 부분

② 의원 · 경기장 · 공동주택 · 의료시설 · 학교의 거실

③ 지상 1층 또는 피난층으로서 복도나 통로 또는 창문 등의 개구부를 통하여 피난이 용이한 경우 숙박시설로서 복도에 비상조명등을 설치한 경우에는 휴대용비상조명등을 설치하지 않을 수 있다.

2. 전원

(1) 비상점등회로의 보호

비상조명등은 비상점등을 위하여 비상전원으로 전환되는 경우 비상점등회로로 정격전류의 1.2배 이상의 전류가 흐르거나 램프가 없는 경우에는 3초 이내에 예비전원으로부터의 비상전원공급을 차단하여야 한다.

+ 기본 비상조명등의 전원함

비상조명등의 전원함은 불연재료 또는 난연재료의 재질을 사용해야 한다.

(2) 비상조명등의 전원용량 실기

① 비상전원은 비상조명등을 20분 이상 유효하게 작동시킬 수 있는 용량으로 해야 한다.

② 다음의 특정소방대상물의 경우에는 그 부분에서 피난층에 이르는 부분의 비상조명등을 60분 이상 유효하게 작동시킬 수 있는 용량으로 해야 한다.

㉠ 지하층을 제외한 층수가 11층 이상의 층

㉡ 지하층 또는 무창층으로서 용도가 도매시장 · 소매시장 · 여객자동차터미널 · 지하역사 또는 지하상가

(3) 휴대용비상조명등의 전원용량

① 건전지 및 충전식 배터리의 용량은 20분 이상 유효하게 사용할 수 있는 것으로 해야 한다.

② 건전지를 사용하는 경우에는 방전 방지조치를 해야 하고, 충전식 배터리의 경우에는 상시 충전되도록 해야 한다.

CHAPTER 03

소화활동설비

PHASE 11 | 비상콘센트설비

1. 비상콘센트설비

(1) 의미

화재 시 소화활동 등에 필요한 전원을 전용회선으로 공급하는 설비를 말한다.

▲ 비상콘센트설비

(2) 부품의 구조

① 배선용 차단기는 KS C 8321(배선용차단기)에 적합하여야 한다.

② 접속기는 KS C 8305(배선용 꽂음 접속기)에 적합하여야 한다.

③ 표시등의 구조 및 기능은 다음과 같아야 한다.

㉠ 전구는 사용전압의 130[%]인 교류전압을 20시간 연속하여 가하는 경우 단선, 현저한 광속변화, 흑화, 전류의 저하 등이 발생하지 아니하여야 한다.

㉡ 소켓은 접속이 확실하여야 하며 쉽게 전구를 교체할 수 있도록 부착하여야 한다.

㉢ 전구에는 적당한 보호커버를 설치하여야 한다(발광다이오드 제외).

㉣ 적색으로 표시되어야 하며 주위의 밝기가 300[lx] 이상인 장소에서 측정하여 앞면으로부터 3[m] 떨어진 곳에서 켜진 등이 확실히 식별되어야 한다.

④ 단자는 충분한 전류용량을 갖는 것으로 하여야 하며 단자의 접속이 정확하고 확실하여야 한다.

(3) 설치대상 실기

① 층수가 11층 이상인 특정소방대상물의 경우에는 11층 이상의 층

② 지하층의 층수가 3층 이상이고 지하층의 바닥면적의 합계가 1,000[m^2] 이상인 것은 지하층의 모든 층

③ 지하가 중 터널로서 길이가 500[m] 이상인 것

(4) 설치기준 실기

① 바닥으로부터 높이 0.8[m] 이상 1.5[m] 이하의 위치에 설치해야 한다.

② 비상콘센트의 배치는 바닥면적이 1,000[m^2] 미만인 층은 계단의 출입구로부터 5[m] 이내에, 바닥면적 1,000[m^2] 이상인 층은 각 계단의 출입구 또는 계단부속실의 출입구로부터 5[m] 이내에 설치해야 한다.

+ 심화 **도로터널의 비상콘센트설비**

도로터널의 비상콘센트설비는 주행차로 우측 측벽에 50[m] 이내의 간격으로 바닥으로부터 0.8[m] 이상 1.5[m] 이하의 높이에 설치해야 한다.

③ 지하상가 또는 지하층의 바닥면적의 합계가 3,000[m^2] 이상인 것은 수평거리 25[m] 이하마다, 3,000[m^2] 미만인 것은 수평거리 50[m] 이하마다 설치해야 한다.

2. 전원 및 콘센트

(1) 상용전원회로의 배선

① 저압수전: 인입개폐기의 직후에서 분기하여 전용배선으로 해야 한다.

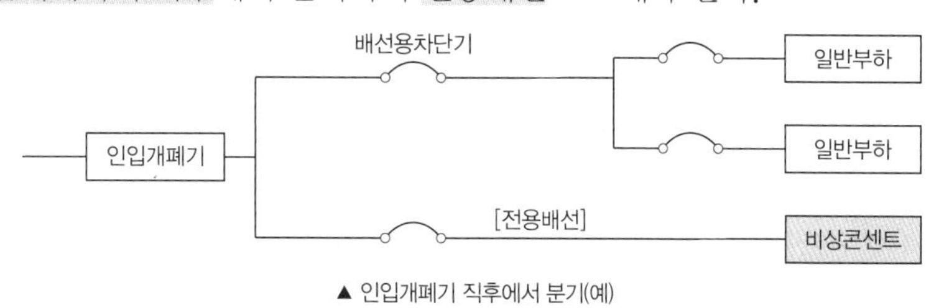

▲ 인입개폐기 직후에서 분기(예)

② 고압 및 특고압수전: 전력용변압기 2차 측의 주차단기 1차 측 또는 2차 측에서 분기하여 전용배선으로 해야 한다.

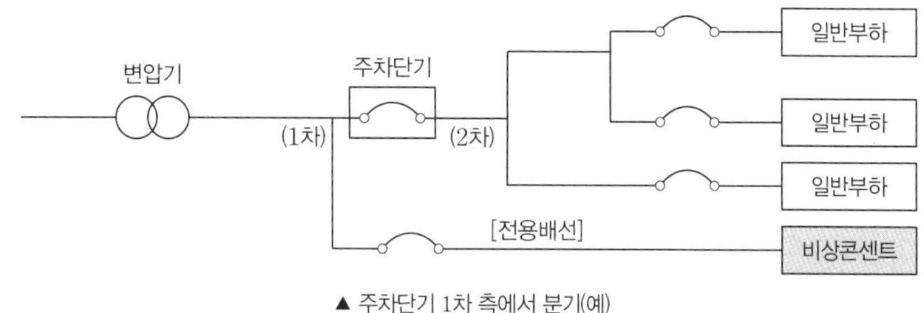

▲ 주차단기 1차 측에서 분기(예)

+기본 저압, 고압, 특고압

구분	직류	교류
저압	1.5[kV] 이하	1[kV] 이하
고압	1.5[kV] 초과 7[kV] 이하	1[kV] 초과 7[kV] 이하
특고압	7[kV] 초과	

(2) 비상전원 설치대상 실기

① 지하층을 제외한 층수가 7층 이상으로서 연면적이 2,000[m^2] 이상인 특정소방대상물

② 지하층의 바닥면적의 합계가 3,000[m^2] 이상인 특정소방대상물

+기초 비상콘센트설비의 비상전원

비상콘센트설비의 비상전원은 자가발전설비, 비상전원수전설비, 축전지설비 또는 전기저장장치로 한다.

(3) 비상전원 설치기준

① 점검에 편리하고 화재 및 침수 등의 재해로 인한 피해를 받을 우려가 없는 곳에 설치해야 한다.

② 비상콘센트설비를 유효하게 20분 이상 작동시킬 수 있는 용량으로 해야 한다.

③ 상용전원으로부터 전력의 공급이 중단된 때에는 자동으로 비상전원으로부터 전력을 공급받을 수 있도록 해야 한다.

④ 비상전원의 설치장소는 다른 장소와 방화구획 해야 한다.

⑤ 비상전원을 실내에 설치하는 때에는 그 실내에 비상조명등을 설치해야 한다.

(4) 전원회로 설치기준 실기

① 비상콘센트설비의 전원회로는 단상교류 220[V]인 것으로서, 그 공급용량은 1.5[kVA] 이상인 것으로 해야 한다.

② 전원회로는 각층에 2 이상이 되도록 설치해야 한다. 다만, 설치해야 할 층의 비상콘센트가 1개인 때에는 하나의 회로로 할 수 있다.

③ 전원회로는 주배전반에서 전용회로로 해야 한다.

④ 전원으로부터 각 층의 비상콘센트에 분기되는 경우에는 분기배선용 차단기를 보호함 안에 설치해야 한다.

⑤ 콘센트마다 배선용 차단기(KS C 8321)를 설치해야 하며, 충전부가 노출되지 않도록 해야 한다.

⑥ 개폐기에는 "비상콘센트"라고 표시한 표지를 해야 한다.

⑦ 비상콘센트용의 풀박스 등은 방청도장을 한 것으로서, 두께 1.6[mm] 이상의 철판으로 해야 한다.

⑧ 하나의 전용회로에 설치하는 비상콘센트는 10개 이하로 해야 한다. 이 경우 전선의 용량은 각 비상콘센트(비상콘센트가 3개 이상인 경우 3개)의 공급용량을 합한 용량 이상의 것으로 해야 한다.

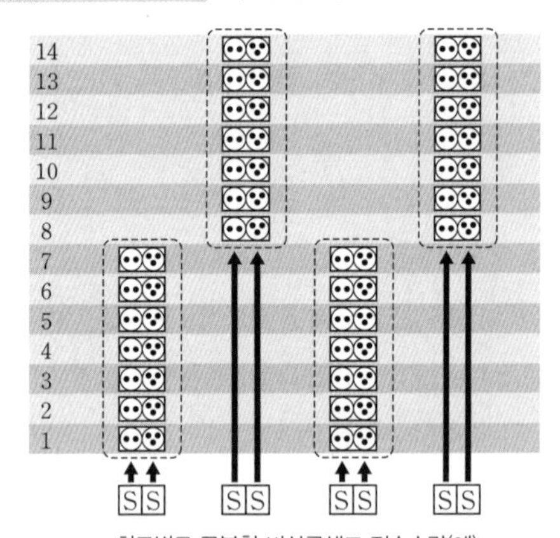

▲ 회로별로 구분한 비상콘센트 접속수량(예)

(5) 플러그접속기 설치기준

비상콘센트의 플러그접속기는 접지형2극 플러그접속기(KS C 8305)를 사용해야 한다.

(6) 절연저항 및 절연내력 실기

① 전원부와 외함 사이의 절연저항은 전원부와 외함 사이를 500[V] 절연저항계로 측정할 때 20[MΩ] 이상이어야 한다.

② 절연내력은 전원부와 외함 사이에 정격전압이 150[V] 이하인 경우에는 1,000[V]의 실효전압을, 정격전압이 150[V] 이상인 경우에는 그 정격전압에 2를 곱하여 1,000을 더한 실효전압을 가하는 시험에서 1분 이상 견디는 것으로 해야 한다.

3. 보호함

(1) 설치기준

① 보호함에는 쉽게 개폐할 수 있는 문을 설치해야 한다.

② 보호함 표면에 "비상콘센트"라고 표시한 표지를 해야 한다.

③ 보호함 상부에 적색의 표시등을 설치해야 한다. 다만, 비상콘센트의 보호함을 옥내소화전함 등과 접속하여 설치하는 경우에는 옥내소화전함 등의 표시등과 겸용할 수 있다.

PHASE 12 | 무선통신보조설비

1. 무선통신보조설비

(1) 의미

① 화재시 소방대가 소방대상물에 침투하여 소화 및 구조활동을 하면서 소방대 간에 또는 방재센터나 관계자와 무선교신을 하기 위해 필요한 설비이다.

② 지하층, 터널 및 고층건축물의 철골 및 콘크리트구조물은 이러한 전파 송수신에장애물로 작용하여 소방대 상호 간 교신이 용이하지 않으므로 이를 보완하기 위하여 소방대상물 내부에 도입된 소방시설이다.

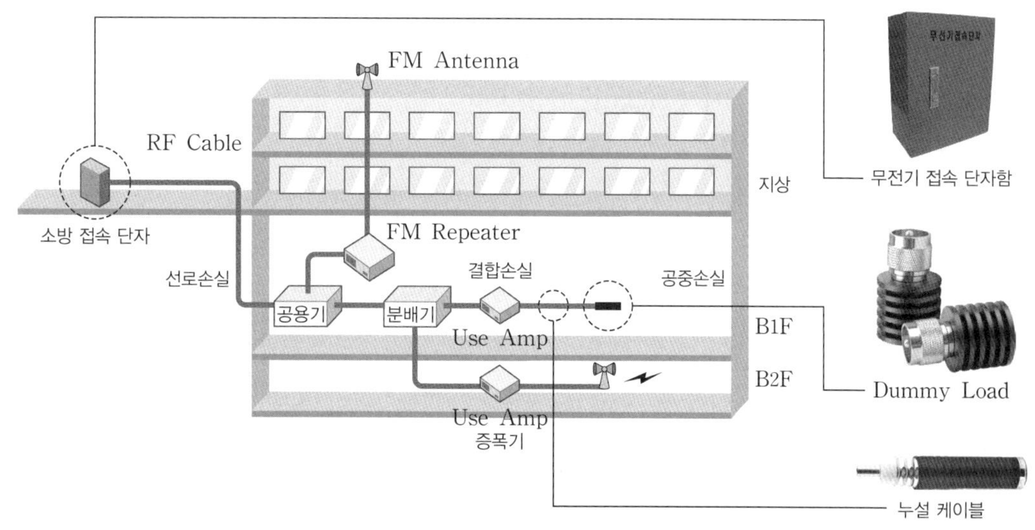

▲ 무선통신보조설비의 구성

(2) 구성

기기	역할
분배기	신호의 전송로가 분기되는 장소에 설치하는 것으로 임피던스 매칭(Matching)과 신호 균등분배를 위해 사용하는 장치를 말한다.
분파기	서로 다른 주파수의 합성된 신호를 분리하기 위해서 사용하는 장치를 말한다.
혼합기	2 이상의 입력신호를 원하는 비율로 조합한 출력이 발생하도록 하는 장치를 말한다.
증폭기	전압 · 전류의 진폭을 늘려 감도 등을 개선하는 장치를 말한다.
무선중계기	안테나를 통하여 수신된 무전기 신호를 증폭한 후 음영지역에 재방사하여 무전기 상호 간 송수신이 가능하도록 하는 장치를 말한다
옥외안테나	감시제어반 등에 설치된 무선중계기의 입력과 출력포트에 연결되어 송수신 신호를 원활하게 방사 · 수신하기 위해 옥외에 설치하는 장치를 말한다.
누설동축케이블	동축케이블의 외부도체에 가느다란 홈을 만들어서 전파가 외부로 새어나 갈 수 있도록 한 케이블을 말한다.
임피던스	교류 회로에 전압이 가해졌을 때 전류의 흐름을 방해하는 값으로서 교류 회로에서의 전류에 대한 전압의 비를 말한다.

(3) 설치대상 실기

① 지하가(터널 제외)로서 연면적 1,000[m^2] 이상인 것

② 지하층의 바닥면적의 합계가 3,000[m^2] 이상인 것 또는 지하층의 층수가 3층 이상이고 지하층의 바닥면적의 합계가 1,000[m^2] 이상인 것은 지하층의 모든 층

③ 지하가 중 터널로서 길이가 500[m] 이상인 것

④ 지하구 중 공동구

⑤ 층수가 30층 이상인 것으로서 16층 이상 부분의 모든 층

(4) 설치제외 기준 실기

① 지하층으로서 특정소방대상물의 바닥부분 2면 이상이 지표면과 동일한 경우

② 지하층으로서 지표면으로부터의 깊이가 1[m] 이하인 경우(해당 층)

2. 분배기 · 분파기 및 혼합기

▲ 분배기

(1) 설치기준 실기

① 먼지 · 습기 및 부식 등에 따라 기능에 이상을 가져오지 않도록 해야 한다.

② 임피던스는 50[Ω]의 것으로 해야 한다.

③ 점검에 편리하고 화재 등의 재해로 인한 피해의 우려가 없는 장소에 설치해야 한다.

3. 증폭기 및 무선중계기

(1) 설치기준

① 상용전원은 전기가 정상적으로 공급되는 축전지설비, 전기저장장치 또는 교류전압의 옥내 간선으로 하고, 전원까지의 배선은 전용으로 해야 한다.

② 증폭기의 전면에는 주 회로 전원의 정상 여부를 표시할 수 있는 표시등 및 전압계를 설치해야 한다.

③ 증폭기에는 비상전원이 부착된 것으로 하고 해당 비상전원 용량은 무선통신보조설비를 유효하게 30분 이상 작동시킬 수 있는 것으로 해야 한다.

▲ 증폭기

4. 누설동축케이블

(1) 설치기준 실기

① 소방전용주파수대에서 전파의 전송 또는 복사에 적합한 것으로서 소방전용의 것으로 해야 한다.

② 누설동축케이블과 이에 접속하는 안테나 또는 동축케이블과 이에 접속하는 안테나로 구성해야 한다.

③ 누설동축케이블 및 동축케이블은 불연 또는 난연성의 것으로서 습기 등의 환경조건에 따라 전기의 특성이 변질되지 않는 것으로 하고, 노출하여 설치한 경우에는 피난 및 통행에 장애가 없도록 해야 한다.

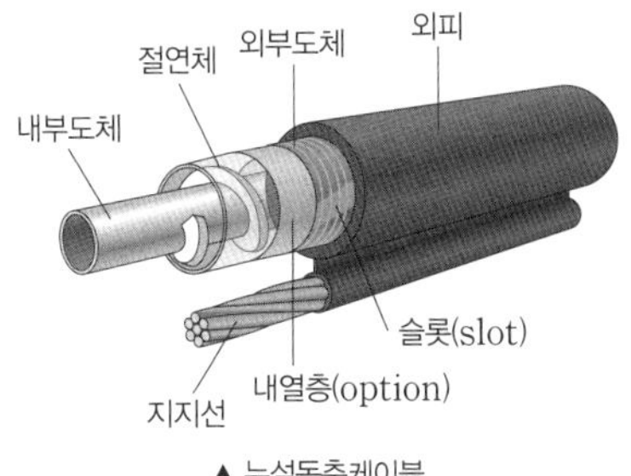

▲ 누설동축케이블

④ 누설동축케이블 및 동축케이블은 화재에 따라 해당 케이블의 피복이 소실된 경우에 케이블 본체가 떨어지지 않도록 4[m] 이내마다 금속제 또는 자기제 등의 지지금구로 벽 · 천장 · 기둥 등에 견고하게 고정해야 한다. 다만, 불연재료로 구획된 반자 안에 설치하는 경우에는 그렇지 않다.

⑤ 누설동축케이블 및 안테나는 금속판 등에 따라 전파의 복사 또는 특성이 현저하게 저하되지 않는 위치에 설치해야 한다.

⑥ 누설동축케이블 및 안테나는 고압의 전로로부터 1.5[m] 이상 떨어진 위치에 설치해야 한다. 다만, 해당 전로에 정전기 차폐장치를 유효하게 설치한 경우에는 그렇지 않다.

⑦ 누설동축케이블의 끝부분에는 무반사 종단저항을 견고하게 설치해야 한다.

⑧ 누설동축케이블 및 동축케이블의 임피던스는 50[Ω]으로 하고 이에 접속하는 안테나 · 분배기 기타의 장치는 해당 임피던스에 적합한 것으로 해야 한다.

▲ 무반사 종단저항

CHAPTER 04

기타 소방시설 등

PHASE 13 | 소방시설도시기호

1. 소방시설도시기호 실기

분류	명칭	도시기호	명칭	도시기호
경보설비기기류	기동누름버튼	Ⓔ	차동식 스포트형 감지기	
	이온화식 감지기 (스포트형)	S I	보상식 스포트형 감지기	
	광전식 연기감지기 (아나로그)	S A	정온식 스포트형 감지기	
	광전식 연기감지기 (스포트형)	S P	연기감지기	S
	감지기간선 HIV1.2mm×4(22C)	— F ////—	감지선	 —⊙—
	감지기간선 HIV1.2mm×8(22C)	— F //// ////—	공기관	 ———
	유도등간선 HIV2.0mm×3(22C)	— EX —	열전대	
	경보부저	BZ	열반도체	∞
	제어반	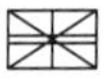	차동식 분포형 감지기의 검출기	
	표시반	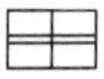	발신기셋트 단독형	 P B L
	회로시험기	⊙	발신기셋트 옥내소화전 내장형	 PBL
	화재경보벨	B	경계구역번호	△
	시각경보기 (스트로브)		비상용누름버튼	F
	수신기		비상전화기	ET
	부수신기		비상벨	B
	중계기		싸이렌	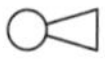
	표시등		모터싸이렌	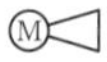 M

경보설비기기류	피난구유도등	⊗	전자싸이렌	Ⓢ◁
	통로유도등	[→]	조작장치	[E P]
	표시판	◺	증폭기	[AMP]
	보조전원	[T R]		

PHASE 14 | 소방시설용 비상전원수전설비

1. 비상전원수전설비

(1) 의미

① 자가발전기를 설치하기 곤란한 소규모건물의 경우 자가발전기를 대체할 수 있는 비상전원으로서 화재 시 상용전원이 공급되는 시점까지만 비상전원으로 적용이 가능한 설비이다.

② 화재초기에는 상용전원 공급이 가능하므로 실용상 큰 문제가 없다고 판단하여 적용한 비상전원이다.

(2) 용어

① 배전반: 전력생산시설 등으로부터 직접 전력을 공급받아 분전반에 전력을 공급해주는 것

기기	역할
공용배전반	소방회로 및 일반회로 겸용의 것으로서 개폐기, 과전류차단기, 계기와 그 밖의 배선용기기 및 배선을 금속제 외함에 수납한 것
전용배전반	소방회로 전용의 것으로서 개폐기, 과전류차단기, 계기와 그 밖의 배선용기기 및 배선을 금속제 외함에 수납한 것

② 분전반: 배전반으로부터 전력을 공급받아 부하에 전력을 공급해주는 것

기기	역할
공용분전반	소방회로 및 일반회로 겸용의 것으로서 분기개폐기, 분기과전류차단기와 그 밖의 배선용기기 및 배선을 금속제 외함에 수납한 것
전용분전반	소방회로 전용의 것으로서 분기 개폐기, 분기과전류차단기와 그 밖의 배선용기기 및 배선을 금속제 외함에 수납한 것

③ 소방회로: 소방부하에 전원을 공급하는 전기회로

④ 일반회로: 소방회로 이외의 전기회로

⑤ 수전설비: 전력수급용 계기용변성기 · 주차단장치 및 그 부속기기

⑥ 인입구배선: 인입선의 연결점으로부터 특정소방대상물 내에 시설하는 인입개폐기에 이르는 배선 (내화배선)

⑦ 큐비클형: 수전설비를 큐비클 내에 수납하여 설치하는 방식

기기	역할
공용큐비클식	소방회로 및 일반회로 겸용의 것으로서 수전설비, 변전설비와 그 밖의 기기 및 배선을 금속제 외함에 수납한 것
전용큐비클식	소방회로용의 것으로 수전설비, 변전설비와 그 밖의 기기 및 배선을 금속제 외함에 수납한 것

+기초 인입선

수용장소의 조영물(토지에 정착한 시설물 중 지붕 및 기둥 또는 벽이 있는 시설물)의 옆면 등에 시설하는 전선으로서 그 수용장소의 인입구에 이르는 부분의 전선을 말한다.

2. 특별고압 또는 고압으로 수전하는 경우

(1) 설치기준 실기

① 일반전기사업자로부터 특별고압 또는 고압으로 수전하는 비상전원 수전설비는 방화구획형, 옥외개방형 또는 큐비클(Cubicle)형으로 설치해야 한다.

② 전용의 방화구획 내에 설치해야 한다.

③ 소방회로배선은 일반회로배선과 불연성의 격벽으로 구획해야 한다(소방회로배선과 일반회로배선을 15[cm] 이상 떨어져 설치한 경우는 제외).

④ 일반회로에서 과부하, 지락사고 또는 단락사고가 발생한 경우에도 이에 영향을 받지 아니하고 계속하여 소방회로에 전원을 공급시켜 줄 수 있어야 한다.

⑤ 소방회로용 개폐기 및 과전류차단기에는 "소방시설용"이라 표시해야 한다.

구분	설치기준
방화구획형	전용의 방화구획 내에 설치해야 한다.
옥외개방형	㉠ 건축물의 옥상에 설치하는 경우에는 그 건축물에 화재가 발생할 경우에도 화재로 인한 손상을 받지 않도록 해야 한다. ㉡ 공지에 설치하는 경우에는 인접 건축물에 화재가 발생한 경우에도 화재로 인한 손상을 받지 않도록 해야 한다.
큐비클형	㉠ 전용큐비클 또는 공용큐비클식으로 설치해야 한다. ㉡ 외함은 두께 2.3[mm] 이상의 강판과 이와 동등 이상의 강도와 내화성능이 있는 것으로 제작해야 하며, 개구부에는 방화문으로서 60분+방화문, 60분방화문 또는 30분방화문으로 설치해야 한다. ㉢ 외함은 건축물의 바닥 등에 견고하게 고정해야 한다. ㉣ 외함에 수납하는 수전설비, 변전설비와 그 밖의 기기 및 배선은 외함의 바닥에서 10[cm] 이상의 높이에 설치해야 한다. ㉤ 자연환기구에 따라 충분히 환기할 수 없는 경우에는 환기설비를 설치해야 한다. ㉥ 공용큐비클식의 소방회로와 일반회로에 사용되는 배선 및 배선용기기는 불연재료로 구획해야 한다.

3. 저압으로 수전하는 경우

(1) 설치기준

① 전용배전반(1 · 2종) · 전용분전반(1 · 2종) 또는 공용분전반(1 · 2종)으로 설치해야 한다.

② 일반회로에서 과부하 · 지락사고 또는 단락사고가 발생한 경우에도 이에 영향을 받지 아니하고 계속하여 소방회로에 전원을 공급시켜 줄 수 있어야 한다.

(2) 배전반 및 분전반의 설치기준

구분	설치기준
제1종 배전반 및 제1종 분전반	① 외함은 두께 1.6[mm](전면판 및 문은 2.3[mm]) 이상의 강판과 이와 동등 이상의 강도와 내화성능이 있는 것으로 제작해야 한다. ② 외함에 노출하여 설치 가능한 것 ㉠ 표시등 ㉡ 전선의 인입구 및 입출구 ③ 외함은 금속관 또는 금속제 가요전선관을 쉽게 접속할 수 있도록 하고, 당해 접속부분에는 단열조치를 해야 한다. ④ 공용배전반 및 공용분전반의 경우 소방회로와 일반회로에 사용하는 배선 및 배선용 기기는 불연재료로 구획되어야 해야 한다.
제2종 배전반 및 제2종 분전반	① 외함은 두께 1[mm](함 전면의 면적이 1,000[cm^2]를 초과하고 2,000[cm^2] 이하인 경우에는 1.2[mm], 2,000[cm^2]를 초과하는 경우에는 1.6[mm]) 이상의 강판과 이와 동등 이상의 강도와 내화성능이 있는 것으로 제작해야 한다. ② 외함에 노출하여 설치 가능한 것 ㉠ 표시등 ㉡ 전선의 인입구 및 인출구 ㉢ 120[℃]의 온도를 가했을 때 이상이 없는 전압계 및 전류계 ③ 단열을 위해 배선용 불연전용실 내에 설치해야 한다.

4. 전기회로 결선

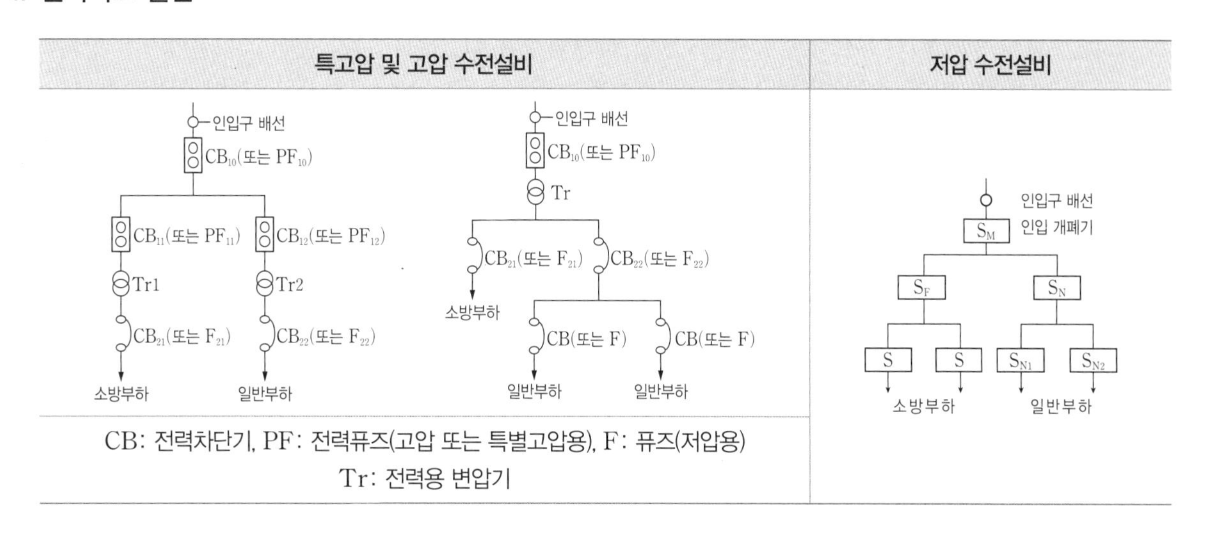

CB: 전력차단기, PF: 전력퓨즈(고압 또는 특별고압용), F: 퓨즈(저압용)
Tr: 전력용 변압기

1. 예비전원

(1) 예비전원의 종류

① 알칼리계 2차 축전지

② 리튬계 2차 축전지

③ 무보수 밀폐형 연축전지

(2) 예비전원의 구조 및 성능

① 먼지, 습기 등에 의하여 기능에 이상이 생기지 아니하여야 한다.

② 배선은 충분한 전류 용량을 갖는 것으로서 배선의 접속이 적합하여야 한다.

③ 예비전원에 연결되는 배선의 경우 양극은 적색, 음극은 청색 또는 흑색으로 오접속방지 조치를 하여야 한다.

④ 축전지에 배선 등을 직접 납땜하지 아니하여야 하며 축전지 개개의 연결 부분은 스포트용접 등으로 확실하고 견고하게 접속하여야 한다.

⑤ 예비전원을 병렬로 접속하는 경우는 역충전방지 등의 조치를 강구하여야 한다.

(3) 안전장치시험

① 예비전원은 $\frac{1}{5}$[C] 이상 1[C] 이하의 전류로 역충전하는 경우 5시간 이내에 안전장치가 작동하여야 한다.

② 외관이 부풀어 오르거나 누액 등이 없어야 한다.

(4) 주위 온도 충방전시험

① 알칼리계 2차 축전지는 방전종지전압 상태의 축전지를 주위온도 (−10±2)[℃] 및 (50±2)[℃]의 조건에서 $\frac{1}{20}$[C]의 전류로 48시간 충전한 다음 1[C]로 방전하는 충방전을 3회 반복하는 경우 방전종지전압이 되는 시간이 25분 이상이어야 한다.

② 무보수 밀폐형 연축전지는 방전종지전압 상태에서 0.1[C]로 48시간 충전한 다음 1시간 방치하여 0.05[C]로 방전시킬때 정격용량의 95[%] 용량을 지속하는 시간이 30분 이상이어야 한다.

2. 경종

(1) 의미

수신기로부터 경보작동신호를 받아 음향으로 경보하는 것을 말한다.

(2) 전원전압변동 시의 기능

경종은 전원전압이 정격전압의 ±20[%] 범위에서 변동하는 경우 기능에 이상이 생기지 아니하여야 한다.

(3) 기능시험

① 정격전압 인가 시 경종의 중심으로부터 1[m] 떨어진 위치에서 90[dB] 이상이어야 하며, 최소청취거리에서 110[dB]을 초과하지 아니하여야 한다.

② 경종의 소비전류는 50[mA] 이하이어야 한다.

3. 축전지의 충전방식

(1) 초기충전

전해액을 넣지 않은 상태에서 축전지에 전해액을 주입하여 처음으로 행하는 충전 방식이다.

(2) 사용 중 충전 실기

① 세류충전: 축전지의 자기 방전을 보충하기 위하여 부하를 OFF 상태에서 미소전류로 충전하는 방식이다.

② 보통충전: 필요할 때 마다 표준시간율로 충전하는 방식이다.

③ 균등충전: 각 전해조에 발생하는 전위차를 보정하기 위해 1~3개월마다 1회 정전압으로 10~12시간 내외 충전하는 방식이다.

④ 부동충전: 축전지의 자기 방전을 보충함과 동시에 상용부하에 대한 전력공급은 충전기가 부담하도록 하되, 충전기가 부담하기 힘든 일시적인 대전류는 축전지가 부담하는 충전 방식이다.

⑤ 급속충전: 단시간에 보통충전 전류의 2~3배의 전류로 충전하는 방식이다.

⑥ 회복충전: 과방전 및 설페이션 현상 등이 생겼을 때 기능회복을 위하여 실시하는 충전 방식이다.

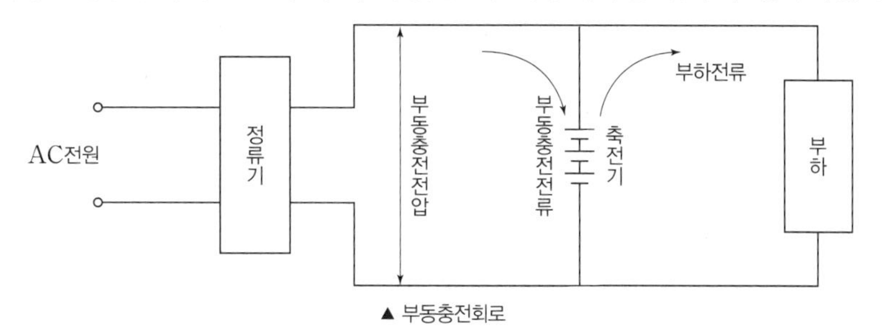

▲ 부동충전회로

> **+기본 설페이션 현상**
>
> 납 축전지를 방전상태에서 오랫동안 방치할 경우 전지의 용량이 감퇴하고 수명이 단축되는 현상이다.

(3) 축전지의 용량 산출 공식 실기

$$C = \frac{1}{L}KI$$

C: 25[℃]에 있어서의 정격 방전율 용량[Ah], L: 보수율, K: 방전시간[h], I: 방전전류[A]

ENERGY

끝이 좋아야 시작이 빛난다.

– 마리아노 리베라(Mariano Rivera)